foodlosophy 有食间

星教练的轻食主义

邱子峰 编著

人民邮电出版社
北京

目录
CONTENTS

28–46 页

利考得薄煎饼
利马豆罗勒泥配谷物面包
古斯古斯配卷饼
无花果冰冻燕麦
……

50–64 页

黑虎虾藜麦沙拉
烟熏三文鱼考伯沙拉
凤梨牛肋沙拉
照烧鸡杂粮沙拉
……

104–117 页

混色手指胡萝卜色拉
有机缤纷圣女果色拉
烤蔬菜配干酪
薯泥能量早餐
……

122–133 页

豆奶素黄油煮甜玉米
泡沫韭葱洋姜汤
九层塔煎茄子
生拌蒿子秆
……

菜谱

MENUS

68—84 页

花椰菜酪乳浓汤配香煎扇贝
菠菜浓汤
摩洛哥鹰嘴豆蔬菜汤
日式鲑鱼汤
……

91—100 页

综合果汁
浆果奶昔
牛油果爱上哈密瓜
南瓜奇亚籽布丁
……

138—149 页

牛油果酿果醋番茄
越南米纸卷
自制无糖菠萝果酱搭配全麦切片
银耳水信玄配樱花盐
……

154—167 页

燕麦饼干
燕麦核桃葵花籽能量棒
菠萝生姜冰激凌
树莓冻优格
……

作者寄语 Editor's note

跟 iFitStar 星健身的创始人 William 认识很多年了，因此也有幸接触到了从星健身创办之初到现在的每一代星教练。由于摄影的缘故，我经常为他们拍一些照片。镜头下，他们个个青春阳光、肌肉饱满，活脱脱就像人们常说的——“行走的荷尔蒙”。

坐在一起，免不了对他们近乎完美的身材羡慕不已。自然，话题也就常常聊起怎样才能有效地健身。为了更好地向大家呈现本书的内容，我特地请教了他们一些方式方法，总结起来基本就是——合理地锻炼和饮食。

前段时间看过一篇推文，大致内容是——养成习惯的秘密，就是先养成一个微小到可笑的习惯，这也是斯蒂芬·盖斯的《微习惯》中所说的。所以，想拥有好身材，请一个靠谱的教练，找准方法，保持锻炼和良好的饮食习惯，坚持 3 个月以上，身材就会慢慢发生看得见的变化。

对于拍美食的我来说，一说到吃，说到网上各种吃白水煮蔬菜和鸡胸肉的健身食谱，便感觉那滋味实在是难以下咽。或许，这也是每个“吃货”想要拥有完美身材却难以磨灭的痛吧。

这次，我们邀请了星健身旗下 12 名最有型的星教练来告诉大家他们真实的健身生活和饮食。你会发现，原来即便是吃火锅、烧烤、泡面，喝奶茶，想要保持身材其实也并不难。此外，书中还有国内美食领域的达人、食品造型师为大家制作近百道高颜值的健康料理，轻食品牌 eShine 的营养评定会在书中教大家各种食材怎么吃最有价值。

只要动动手，每天便可为自己制作一道不一样的健康餐，这样的微习惯是不是看起来很有趣?

Zifeng Chiu

邱子峰

开启轻食健康生活的星约会

与作者邱子峰认识近 9 年。我于 5 年前创立了 iFitStar 星健身品牌，致力于为高颜值的明星教练团队提供安全专业的健康服务。其中，部分门店设有能为客户提供健康轻食的餐吧，要拍摄美食我自然想到了子峰，于是请他帮我们掌镜拍摄了一套轻食产品，也正因此我们有了很多次交流。

对于如何保持身材、如何坚持从没有口感的轻食中更精准地摄入营养，公司里“荷尔蒙爆棚”的帅哥们给了很多有趣的方法和并非枯燥难忍的个人食谱，因此，子峰与我才有了想法——希望将美食与这些形象健康的代表共入画面进行呈现，让轻食生活有更好的坚持方法和视觉冲动。

星健康在北京，有食间在上海，两地互动保持近一年才有此书稿，当我正式拿到样书时，真的惊叹于子峰对视觉艺术的把控与对美食的执着。整本书的色调与轻食给人的感觉一样，满眼透亮，充满活力，73 道美食的缤纷呈现，详细的菜谱，真的让我有种走进厨房亲手制作的冲动。

感谢子峰给予我一种更接近健康美好生活的向往与冲动，这份简单而且轻松的美好就是我们始终追求的生活；感谢子峰给予星教练的支持，把他们对身体的敬畏透过镜头呈现出来，让他们的坚持更有动力。希望大家与我一样能享受书中透出的这份美好生活。

William

iFitStar 创始人 廉家润

5 ml
1/2 Tea Spoon
2.5 cc

关于轻食

轻食的定义

轻食这两年虽然越来越流行，但其实大众对于轻食一直没有一个准确的概念。

到底什么是轻食？

所谓轻食，它代表一种清淡的饮食方式，更是一种均衡、自然、健康的生活态度。

轻食首要关注的是人体所需的六大营养素的平衡，包括碳水化合物、脂肪、蛋白质、维生素、水和矿物质。

它的烹饪方式也非常简单，更为注重的是还原食材本身的口味，同时秉持低糖、低脂、低盐、高纤维的健康标准。

其实“轻食”一说，最早是从欧洲而来的。在法国，午餐“lunch”正具有轻食的意味；此外，常被解释为餐饮店中快速、简单食物的“snack”，也是轻食的代表字眼之一。轻食的另一个含义则是指简易、不用花太多时间就能吃饱的食物。

轻食最初的定义就是指那些容易填饱肚子、食用方便、制作简单的小食和饮品。现在的轻食更多的是指低热量、低脂肪、高纤维、制作简单、原汁原味、健康营养的食物。这可能是受到欧美国家的简餐文化及日本的健康理念综合影响的结果。

轻食的呈现方式

轻食拒绝高热量的烹饪方式

轻食烹饪追求的是原汁原味和健康，所以基本不会考虑煎、炸、卤、腌等使用高油、高盐的烹饪方式，取而代之的是凉拌、水煮、蒸、烤等烹饪方式，以保证食材的健康。调料也是尽量不用，以突出食材本身的味道；即便使用，也是用量很少且要使用健康天然的调料。

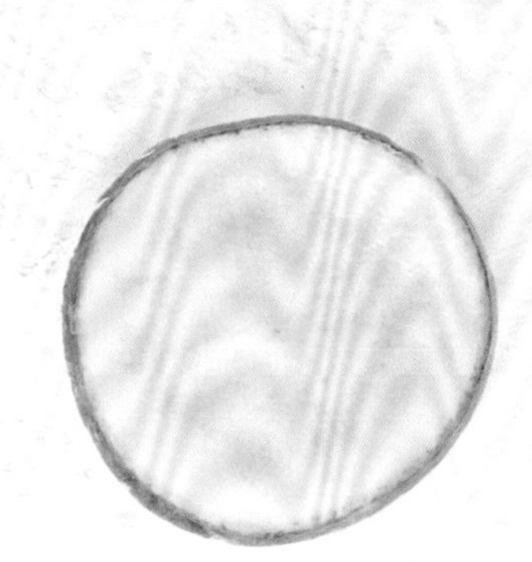

轻食的流行食材

轻食对食材是有一定要求的，而原则无外乎是低热、低脂低油、高纤维、高蛋白等。如果你身边有专业健身的朋友，那么你可以看看他们的日常饮食，他们为了保持身材每天所吃的食物和轻食的食材很接近。不过作为轻的原料，除了一些常见的食材外，还有一些格调很高的食材也备受推崇。

如何轻食

如果思想意识上有了轻食的概念，那么行动起来就有效得多了。轻食主义强调的是简单、适量、健康和均衡。

首先让每日饮食所摄取的食物种类尽量符合基本的三低一高（低糖分、低脂肪、低盐分、高纤维）原则，以低热量的食材取代大鱼大肉，再将其用烫、蒸、炖、煮等简单健康的方式进行烹饪，不再把进食简单地理解为满足口腹之欲。

轻食主义者的最终目的在于健康而非减肥，所以要循序渐进，长期坚持。此外，还有一些减肥人士的经验也值得借鉴，比如饭前先喝汤或喝稀饭，这样会提前产生饱腹感，有助于减少动物脂肪和含胆固醇、高糖、高淀粉的食物的摄入，有助于防止暴饮暴食。另外，放慢进食速度也有不错的效果。在进食过程中，即使胃部已被食物装满，饱胀感也要延迟 20 分钟才能到达我们的大脑；如果吃得太快，我们会因为没有饱胀感而摄入过量的食物。养成细嚼慢咽的习惯，是减少摄入多余食物的法宝。

选择低盐分、低糖分、低脂肪和高纤维的食物，是轻食的重要选择标准。轻食并不等于节食，饱腹感是轻食概念中非常重要的一点。

其实轻食不是一种特定的食物，而是任意食物的一种形态；轻的不只是餐品，更是让食用者无负担、无压力、更营养、更享受、更美味；它一定是美食，一定很健康，也一定是一种积极阳光的生活态度。

“轻食”一词的出现，导致“简餐”的萌生。

简餐餐厅目前在大中城市比较流行，其最大的特点是环境清新，店面不大，所以店里没有嘈杂的人群，只有简约的长桌、舒适的软椅、简单而又合口味的吃食，人们不用花太多时间就能吃完饭，享受低盐、低糖、低油，食物原料以蔬果为主。

关于超级食品

常逛外国网站的朋友不难发现，外国人经常发一些颜值非常高的健康美食图片，其中出镜率最高的超级食品成为健康饮食中必不可少的重要组成部分。超级食品还经常在城市超市（CITY SHOP）等高级超市出没。那么到底什么是超级食品呢?

超级食品就是营养均衡、营养价值比一般食品更高的食品。

其专业解释是具有抗氧化力、有效营养成分丰富、热量较低、兼具草药成分的自然食品。

超级食品——无论是种子、果实还是谷物的营养价值，比如维生素、矿物质、膳食纤维、花青素和多酚类，都高于普通食材。

超级食品现在在美国、加拿大、日本、澳大利亚和部分欧洲国家非常流行，国内健身圈的超级食品这阵风也愈演愈烈。健身遵循“三分练七分吃”原则，只有吃对了，才能保证健身出效果，不然一切都是徒劳。

巴西莓 Acai

巴西莓是所有水果中含抗氧化成分最高的，含有丰富的花青素、铁、食物纤维、维生素C、磷、钙，它含有的多酚类物质是红葡萄酒的30多倍，花青素含量是蓝莓的4.6倍，这也是巴西莓的魅力所在。

国外经常用巴西莓做超级食品——思慕雪碗，将冷冻后变得硬硬的巴西莓与冰块放到料理机中搅打成糊状铺底，上面可以放自己喜欢的水果、烤脆的燕麦、椰丝、坚果等，最后可以淋上蜂蜜或枫糖浆，它便可以立即变身为国外网站上出镜率很高的高颜值健康料理。

藜麦 Quinoa

越来越多的健康达人开始关注藜麦这位新晋网红啦！藜麦低糖、高蛋白、低升糖食物，不会引发体内积累过多热量而导致肥胖的情况。

藜麦含优质的高纤维碳水化合物，人们通常消化得比较慢，合理摄入藜麦可以延迟下次进餐的时间，不会出现食用低热量食品导致的过早感受到饥饿的痛苦。

其食用方法和大米基本一样，不过也可以将其用肉汤煮熟后直接吃。比较流行的高规格吃法是用它拌沙拉或者做烩饭，以及将其做成煎饼或卷饼。

需注意的是，为了保护藜麦丰富且全面的营养，烹饪应力求简单、不过度，煮粥、做汤羹都可以。烘焙爱好者也可以把藜麦磨成粉，调入面粉里来烤制藜麦面包。

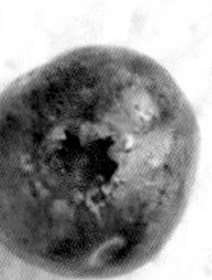

奇亚籽 Chia seed

目前什么食品在欧美最流行？肯定非奇亚籽（又名奇雅子）莫属了。

在美国、墨西哥、欧洲，奇亚籽是一个家喻户晓的名字。奇亚籽超高含量的 ω-3 不饱和脂肪酸，堪比三文鱼油；含有多种抗氧化活性成分，如绿原酸、咖啡酸、杨梅黄酮、槲皮素、山奈酚等，比果蔬还厉害；钙含量比牛奶还高 6 倍；丰富的可溶性膳食纤维，不仅能大大增加饱腹感、降低食欲，还能促进大肠蠕动，让排便更通畅。

其食用方法很简单，可以拌酸奶麦片，可以拌沙拉，可以打果汁豆浆，还可以做烘培，几乎可以添加到任何你喜欢的食物里，饱腹感很强。

亚麻籽 Flax seed

亚麻子是“何方神圣”？亚麻籽“外号”胡麻籽，它原产于神秘的印度，汉朝时张骞出使西域，经丝绸之路将胡麻带回中国，所以其又被称为胡麻籽。

一汤匙亚麻籽油含有 3 800 毫克的 ω-3 不饱和脂肪酸，相当于鱼肝油的 10 倍，但和鱼肝油比起来，亚麻籽没有腥味，没有高胆固醇和饱和脂肪酸的弊处。所以与亚麻籽比起来，鱼肝油的营养价值必定会被“完爆”。

如果你认为亚麻籽的营养价值只是富含 ω-3 不饱和脂肪酸，那你就太小看它了！亚麻籽中粗蛋白、脂肪、总糖含量之和高达 84.07% 。亚麻籽蛋白质中氨基酸种类齐全， 必需氨基酸含量高达 5.16%，是一种营养价值较高的植物蛋白质。

鹰嘴豆 Chick Peas

听说过鹰嘴豆吗？好吃得不得了！

由于鹰嘴豆含有高蛋白、高度不饱和脂肪酸、高纤维素、高钙、高锌、高钾、高维生素 B 等有益人体健康的营养素，因此制成豆奶粉易于吸收消化，是婴儿和老年人的营养食品。

它还可以做成香酥鹰嘴豆这种小零食以及各种点心，比黄豆好吃一百倍！它还能做成鹰嘴豆泥，将其当做沙拉酱抹面包，简直一绝！

椰子油 Coconut Oil

明星疯狂“打 CALL”的椰子油（又名“椰油”），简直就是个神奇的存在！

椰子油含中链脂肪酸，是容易燃烧的脂肪，可以增加热量的燃烧率，食用可达到瘦身减肥的效果，但是前提是限量吃。参考维密天使米兰达 · 可儿的吃法，每天吃 4 勺，差不多 60 毫升。

可以直接用它来炒菜、做汤，用它做出的饭菜会有一股别样的清新味道。还可以把它拌在沙拉里，涂在面包上。可在早餐的牛奶、豆浆、营养粥等中加入一勺椰子油食用；将椰子油加入果汁、奶茶、蜂蜜中一起饮用，据说可以达到夏天解暑、冬天保暖的作用。

羽衣甘蓝 Kale

羽衣甘蓝属于十字花科蔬菜，跟西蓝花、椰菜是“亲戚”。由于含有 β-胡萝卜素，维生素C、E及K等，多种矿物质如钙、铁、钾等，再加上它高纤低热量，因此成为“黄绿蔬果之王”。

可以把羽衣甘蓝烤成脆片，超级好吃，口感和海苔很像，非常脆，制作也简单，当作健康零食吃最合适！

羽衣甘蓝拌成沙拉则是最简单的料理方式了。

要注意，羽衣甘蓝的水分不够丰富，口感也不够温和，沙拉里加上适口性强（比如奶酪、水煮蛋）、水分充盈的配料（比如橙肉、黄瓜）很重要。

菠菜 Spinach

有多少人童年咽下菠菜，是为了变成大力水手？

菠菜对于绝大多数小朋友来说，都算不上什么美味食物。但“70后”“80后”的童年里几乎都有强迫自己吃菠菜的经历——当然是想自己也能变成动画片中力大无穷的大力水手！

菠菜是一年四季都可以食用的一种蔬菜，春天的菠菜最鲜最嫩。菠菜可以素炒，可以凉拌，可以烧汤，有“营养模范生”之称。

牛油果 Avocado

牛油果富含维生素 K、B_5、B_6、C 以及钾等微量元素，但其果糖含量却极低，不会给身体带来任何负担。当然，它的王牌还在于丰富的不饱和脂肪和抗氧化多酚，对心血管大有好处。

作为水果，牛油果的食用方法很简单，生吃是最好的选择，酸橙、盐和辣椒是其最佳搭档，常见于各种沙拉。建议直接蘸酱油吃，会有种三文鱼刺身的美好味道！

黑巧克力 Dark Chocolate

在圣地亚哥举行的 2018 年美国实验生物学年会上发表的两项研究认为，食用黑巧克力对大脑功能有几个好处，包括降低压力水平和炎症，改善情绪、记忆力和免疫力。

研究人员在该会议上报告，巧克力中可可含量不低于 70%，添加糖分只有有机蔗糖时，确实有上述功效。可可含量为 70%~99% 的巧克力即为黑巧克力。

研究人员还发现，可可能激活人体免疫细胞和关乎神经信号及感知能力的基因，有助于提高大脑神经元的可塑性、神经元的同步化以及学习、处理和保存新信息的能力。

《纽约日报》援引研究人员的话报道："多年来，我们一直从糖含量角度研究黑巧克力对神经功能的影响，知道糖分越多，我们越快乐。这项研究显示，可可浓度越高，对认知、记忆、情绪和免疫系统影响越积极，还有其他一些益处。"研究人员计划开展更大规模的研究，全面了解可可对人体免疫系统和大脑的影响。

西蓝花 Broccoli

西蓝花隔水蒸5分钟左右，加热到60摄氏度就非常理想了。

烹调西蓝花时宜剪不宜切。整朵的西蓝花上有很多花簇，花簇由许多小粒的花朵构成，如果直接放在案板上切，会有很多小粒花朵散落，造成损失。建议将西蓝花冲洗后，用剪刀从花簇的根部连接处剪下一个个花簇，或者用手直接掰下，这样能得到完整的花簇。

荞麦 Buckwheat

荞麦被世界各地的人们所喜爱。日本人钟爱于把荞麦做成面条，而俄罗斯作为荞麦生产大国，把荞麦应用到了食物的各个领域，不仅有通心面，还有荞麦饼干、荞麦糕点等；美国和加拿大则将荞麦制作成美味的荞麦饼和荞麦片。

为什么荞麦如此受欢迎呢？因为荞麦中含有非常高的蛋白质，而且它所含的蛋白质是由氨基酸构成的；另外，荞麦富含钾、钙、镁等矿物质，其中钙含量是普通米面的 80 倍；它还含有锌、硒、铁、铬、硼等微量元素，以及维生素 B 族、C、E、P（也叫芦丁），而且荞麦的营养效价比较高。

燕麦 Oats

真想减肥的话，还是吃纯燕麦片为好。所谓纯燕麦片，就是配料表上除了燕麦两个字之外什么都没有，不加其他配料的产品。它既不甜，也不脆，不会让人吃着上瘾。将纯燕麦片加点水或牛奶煮成黏稠状态，滑溜溜的，但也需要好好嚼，喝了之后会觉得很饱——这才是真正有利于减肥的燕麦片。

研究表明，燕麦中的高度聚合 β - 葡聚糖成分，对延缓餐后血糖血脂上升、提升饱腹感都十分重要。煮后质感越是黏稠，口感越是滑溜溜的，越是有利于控制血糖和血脂，有利于提升饱腹感，对减肥有好处。黏稠度高，说明其中 β - 葡聚糖不仅多，而且分子量大，保健作用就更强。

国外对多项研究进行汇总，发现和速食、即食的燕麦片相比，那些保持完整性的燕麦粒、切段燕麦粒（钢切燕麦）的健康效果更好，血糖指数（GI 值）更低。所以，如果你能自己在家烹饪的话，不如去超市杂粮柜台，直接买整粒的燕麦，用压力锅煮燕麦粥喝，或者煮燕麦粒大米饭，你会发现，它们的“扛饿”效果明显高于大米饭、大米粥，特别适合想减肥的人。

eShine eats
壹向轻食

本书特邀营养评定——壹向

壹向（eShine），是诞生于杭州的全新餐饮连锁品牌，涵盖咖啡、轻餐、手作和展览，立志让生活更美好。核心商务区常会设有壹向轻食餐厅，秉持严格拣选食材的理念，重新定义轻食，完善都市人的饮食体系。

壹向有米其林背景的五星大厨团队，结合西式料理精髓的甜品、英式 brunch（早午餐）、下午茶和原创美食，有着清新、质朴的家的味道。壹向的理念是“让都市生活更美好”！

壹向的品牌特质——

好食材，轻料理

严格拣选壹向轻食所选择的食材，采用慢烤、慢煮、拌等方法处理新鲜的食材，最大限度地保持食材的新鲜，开诚布公地让人们重拾对食物系统的信心，让轻食真实地去帮助照料都市白领。

壹向的品牌文化——

将轻食从饮食文化中升华，成为一种新的生活理念

健康是壹向轻食永远的坚持，坚持使用时令、本地、溯源可追的食材，用简单的料理方法和尽量少的附加原料，制作一道道让顾客肾上腺素飙升的轻食料理。

壹向的产品优势——

美味是每一家餐厅的本分所在，壹向当然也不能例外，根据季节气氛和地域特色，用轻食理念对美食进行各种设计研发，除了一年两次的菜单更新之外，还会根据季节推出特别限量款。

壹向轻食一直与营养师深度合作，注重摄入营养的均衡搭配，精准计算出每一道餐品的热量值，让食物变得无负担的同时，也让其更符合现代都市人的生活。

我们精心挑选了 73 道轻食料理，

由美食领域的达人、国内顶尖的食品造型师、专业的氛围美食摄影师，

共同呈现美食视觉盛宴。

Breakfast

元气清晨

我们都知道早餐其实是最容易被随意打发的。那么，拿什么来弥补那些被我们错过的早餐呢？早上我们需要的是既快捷便利又充满能量的食物，并且最好是非常丰盛的早餐组合，比如说要是有由大量的全谷物以及蛋白质组成的美味早餐那就是满分了。

利考得薄煎饼

食材及用量 *Food material*

2 个鸡蛋

50 克小麦粉

1 茶匙白砂糖

10 克黄油

5 克杏仁碎

3 汤匙牛奶

20 克利考得干酪

1 茶匙蜂蜜

步骤 *Step by step*

—— 分离蛋清蛋黄，在蛋清中加入白砂糖打发。

—— 蛋黄碗内加 3 汤匙牛奶和少许小麦粉，顺时针搅拌，直至无面粉颗粒感，再加入刚才打发的蛋白进行均匀搅拌。

—— 平底锅加入少许黄油，小火，加入适量的蛋糊，3 分钟后翻面，反面再煎 3 分钟。

—— 盘内放上完成的煎饼，上面放上利考得干酪，撒上杏仁碎，淋上蜂蜜即可。

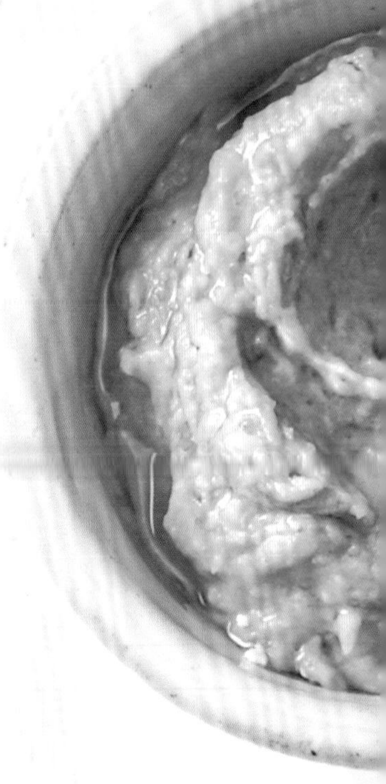

营养评定
Nutritional assessment

你能想象出，一碗不含很多帕玛森芝士和松果的意式传统青酱的味道吗？相信我，一定会很惊艳。一份传统的青酱最少也含有 280 大卡（1 大卡≈ 4 186 焦）热量和 28 克脂肪。对于我们来说，这个热量实在是接受不了的，所以我们决定要变得更轻。在保证口味且去掉多余脂肪的前提下，以制作出厚重新鲜、有罗勒柠檬清香的青酱为最终目的，我们希望保持其他食材的简单，用裸麦乡村面包和一点点的手工乳清奶酪来达到最适量的蛋白质、脂肪和碳水化合物，让一整个午后时光更加舒服。

利马豆罗勒泥配谷物面包

食材及用量 *Food material*

30 克罐头装的利马豆
15 克罗勒
半根黄瓜
1 根小红萝卜
2 片谷物面包
帕玛森芝士适量
1 茶匙橄榄油
20 克利考得干酪
盐及黑胡椒适量
白芝麻适量
半个柠檬
30 毫升纯净水

步骤 *Step by step*

- 搅拌机内加入利马豆、罗勒、橄榄油、盐、白芝麻和少许纯净水一同搅拌成泥状。
- 黄瓜切条，小红萝卜切片。
- 面包切条，放在平底锅中小火烘至松脆。
- 盘内放上面包条，洒上帕玛森芝士、利马豆泥、利考得干酪、黄瓜条、小红萝卜片、柠檬。
- 撒上黑胡椒即可

早餐主打推荐
Breakfast recommended

古斯古斯配卷饼

食材及用量 *Food material*

40 克古斯古斯
5 克蔓越莓干
20 克番茄
5 克欧芹
1 个菠菜卷饼
利考得干酪适量
60 克百里香
黑胡椒、绿胡椒及盐适量
1 茶匙橄榄油
薄荷和芽苗菜少许
40 毫升纯净水

步骤 *Step by step*

- 古斯古斯用 40 毫升水烧开煮 5 分钟，加盖焖 5 分钟，待凉备用。
- 蔓越莓干、欧芹切末，番茄切丁，将这些食材和少许盐拌匀。
- 将菠菜卷饼切片，放在平底锅中小火烘至松脆。
- 油碟内装入利考得干酪和黑胡椒、绿胡椒、橄榄油、百里香，卷饼抹上干酪，搭配古斯古斯、薄荷与芽苗菜一起食用。

我们独家研发了一个口感更柔软且饼皮更有质感的古斯古斯配卷饼。古斯古斯配上丰盛的蔬菜色拉，可以增加饱腹感和满足感。

无花果冰冻燕麦

食材及用量 *Food material*

200 克奇亚籽
200 克燕麦片
250 毫升鲜榨橙汁
500 毫升牛奶
5 个无花果
1 茶匙肉桂粉
1 茶匙豆蔻粉
1 茶匙海盐
2 汤匙核桃碎
2 茶匙黑葡萄干 / 蔓越莓干
希腊酸奶适量

步骤 *Step by step*

— 在牛奶中加入肉桂粉、豆蔻粉、海盐和橙汁，倒入燕麦片、奇亚籽、核桃碎以及黑葡萄干 / 蔓越莓干搅拌均匀。

— 将混合食材储存在密封盒中，冷藏 12 小时。

— 食用前，装饰上无花果，淋上希腊酸奶即可。

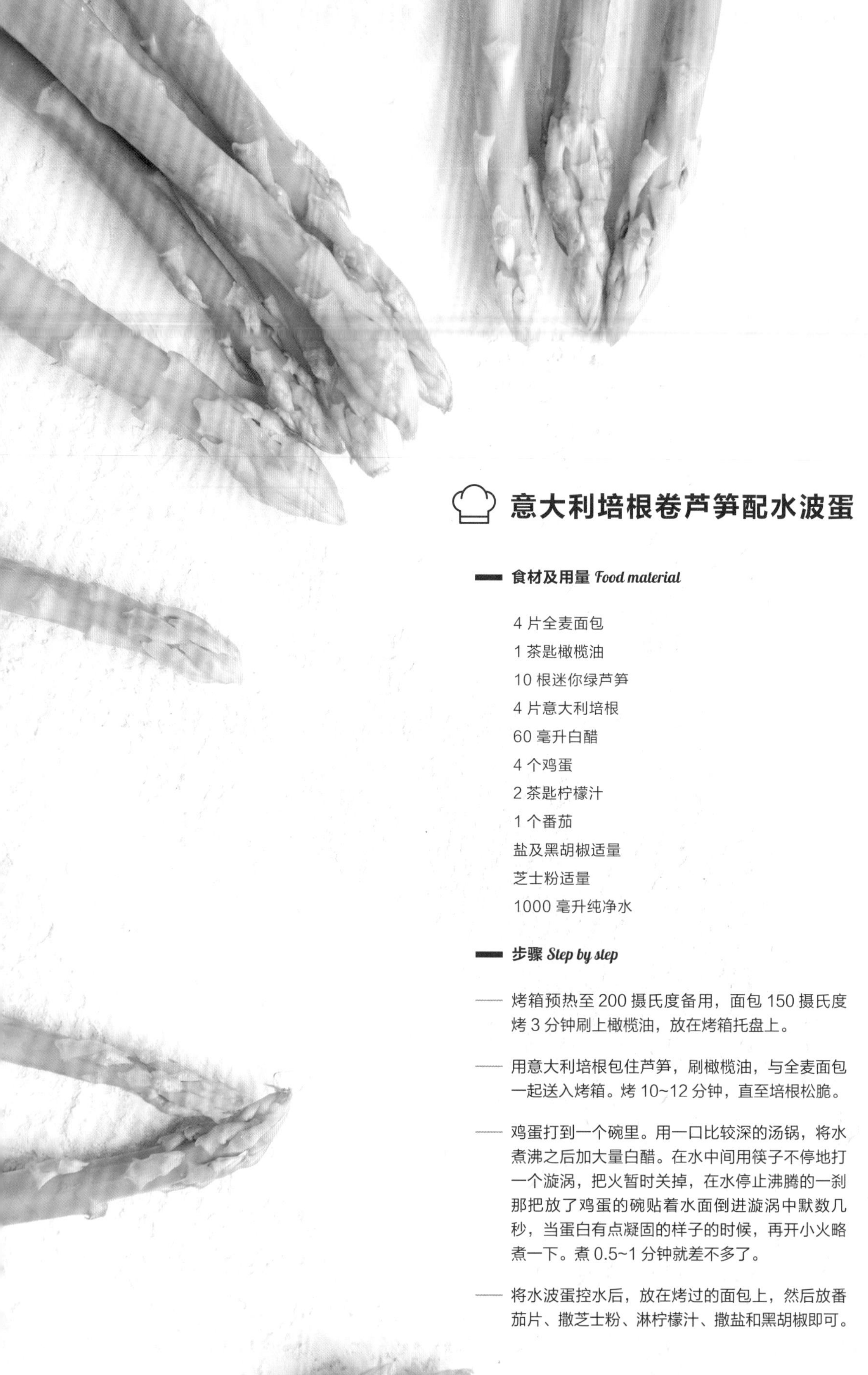

意大利培根卷芦笋配水波蛋

食材及用量 *Food material*

4 片全麦面包
1 茶匙橄榄油
10 根迷你绿芦笋
4 片意大利培根
60 毫升白醋
4 个鸡蛋
2 茶匙柠檬汁
1 个番茄
盐及黑胡椒适量
芝士粉适量
1000 毫升纯净水

步骤 *Step by step*

— 烤箱预热至 200 摄氏度备用，面包 150 摄氏度烤 3 分钟刷上橄榄油，放在烤箱托盘上。

— 用意大利培根包住芦笋，刷橄榄油，与全麦面包一起送入烤箱。烤 10~12 分钟，直至培根松脆。

— 鸡蛋打到一个碗里。用一口比较深的汤锅，将水煮沸之后加大量白醋。在水中间用筷子不停地打一个旋涡，把火暂时关掉，在水停止沸腾的一刹那把放了鸡蛋的碗贴着水面倒进旋涡中默数几秒，当蛋白有点凝固的样子的时候，再开小火略煮一下。煮 0.5~1 分钟就差不多了。

— 将水波蛋控水后，放在烤过的面包上，然后放番茄片、撒芝士粉、淋柠檬汁、撒盐和黑胡椒即可。

三文鱼贝果三明治

食材及用量 *Food material*

- 1 个燕麦贝果
- 15 克芝麻菜
- 30 克烟熏三文鱼
- 100 克牛油果
- 50 克樱桃番茄
- 10 克辣椒圈
- 15 克红腰豆
- 15 克洋葱
- 10 克柠檬汁
- 1 克盐
- 10 克混合生菜
- 5 克芝麻酱

步骤 *Step by step*

—— 将红腰豆蒸熟，洋葱切碎炒软。

—— 混合红腰豆、洋葱、牛油果与柠檬汁、盐调成“牛油果酱”。

—— 将燕麦贝果横切成两片，送入预热至 200 摄氏度的烤箱烤制 1.5 分钟。

—— 取芝麻菜放置于贝果底面上，将解冻好的烟熏三文鱼切片后，放置于芝麻菜上。

—— 取定量的牛油果酱放置在烟熏三文鱼上，轻轻铺平。

—— 将樱桃番茄切片，与辣椒圈放在牛油果酱上。

—— 盖上贝果上层，放置于三明治盘上，配混合生菜淋芝麻酱。

杧果甜橙果昔

食材及用量 *Food material*

60 克杧果
1 个香蕉
1 个橙子
30 毫升椰浆
可可脆粒适量
奇异果适量
草莓适量
奇亚籽少许

步骤 *Step by step*

- 取冰沙机，加入杧果、香蕉、橙子、椰浆搅打。
- 将搅打的液体倒入果昔碗中。
- 奇异果去皮，等距切约 5 片。
- 用刀尖将奇异果推入碗中，奇异果右侧边靠近碗的中心。
- 草莓去蒂，等距切片。
- 用刀尖将草莓推入碗中，放置在奇异果的右侧，中间空 1~2 毫米。
- 在奇异果的左侧撒上可可脆粒（铺满该区域）。
- 在奇异果和草莓的中间空隙撒上奇亚籽。
- 上层装饰摆放整齐，呈考伯沙拉状，最右侧留有空白。

营养评定
Nutritional assessment

这一碗超大超明快的杧果甜橙果昔的特点是超级方便制作，严格素食并且无麸质，既能饱腹又可以唤醒身体，充满着各种维生素和矿物质，最后一点是，让你觉得被夏威夷的微风紧紧包围着。我们敢保证，这一碗果昔一定能给你带来微笑。

菠菜煎饼佐时蔬

食材及用量 *Food material*

50 克豌豆
100 克菠菜
50 克小麦粉
白芝麻适量
10 克黄瓜
10 克胡萝卜
1/4 个柠檬
芽苗菜少许
薄荷适量
1 汤匙橄榄油
10 克酸奶
500 毫升纯净水

步骤 *Step by step*

— 将豌豆、菠菜用热水汆熟。

— 搅拌机里加入菠菜和豌豆、适量的纯净水搅打，倒入碗里加适量小麦粉、白芝麻，搅成糊状备用。

— 平底锅内加橄榄油，小火煎菠菜饼，煎至双面金黄即可。将黄瓜、胡萝卜切丝备用，柠檬切片备用。

— 在盘内放入煎饼、柠檬、胡萝卜、黄瓜、豌豆、芽苗菜、酸奶、薄荷，淋上橄榄油即可。

水波蛋番茄配鹰嘴豆

食材及用量 *Food material*

1 个鸡蛋
50 克混色迷你番茄
1 片全麦面包
20 克罐头装的鹰嘴豆
10 克罐头装的扁豆
1 茶匙坚果碎
2 茶匙白醋
芝麻叶适量
1 茶匙奶油芝士
帕玛森芝士适量
1 茶匙意大利黑醋
1 茶匙橄榄油
罗勒适量
1000 毫升纯净水

步骤 *Step by step*

— 烧开适量的热水，加入白醋，划出漩涡，打入一个鸡蛋。

— 煮好的鸡蛋捞出放冷水中备用。番茄切片备用。面包片抹上奶油芝士。

— 盘内放入番茄、鹰嘴豆、扁豆、芝麻叶、鸡蛋，淋上橄榄油、黑醋，撒上帕玛森芝士，坚果碎、罗勒点缀即可。

营养评定
Nutritional assessment

鹰嘴豆饱含健康脂肪、纤维、抗氧化元素，鹰嘴豆绝对是轻松开胃小食中的标兵。这一碗东方谷物已经成为美洲人捧在手里的鲜味蘸料和奶香浓郁的面包抹酱。

Lunch

超能午餐

关于健康轻食的午间食谱，抛开陈旧的纯蔬菜沙拉的概念吧。我们准备了各种肉类、谷物以及让人充满活力的蔬菜，还有更多的食物可以为你提供所需的能量，并且不会让你在下午饥肠辘辘。我们希望可以用一种新的、充满想象力的方式来享受午餐。

黑虎虾藜麦沙拉

食材及用量 Food material

100 克藜麦混合物
2 只黑虎虾
15 克黄瓜
30 克茶树菇
50 克杧果
25 克甜菜根
15 克红椒
20 克三文鱼籽
60 克混合生菜
半颗小青柠
15 克油醋汁

步骤 Step by step

—— 将藜麦蒸熟。

—— 将茶树菇、黑虎虾放入预热至 150 摄氏度的烤箱烤 5 分钟。

—— 将红椒、甜菜根、黄瓜、杧果切丁备用。

—— 取沙拉搅拌盆，将黄瓜丁、茶树菇、杧果丁、红椒丁、甜菜根丁搅拌制成混合蔬果丁。然后将其与混合生菜和油醋汁（1 勺蜂蜜、1 勺第戎黄芥末酱、2 勺橄榄油、1 勺果醋、适量的盐和胡椒混合均匀制成，或选用超市所售的成品）拌匀备用。

—— 摆上黑虎虾、藜麦，放上解冻好的三文鱼籽和小青柠即可。

烟熏三文鱼考伯沙拉

食材及用量 Food material

70 克混合生菜
25 克牛油果
50 克烤白蘑菇块
30 克烟熏三文鱼
60 克西蓝花
1 个鸡蛋
60 克南瓜块
1 克卡夫芝士粉

步骤 Step by step

—— 将一个鸡蛋放入沸水煮制 7 分钟，剥壳切片，并将牛油果切丁备用。

—— 取沙拉盆将混合生菜平铺在盆底部，将生菜撕成 3~4 厘米。

—— 依次放上鸡蛋、牛油果、烟熏三文鱼、西蓝花、南瓜块及白蘑菇块，然后均匀地撒上芝士粉，即可出品。

营养评定 Nutritional assessment

从某种程度来说，没有另外一种鱼比三文鱼更加有营养。三文鱼不仅是维护心脏健康的 ω-3 不饱和脂肪酸的良好来源，还含有用来消除炎症的硒元素及维生素 D、B_{12}。而从蛋白质的含量来看，三文鱼中所蕴含的蛋白质一点儿也不比鸡肉的少。

午餐主打推荐
Lunch Recommended

三文鱼营养与热量均衡搭配，是健身人士的不二选择。三文鱼菜品中，三文鱼沙拉最受欢迎，食材以鲜三文鱼为主，混合柠檬、海盐、蜂蜜、蔬菜等，巧妙的搭配让鱼味都清新了起来。三文鱼还有丰富的优质蛋白，肉食爱好者的沙拉不能少了它！

凤梨牛肋沙拉

食材及用量 *Food material*

[illegible] 克菠菜
35 克什锦生菜
15 克油醋汁
20 克黄瓜花
35 克胡萝卜粒
30 克白蘑菇
70 克凤梨
1 克椒盐
80 克牛肋丁
2 克烤制粉
5 克大豆油
2 克油炸葱酥

步骤 *Step by step*

— 将菠菜、黄瓜花、白蘑菇用热水加盐氽烫，凤梨切扇形备用。

— 取沙拉盆将烫好的蔬菜、什锦生菜、胡萝卜粒与油醋汁（1 勺蜂蜜、1 勺第戎黄芥末酱、2 勺橄榄油、1 勺果醋、适量的盐和胡椒混合均匀制成，或选用超市所售的成品油醋汁）混合拌匀。

— 将牛肋丁拌烤制粉、椒盐和大豆油，入预热至 200 摄氏度的烤箱，烤制 10~15 分钟。

— 在碗中放入拌好的蔬菜、烤好的牛肋丁，撒上油炸葱酥即可。

营养评定
Nutritional assessment

牛肉像是一把双刃剑，人们容易将其与芝士汉堡、三明治和油腻腻的牛排联系到一起，从而它被迫得了个“不健康”的坏名声。

但当你选择牛肉中比较精瘦的部分的时候，它就摇身一变，变为一份毋庸置疑的健康餐，是一个增加蛋白质的良好来源。通常这样精瘦的部位，有更少的脂肪，但有更多的铁、锌等重要矿物质。

照烧鸡杂粮沙拉

食材及用量 *Food material*

160 克杂粮饭
30 克西蓝花
20 克胡萝卜粒
杂菇适量
南瓜块适量
玉米粒适量
30 克菠菜
10 克芝麻酱
15 克油醋汁
110 克照烧鸡
35 克照烧汁
烤芝麻适量
1 个温泉蛋
七味粉适量

步骤 *Step by step*

—— 蔬菜按操作重点做好预处理。

—— 沙拉碗中部位置放置杂粮饭，依次放上预处理后的蔬菜，封保鲜膜备用。

—— 照烧鸡与蔬菜混合物微波加热 1 分钟后取出，照烧鸡上撒适量烤芝麻装饰，菠菜上淋芝麻酱，其余蔬菜上淋油醋汁（1 勺蜂蜜、1 勺第戎黄芥末酱、2 勺橄榄油、1 勺果醋、适量的盐和胡椒混合均匀制成，或选用超市所售的成品），放上温泉蛋，撒上七味粉即可。

营养评定
Nutritional assessment

慢烤鸡肉和糙米这一组合食谱是追求健康的人的梦想。这种满溢的精瘦蛋白质和完整自然淀粉的组合，特别适合高强度健身之后的肌肉恢复。解嘴馋的低热量，照烧鸡杂粮沙拉食谱特别适合希望摄入更多营养和减去一些重量的小伙伴们。

牛油果考伯沙拉

食材及用量 *Food material*

[illegible]
半个牛油果
1 个熟的水煮鸡蛋
20 克大孔芝士
5 个樱桃番茄
60 克慢烤鸡腿肉
45 克日式口味沙拉汁

步骤 *Step by step*

—— 煮一锅沸水，加入鸡蛋煮 6 分钟，剥壳备用。

—— 将牛油果切丁，煮熟的鸡蛋切薄片，樱桃番茄对半切备用。

—— 取沙拉盆将所有食材混合即可。

营养评定
Nutritional assessment

牛油果考伯沙拉在追寻美食路上是必不可少的，而且关键是这道菜的操作特别简单，也特别健康。牛油果包含着比香蕉更多的钾元素和维生素，并且在清除炎症方面有着更强的效果。这里，我们使用了慢烤鸡腿肉、大孔芝士、樱桃番茄去点亮沙拉，并将这道简单的沙拉转变成一场味觉盛宴。

鳗鱼海藻面沙拉

食材及用量 Food material

170 克海藻乌冬面
15 克黄瓜
20 克裙带菜
15 克油醋汁
70 克鳗鱼
原味海苔丝适量
15 克胡萝卜丝
25 克茶树菇
35 克混合生菜
15 克鲜辣酱汁
1 克散装白芝麻
香菜适量

步骤 Step by step

取解冻好的鳗鱼，加入鲜辣酱汁腌制 10 分钟，送入预热至 200 摄氏度的烤箱，烤制 6 分钟左右。

茶树菇调味拌匀后，放入烤箱烤制后取出备用，黄瓜切丝备用。

将海藻乌冬面、胡萝卜丝、黄瓜丝及烤茶树菇、裙带菜放置在沙拉碗中，将鲜辣酱汁淋在海藻面上，将一切三的烤鳗鱼交叉叠放在海藻乌冬面上，放入微波炉加热 1 分钟。

放上混合生菜，拌油醋汁（1 勺蜂蜜、1 勺第戎黄芥末酱、2 勺橄榄油、1 勺果醋、适量的盐和胡椒混合均匀制成，或选用超市所售的成品油醋汁），周围撒上白芝麻，顶端放上海苔丝、香菜即可。

stone
pure linen.

香煎鸡胸肉华道夫沙律

食材及用量 Food material

1 瓣大蒜
2 茶匙橄榄油
一整块鸡胸肉
6 根西芹
2 个澳洲青苹
半杯核桃
半杯南瓜子
2 茶匙白醋
盐及胡椒粉适量

步骤 Step by step

- 碗里放入大蒜、盐、胡椒粉、橄榄油和鸡胸肉进行腌制。
- 中火加热平底锅，倒入适量油，煎制鸡胸肉，每面煎 6~8 分钟至全熟，切片备用。
- 将白醋、橄榄油、盐和胡椒粉放入小碗混合，制成酱汁。
- 将西芹、澳洲青苹、核桃、南瓜子和一半调料放在一个大碗里混合。
- 放上煎好的鸡胸肉，倒上酱汁（步骤 3 中调制）即可。

照烧鸡肉卷

食材及用量 Food material

鸡肉适量
100 克杂粮饭
白芝麻适量
15 克苹果丝
1 张麦西恩 12 英寸面饼（1 英寸 = 2.54 厘米）
西蓝花若干
胡萝卜条适量
茶树菇适量
30 克照烧汁

步骤 Step by step

- 将西蓝花、胡萝卜条、茶树菇用热水汆烫。
- 将鸡肉用 20 克照烧汁腌制 15 分钟，放入预热至 200 摄氏度的烤箱烤制 15~20 分钟。
- 在面饼上铺上杂粮饭及其他食材，淋上剩余的照烧汁，撒上白芝麻，将饼卷起，微波炉加热半分钟即可。

开心果牛肉意面沙拉

食材及用量 *Food material*

150 克贝壳面
55 克熟牛肉丁
20 克白蘑菇块
50 克西蓝花
25 克胡萝卜粒
60 克开心果酱
5 克油醋汁
40 毫升纯净水

步骤 *Step by step*

- 将白蘑菇块、贝壳面、西蓝花、胡萝卜粒煮熟。
- 取沙拉搅拌盆，加入处理好的贝壳面和加水搅匀的开心果酱、油醋汁（1 勺蜂蜜、1 勺第戎黄芥末酱、2 勺橄榄油、1 勺果醋、适量的盐和胡椒混合均匀制成，或选用超市所售的成品）、白蘑菇块、西蓝花、胡萝卜粒，轻轻拌匀。
- 取沙拉碗，将拌匀的食材堆放在碗中，中间位置堆放上牛肉丁，覆上保鲜膜备用。
- 放入微波炉加热 1 分钟后取出即可。

Dinner

轻盈晚餐

吃对食物其实是一件很容易的事情，而一碗丰盛的汤可以让你精力充沛地度过忙碌的一天。

喝汤是全世界人们的共同爱好，各种食物的营养成分在炖制过程中充分渗入汤中，这样的汤中含有蛋白质、维生素、氨基酸、钙、磷、铁、锌等人体必需的营养元素。

奶油浓汤中的淡奶油总是让人望而却步。

此处，可以选择以牛油果加脱脂奶代替淡奶油，这样不但保持了汤的稠度，还能保证不饱和脂肪的摄入。要注意，牛油果虽然是好东西，但是热量高，所以不能过量食用。

花椰菜酪乳浓汤配香煎扇贝

食材及用量 *Food material*

1 汤匙橄榄油
4 瓣大蒜
750 毫升水
500 毫升白脱牛奶
12 个扇贝
干辣椒粉适量
1 千克酪乳（奶油芝士）
1 千克花椰菜
1 茶匙海盐
10 根百里香
黑胡椒粉适量

步骤 *Step by step*

—— 开中火，锅里倒入橄榄油。加入切好的蒜末，翻炒半分钟。

—— 加入花椰菜，倒水及白脱牛奶，撒海盐。盖上盖子，煮 2 分钟，直到花椰菜变软为止。

—— 趁热把煮软的菜取出，加入酪乳，倒进搅拌器，搅拌至光滑。

—— 锅内倒油，放百里香，将百里香煎 1~2 分钟。再加入扇贝煎制，分批各煎 1 分钟左右，直到扇贝表面呈现出金黄色（此处百里香一直在油锅中，与扇贝同煎）。

—— 撒干辣椒粉、黑胡椒粉即可。

晚餐主打推荐
Dinner Recommended

菠菜浓汤

食材及用量 *Food material*

1 茶匙橄榄油
1 千克西蓝花
1 根青蒜
1 瓣大蒜
30 克生姜粉
80 克菠菜
750 毫升水
2 茶匙鱼露
400 毫升椰奶
50 克盐焗腰果

步骤 *Step by step*

— 倒入半茶匙橄榄油到锅内加热，先放入一半西蓝花煎 3~4 分钟直到轻微软化、微微烧焦的程度，盛出放在一边。

— 锅中加热剩余的橄榄油，放青蒜、大蒜和生姜粉炒 3~4 分钟之后，再倒入剩下的西蓝花、菠菜、水、鱼露和椰奶。

— 盖上盖子，煮大约 10 分钟直到西蓝花软嫩。

— 用手持浸入搅拌器将汤菜打碎。

— 将汤盛到碗里，撒上盐焗腰果即可。

摩洛哥鹰嘴豆蔬菜汤

食材及用量 *Food material*

1 茶匙橄榄油
1 个洋葱
2 瓣大蒜
1 茶匙孜然粉
1 茶匙香菜籽粉
400 克鹰嘴豆
400 克菠菜
2 根西葫芦
500 毫升水
盐及黑胡椒适量

步骤 *Step by step*

— 开中火，锅里倒入橄榄油，放入洋葱、大蒜、香菜籽粉，搅拌 3~4 分钟，直到洋葱变软。

— 放入鹰嘴豆、菠菜、切碎的西葫芦，倒水，撒上盐、黑胡椒和孜然粉。

— 盖上盖子，煮 15 分钟，直到西葫芦熟嫩。

— 用手持浸入搅拌器将汤菜打碎。

— 将汤盛在碗里。

日式鲑鱼汤

食材及用量 *Food material*

1 块三文鱼	食用花少许
1/4 棵西蓝花	酱油适量
1 根萝卜	盐及黑胡椒适量
昆布适量	橄榄油适量
鲣鱼片少许	500 毫升纯净水

步骤 *Step by step*

- 萝卜切块，与昆布一起在锅内加纯净水煮，等沸腾后，煮 10 分钟，加入鲣鱼片，小火煮 5 分钟后，取出所有食材，汤中放入适量酱油调味。
- 三文鱼撒上盐和黑胡椒腌制 15 分钟，在平底锅内加入橄榄油，三文鱼两面煎至变色即可。碗内加入高汤和三文鱼，加汆熟的西蓝花和食用花点缀即可。

鸡胸肉意面蔬菜汤

食材及用量 *Food material*

100 克鸡胸肉
30 克钩形意面
3 根芦笋
4 根混色手指胡萝卜
1/2 根胡萝卜
1/3 个洋葱
3 段大葱
50 克芹菜
10 克罐头装的鹰嘴豆
干红辣椒丝少许
细香葱末少许
盐及黑胡椒适量
500 毫升纯净水

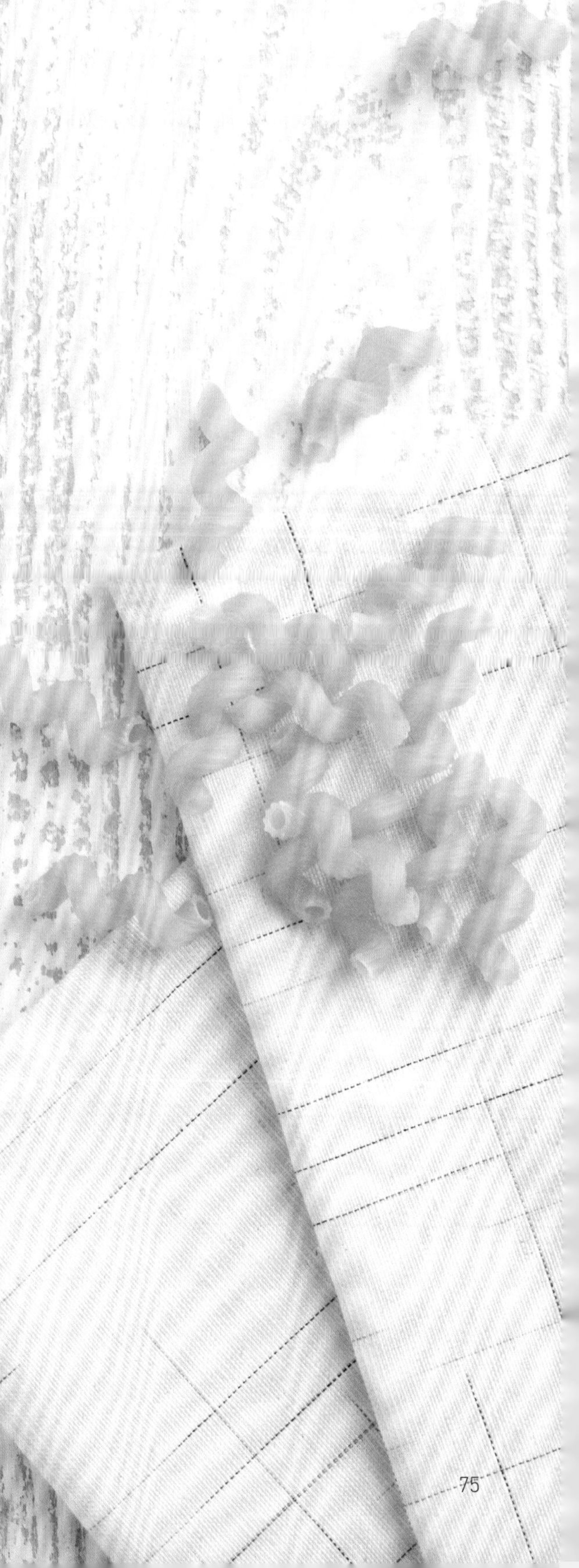

步骤 *Step by step*

—— 将切好的胡萝卜、洋葱、芹菜、大葱、纯净水放入大锅内煮蔬菜汤，加少许盐和黑胡椒。

—— 鸡胸肉加蔬菜汤同煮，撇去浮沫。将鸡胸肉煮熟，捞出撕成丝。捞出所有蔬菜，用蔬菜清汤煮意面，煮 7 分钟，捞出备用。

—— 取一小锅，将芦笋段和混色胡萝卜丁放入沸水中，氽熟，捞出备用。

—— 碗内加入煮好的意面和蔬菜汤，加入芦笋、胡萝卜丁、鹰嘴豆、鸡胸肉丝、干红辣椒丝、细香葱末点缀即可。

菠菜通心粉

食材及用量 *Food material*

100 克菠菜
60 克通心粉
25 克豌豆
茴香叶少许
500 毫升纯净水
帕玛森芝士适量
1 茶匙橄榄油
3 粒开心果
盐及黑胡椒适量

步骤 *Step by step*

—— 菠菜和豌豆在沸水中汆熟，入冷水冷却，挤出菠菜汁，豌豆备用。

—— 搅拌机内加入少许橄榄油，加入菠菜搅拌成糊状。

—— 开心果碾碎备用。

—— 锅内加水和适量盐煮沸，加入通心粉，煮 7 分钟，时不时搅拌，以免粘锅。

—— 捞出煮熟的通心粉，与菠菜糊和豌豆拌匀，加入少许黑胡椒，撒上开心果碎和帕玛森芝士、茴香叶装饰即可。

意大利馄饨配小章鱼

食材及用量 *Food material*

100 克小章鱼
30 克奶油芝士
1 茶匙杏仁碎
盐及黑胡椒适量
1/3 块老豆腐
80 克馄饨皮
30 克罐头装的扁豆
1 汤匙橄榄油
50 克欧芹
芝麻菜适量
1 根红辣椒
1000 毫升纯净水

步骤 *Step by step*

—— 将 50 克章鱼剁成泥，欧芹剁末，老豆腐捏碎，碗内加入老豆腐、章鱼泥、欧芹末、盐、黑胡椒搅拌均匀调成馄饨馅，包成长条馄饨。

—— 红辣椒切末，奶油芝士块，备用。

—— 锅内沸水煮馄饨，捞出煮熟的馄饨放橄榄油拌匀，备用。

—— 50 克章鱼沸水中煮七成熟，捞出，再在平底锅里加橄榄油，章鱼和煮熟的馄饨、杏仁碎、扁豆一同炒，加盐、黑胡椒调味，撒奶油芝士块入盘，用芝麻菜、红辣椒末装饰即可。

荞麦面配奶油芝士

食材及用量 *Food material*

50 克有机荞麦面
30 克红薯
15 克罐头装的鹰嘴豆
芽苗菜少许
5 克开心果碎
1 汤匙橄榄油
10 克奶油芝士
500 毫升纯净水

步骤 *Step by step*

— 荞麦面开水煮熟，过凉水备用。

— 红薯煮熟，待凉后切 1 厘米见方，平底锅内加橄榄油，煎红薯至金黄。

— 盘内放入荞麦面、红薯、鹰嘴豆、开心果碎，淋上橄榄油，撒上芽苗菜、奶油芝士装饰即可。

茄汁意大利饺子

食材及用量 *Food material*

70 克牛肉糜
4 张饺子皮
3 个迷你番茄
50 克意面番茄酱
2 瓣大蒜
1000 毫升纯净水
橄榄油适量
盐及黑胡椒适量
罗勒少许
茴香叶适量
帕玛森芝士适量

步骤 *Step by step*

— 碗内加入牛肉糜、盐、黑胡椒，搅拌成肉馅，包成饺子。

— 锅内加沸水煮饺子，煮熟捞出备用。

— 大蒜切片，番茄切片，平底锅内加入橄榄油，放蒜片煸香，加入番茄和番茄酱，小火煮沸，加入饺子，出盘，加罗勒、茴香叶、帕玛森芝士即可。

香煎豆腐绿笋配米粉

食材及用量 *Food material*

1/4 块豆腐
小麦粉少许
2 瓣大蒜
细香葱少许
1/2 汤匙蚝油
3 根芦笋
50 克泰国米粉
2 个红辣椒
黑芝麻适量
1 汤勺色拉油
1 小勺淀粉
盐适量
香菜适量
500 毫升纯净水

步骤 *Step by step*

— 豆腐切宽 1 厘米左右的长方形，裹上小麦粉，平底锅内放少许色拉油，煎豆腐至表皮金黄。

— 锅内加水煮沸，放米粉煮熟，冲凉水沥干待用。芦笋去表皮，切长条，开水中加少许盐，将芦笋汆熟捞出过凉水备用。

— 红辣椒切丝，细香葱切末，大蒜切片。淀粉加水调汁。锅内放油把蒜片煸香，放入辣椒、香葱，加入蚝油，加水、豆腐煮开，淋上淀粉汁，收汁关火。

— 放入芦笋、豆腐、米粉摆盘，黑芝麻、香菜点缀即可。

鸡胸肉黄瓜色拉

食材及用量 *Food material*

100 克小鸡胸肉
1/3 根黄瓜
2 片青柠檬
10 克洋葱
1 根细叶芹
百里香适量
2 克红辣椒末
1 汤匙橄榄油
盐及黑胡椒适量
5 克黑豆酱汁

步骤 *Step by step*

— 小鸡胸肉在波纹平底锅内用橄榄油煎熟，加适量盐和黑胡椒，备用。

— 黄瓜切片，青柠檬切片，洋葱切丝。盘内放鸡胸肉、黄瓜、青柠檬，淋上黑豆酱汁，放细叶芹、百里香、红辣椒末装饰即可。

柠檬香烤鸡胸肉

食材及用量 *Food material*

100 克鸡胸肉
1/2 个柠檬
20 克百里香
1 汤匙橄榄油
盐及黑胡椒适量

步骤 *Step by step*

— 柠檬切片备用。

— 鸡胸肉用盐和黑胡椒腌制 10 分钟，将鸡胸肉放入烤盘，鸡胸肉上铺上柠檬片，淋上橄榄油，180 摄氏度烤箱烤 10 分钟。

— 装盘后用百里香点缀即可。

Smoothie

悦体饮品

我们希望完整的一天能有一个甜美的结局，所以我们在饮品部分尝试着做一点点调整。希望你可以脱离食谱，自由选择自己喜欢的口味，选择各色水果，是时候犒劳一下自己啦！

饮品主打推荐
Drinks flagship

综合果汁

食材及用量 *Food material*

5 片羽衣甘蓝	50 克草莓	1 个苹果
半根黄瓜	50 克番茄	纯净水适量
半个牛油果	2 个橙子	
50 克树莓	半个柠檬	

步骤 *Step by step*

- 将洗净的羽衣甘蓝、黄瓜、牛油果加纯净水放入料理机中打碎。
- 将洗净的树莓、草莓、番茄加纯净水放入料理机中打碎。
- 将洗净的橙子、柠檬、苹果加纯净水放入料理机中打碎。
- 倒入杯中即可。

浆果奶昔

食材及用量 *Food material*

150 毫升牛奶	50 克蓝莓
20 克燕麦	薄荷叶适量
50 克红加仑	果酱适量

步骤 *Step by step*

- 将 40 克蓝莓、40 克红加仑加入料理机，再加入燕麦、牛奶，将其一同打碎。
- 将以上食材倒入杯中，表面淋一些果酱点缀，并把剩余蓝莓、红加仑、薄荷叶摆放其上即可。

区别于其他普通的水果，浆果不仅有令人愉悦的亮色外表，而且它丰富的营养、高纤维素在满足我们能量需求的同时又不会加重身体负担，让人随时轻松享受美味的同时又不会有丝毫心理负担。对于那些特别需要保持体重或对自己的身材有要求的人来说，类似树莓这样的浆果，就非常适合日常食用了。

牛油果爱上哈密瓜

食材及用量 *Food material*

200 克哈密瓜
1 个牛油果
200 毫升牛奶

步骤 *Step by step*

— 将哈密瓜和牛油果处理成丁。

— 将哈密瓜丁、牛油果丁与牛奶一起放入料理机中打碎。

— 导入杯中即可。

可可奶昔

食材及用量 *Food material*

30 克黑巧克力
150 毫升脱脂牛奶
30 克燕麦
榛子碎适量
巧克力酱适量

步骤 *Step by step*

— 将黑巧克力熔化开。

— 将燕麦与牛奶放入料理机中打碎。

— 混合黑巧克力和燕麦牛奶，并倒入杯中。

— 在表面淋上巧克力酱，撒上榛子碎。

— 导入杯中即可。

香蕉奶昔

食材及用量 *Food material*

1 根香蕉
150 毫升牛奶
30 克燕麦
开心果碎适量

步骤 *Step by step*

- 将 1/3 的香蕉切薄片，2/3 的香蕉切块。
- 将 2/3 香蕉块、牛奶、燕麦放入料理机中打碎，制成奶昔。
- 在杯子内壁贴上香蕉片，将奶昔倒入杯中，表面撒上开心果碎即可。

桑葚奶昔

食材及用量 *Food material*

30 克桑葚
150 毫升牛奶
30 克燕麦

步骤 *Step by step*

- 将 25 克桑葚、牛奶、燕麦放入料理机中打碎。
- 倒入杯中，点缀上 5 克桑葚即可。

南瓜奇亚籽布丁

食材及用量 *Food material*

50 克奇亚籽
300 克豆奶
[illegible]0 克南瓜
枫糖浆适量
核桃碎适量
南瓜子适量
食用花适量

步骤 *Step by step*

- 将南瓜去皮切块蒸熟。
- 将豆奶与南瓜放入料理机中打碎。
- 混合奇亚籽、南瓜豆奶、枫糖浆。
- 倒入准备好的瓶内，盖上盖子，冷藏 4 小时以上或者过夜。
- 撒上核桃碎、南瓜子，装饰上食用花即可。

浆果奇亚籽布丁

食材及用量 *Food material*

40 克奇亚籽
240 克豆奶
枫糖浆适量
50 克树莓
50 克蓝莓
2 片消化饼干
食用花适量

步骤 *Step by step*

- 将 40 克蓝莓、40 克树莓放入料理机打碎。
- 混合奇亚籽、豆奶和枫糖浆。
- 将上述两者液体混合。
- 盖上盖子，冷藏 4 小时以上或者过夜。
- 撒上消化饼干碎，装饰上食用花、树莓、蓝莓即可。

营养评定
Nutritional assessment

别看它们身体娇小，奇亚籽就是一座小小的营养充电站。它们充满着 ω-3 不饱和脂肪酸、抗氧化成分、钙、纤维和蛋白质。

Special

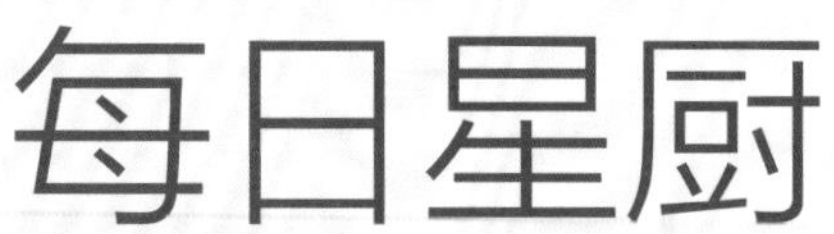

每日星厨

这些菜品的做法都很简单且迅速，很容易上桌，但也独具风味。我们会使用各种香料和蔬菜，结合快速烹饪技术，提供令大家满意的烹饪方案。

我们分享给大家的是烹饪过程的捷径，即使通过最微小的努力也能获得美味可口的一餐。

生活太短暂，不应甘于平淡。

混色手指胡萝卜色拉

食材及用量 *Food material*

4 根混合色手指胡萝卜
60 毫升橄榄油
120 克酸奶油
2 茶匙蜂蜜
35 克开心果
盐及黑胡椒适量
芽苗菜少许
芝麻菜少许
薄荷少许
绿胡椒少许

步骤 *Step by step*

—— 将混合色手指胡萝卜对半切开，平底锅内加少许橄榄油，将胡萝卜煎熟，加入盐和黑胡椒，待胡萝卜冷却。

—— 将开心果碾成碎末，在盘内先铺上少许酸奶油，依次放上胡萝卜、开心果碎末、芝麻菜、芽苗菜、薄荷。

—— 淋上蜂蜜，加绿胡椒点缀装盘即可。

营养评定
Nutritional assessment

低温慢烤胡萝卜能让它自然的甜味更好地释放出来，相信我，清脆外表和绵软内里的组合一定会震撼你的味蕾。每一份烤胡萝卜都富含足量的纤维、β - 胡萝卜素和维生素 A，能为我们皮肤和视力的健康保驾护航。

每日主打推荐
Daily flagship

这份沙拉就像是把夏天装进了盘子里。新鲜的圣女果、罗勒、芝麻叶的味道让人感到清新动人，加入马苏里拉干酪更是增加了口感上的层次。

有机缤纷圣女果色拉

食材及用量 *Food material*

80克混色圣女果
30克马苏里拉芝士
罗勒少许
芝麻叶少许
1茶匙橄榄油
黑胡椒适量
食用花少许

步骤 *Step by step*

- 将圣女果切片，罗勒切丝，马苏里拉芝士撕成一条。
- 盘内放入圣女果、芝士条、罗勒丝、芝麻叶，用罗勒叶和食用花进行点缀。
- 撒些许黑胡椒，淋上橄榄油即可。

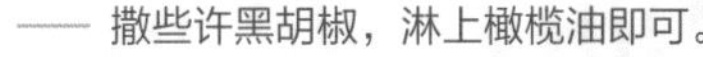

烤蔬菜配干酪

食材及用量 *Food material*

4 个番茄
海盐以及黑胡椒适量
60 毫升橄榄油
1 棵小卷心菜
30 克干酪
20 克混合坚果碎

步骤 *Step by step*

—— 将烤箱预热至 200 摄氏度。

—— 把番茄放在烤箱托盘上，撒上海盐和黑胡椒，淋上橄榄油。烤 15 分钟左右。

—— 接着把小卷心菜放在烤箱托盘上，烤 8 分钟直到软嫩、轻微烧焦。

—— 撒上干酪、坚果碎，即可食用。

炭烤玉米

食材及用量 *Food material*

3 根玉米
30 克佩科里诺干酪
迷你薄荷叶适量
橄榄油适量
1/4 茶匙辣椒粉
75 克全蛋黄酱
盐及黑胡椒适量

步骤 *Step by step*

—— 预热炭烤盘。

—— 玉米刷上橄榄油，撒盐和黑胡椒，一边转动一边烤，烤 12~15 分钟，直到微焦。

—— 玉米涂抹上蛋黄酱，撒上佩科里诺干酪和辣椒粉。

—— 撒上薄荷叶，装盘即可。

薯泥能量早餐

食材及用量 *Food material*

150 克红薯
1 茶匙橄榄油
海盐以及黑胡椒适量
50 克奶油奶酪
10 克罐头装的利马豆
10 克罐头装的青豆
3 颗杏仁
3 颗开心果
芝麻叶少许
罗勒少许
薄荷少许

步骤 *Step by step*

—— 将红薯蒸熟去皮备用，撒上盐和黑胡椒。将开心果、杏仁碾碎备用。

—— 盘内放入红薯、奶酪，撒上坚果碎、利马豆、青豆、罗勒、芝麻叶、薄荷，淋上橄榄油即可。

迷你西蓝花沙拉

食材及用量 *Food material*

100 克迷你西蓝花
1 茶匙芝麻酱
1 个柠檬
黑胡椒适量
1 茶匙橄榄油
3 克小苏打
500 毫升纯净水

步骤 *Step by step*

—— 将迷你西蓝花洗净，加入沸水中汆熟，放入凉水里备用。

—— 将柠檬表皮用小苏打搓洗干净，用擦丝器取表皮。

—— 在盘内放入冷却的西蓝花，淋上芝麻酱、橄榄油，撒上黑胡椒、柠檬丝即可。

姹紫嫣红

食材及用量 *Food material*

20 克紫甘蓝
1 个小红萝卜
50 克菊苣
细香葱少许
1 茶匙酸奶
1 个苹果
1 个青柠檬
白芝麻适量

步骤 *Step by step*

—— 将紫甘蓝切丝，将小红萝卜、苹果切片，菊苣剥片，青柠檬洗净后用擦丝器取丝，将细香葱切成末。

—— 在盘内将食材用酸奶和细香葱末拌匀，用青柠檬丝、白芝麻点缀即可。

香煎羊排

食材及用量 *Food material*

60 毫升橄榄油	4 根羊排
1 头大蒜	迷迭香少许
薄荷叶少许	蜂蜜少许
1 个迷你番茄	1 个柠檬
玉米糠适量	盐及黑胡椒适量

步骤 *Step by step*

—— 准备酱汁，柠檬取汁适量，蜂蜜适量，薄荷叶、盐少许，在搅拌机内打汁备用。

—— 将整理干净的羊排用适量的橄榄油、大蒜片、迷迭香、黑胡椒腌制 1 小时。

—— 将腌制过的羊排去掉大蒜和迷迭香，用厨房纸擦拭干净，撒上适量盐和黑胡椒，裹上玉米糠。平底锅内加入少许橄榄油，把羊排两面煎黄装盘，淋上酱汁，将番茄切丁，用番茄丁、薄荷叶装饰即可。

blendtec

美食主编的
素食主义

任芸丽

资深媒体人、美食作家。《食盐 Salt》总编。
原《贝太厨房》前全媒体主编。《吃情十物》《甜蜜食堂》作者。

轻轻地食，就像呼吸那样自然。

我相信，食物的滋味除了食材、调料，还有最后一味——想象。一样东西好不好吃，很多时候并不是舌头说了算。

食了几十年餐饭，每个人或多或少都对食物框定了自己的模板。金黄喧嚣的炸物十有八九藏着一包滚烫的油花；敷上糖粉的蛋糕如果不够滑腻似乎总说不过去；而对中国人来说，相对新潮的“轻食”也有自己的标签：清心寡欲。

甚至我还听过一种观点，认为轻食是一种懒惰的食物。乍一看，似乎有点道理。在 24 小时不下班的 CBD，轻食餐厅越来越多。各色食材简单处理后就通过流水线被组装成立等可取的轻食。

要我说，真正怠惰的不是轻食，而是做料理的人。即便是“轻食”，也容不得轻视。

轻食，不是简单的“吃草”，而是有呼吸的料理。比起动辄气势压人的横菜，轻食天生自带亲和力，它们通常热量低、简单健康，给人以舒适感。

简单不意味着单调，事实上，那些多彩水灵的蔬食往往更容易在餐桌上开出花来。以往的“耗油大户”茄子如果切成薄片煎，绝对能蜕去油腻的皮囊，如果再加上香气馥郁的罗勒叶，那简直叫人心醉。相比清水煮玉米，用豆奶和素黄油煮又会显得别致不少。

轻食已经越来越成为时髦的饮食方式。在我看来，它更是一种生活方式，讲究恰到好处的雕琢，既不敷衍也不过火，倒是有点“少即是多”的美学。

玉米煮熟后，锅中的豆浆不要扔掉，有了黄油的馥郁和玉米的清甜，豆浆也华丽转身了，可以在许多料理中作为打底的素高汤使用。

素黄油

食材及用量 Food material

160 毫升椰子油
15 毫升植物油（杏仁油、芥花油、核桃油都可以）
60 毫升豆浆
5 毫升苹果醋
15 克大豆卵磷脂
2 克黄原胶（可以用琼脂或磨碎的奇亚籽粉代替）

步骤 Step by step

— 椰子油加热至液态。

— 豆浆加入苹果醋，在食物处理机中搅打均匀后，加入植物油和椰子油，搅打均匀至无颗粒。

— 加入黄原胶和大豆卵磷脂搅拌均匀。

— 倒入硅胶模具，冷冻或冷藏至成型。

豆奶素黄油煮甜玉米

食材及用量 Food material

2 根甜玉米
800 毫升豆浆
15 克素黄油
1000 毫升纯净水

步骤 Step by step

— 甜玉米剥去皮，摘掉玉米须，清洗干净，分成小段。

— 豆浆倒入煮锅中，再加入适量水（豆浆和水的总量能将玉米没过即可），放入玉米和素黄油。

— 大火煮开后，继续煮 15~20 分钟，至玉米煮熟。

南瓜，香中带着甘醇的甜美，这甜美又被奶油渲染得浓厚而华美。生活被色彩和营养染成了暖亮的颜色。

南瓜奶油汤

食材及用量 *Food material*

500 克南瓜
50 克鲜奶油
100 克西芹
1/2 茶匙盐
1/2 茶匙蘑菇精
1/2 茶匙胡椒粉
50 毫升纯净水

步骤 *Step by step*

— 将南瓜洗净，去皮去籽，切块备用，块切得越小，越容易蒸熟；然后把南瓜块上锅蒸 30 分钟，取出放在碗里，搅拌均匀。

— 西芹洗净，榨成菜汁，留少许菜叶切碎备用；把南瓜泥放入锅中，加入鲜榨的芹菜汁、鲜奶油、适量水搅拌均匀。

— 把锅放在火上，边煮边搅约 5 分钟，加上盐、胡椒粉、蘑菇精，即可出锅。

— 在南瓜奶油汤上撒些芹菜叶碎末即可。

泡沫韭葱洋姜汤

食材及用量 *Food material*

2 汤匙橄榄油（椰子油或者奶油也可以）
1 个白洋葱
2 棵韭葱
500 克洋姜
2 片月桂叶
800 毫升水
200 毫升白葡萄酒
10 克海盐
250 毫升牛奶
肉蔻少许
焙香白芝麻少许
黑胡椒少许
海盐片少许

步骤 *Step by step*

— 在汤锅中加入橄榄油。

— 将洋葱和韭葱切碎倒入，不时搅动，炖煮 15 分钟至软熟但不变色的状态。

— 加入洋姜，炖 15 分钟。

— 加入月桂叶、水、白葡萄酒、肉蔻、海盐，炖 25 分钟。

— 用手持浸入搅拌器将汤搅打均匀。

— 牛奶单独加热至 70 摄氏度，搅打出泡。

— 将汤盛在碗里，根据个人口味撒少许海盐及黑胡椒，倒上奶泡搭配食用。

脆而清甜的茭白，让人回味无穷。最为简单的调料，却最能带出食物的原味。

烤茭白

食材及用量 *Food material*

6 根茭白
30 毫升凉拌酱油
5 克糖
2 毫升芝麻香油
30 克海盐

步骤 *Step by step*

- 茭白洗净，剥去外皮，保留尖端少许青绿色嫩皮。
- 凉拌酱油、糖和芝麻香油调匀成蘸汁备用。
- 烤盘中铺满海盐，放入烤箱中层，用 170 摄氏度上下火烘烤 10 分钟至盐变热。
- 将处理过的茭白放在铺满海盐的烤盘上，继续用 170 摄氏度烘烤 20 分钟至表面微微有些发焦。
- 将茭白取出来，蘸汁食用即可。

九层塔煎茄子

食材及用量 *Food material*

1 根长茄子
20 克九层塔叶
1 个美人椒
1 个尖椒
2 瓣蒜
20 毫升生抽
3 克盐
2 克白芝麻
20 毫升水淀粉
30 毫升油

步骤 *Step by step*

- 长茄子洗净，纵切成厚约 2 毫米的薄片；九层塔叶洗净切碎，蒜切成末，美人椒和尖椒切成小丁备用。
- 锅中倒入 20 毫升油烧热，下少许蒜末，并将茄子片放入锅中两面煎软，均匀撒上少许盐。然后在其一面均匀撒上一些九层塔叶碎，卷成墩状，放入盘中，撒上白芝麻和少许九层塔叶碎。
- 锅中下 10 毫升油，下蒜末爆香，然后加入辣椒碎、生抽、盐炒香，加入水淀粉勾成芡汁，淋在茄子墩上，用九层塔叶装饰即可。

九层塔叶的浓郁香味给茄子带来了独特的风味。这样特别的茄子，你吃过吗？

芦笋与百合在锅中融汇，清新的气息便弥漫在厨房。白果虽然具有很高的药用价值，但也同样具有一定的毒副作用，食用前一定要将白果完全加工至熟，并且儿童的食用量一定要控制在 10 枚以下。

百合芦笋

食材及用量 *Food material*

1 个鲜百合
300 克芦笋
10 粒白果
3 克盐
2 克白胡椒粉
15 毫升生抽
15 毫升油
5 毫升芝麻香油
500 毫升纯净水

步骤 *Step by step*

—— 白果剥开外壳。百合剥去外面老皮，清洗干净，掰成小片。芦笋削去根部老皮，切成 4 厘米长的小段。

—— 锅中放入适量水，大火烧沸后将芦笋段放入焯水 1 分钟，然后取出用冷水冲凉待用。

—— 将白果仁放入沸水中煮 2 分钟，取出后剥去外皮。

—— 中火烧热锅中的油待烧至五成热时，将鲜百合片、芦笋段和白果放入翻炒约 1 分钟，再调入生抽、盐和白胡椒粉，拌炒至匀。

—— 淋上芝麻香油，放入盘中即可。

最忙碌或最没有想象力的时候，随便买一份蔬菜，用水煮熟，淋上任何喜欢的调料，这一餐都不算太委屈，有时，还可以显得很丰盛。

生拌蒿子秆

食材及用量 *Food material*

500 克蒿子秆
3 瓣大蒜
1 茶匙白芝麻
1 茶匙芝麻香油
1/2 茶匙蘑菇精
1 茶匙盐

步骤 *Step by step*

—— 大蒜用压蒜器压成蒜蓉，加入芝麻香油、蘑菇精、盐调成蒜泥。

—— 白芝麻用小火慢慢焙香。

—— 蒿子秆洗干净，切成小段，放入滚水中焯烫断生，捞出放入冷水中过凉，然后沥干水分。

—— 将烫熟的蒿子秆与蒜泥、白芝麻混合拌均匀即可。

白灼芥蓝

食材及用量 *Food material*

400 克芥蓝
10 克老姜
10 克大葱
红菜椒少许
20 毫升生抽
5 克白砂糖
10 毫升油
5 克盐
1000 毫升纯净水

步骤 *Step by step*

- 芥蓝洗净，择掉老叶，将根部老皮削掉备用。大葱取葱白切成细丝。红菜椒和老姜也切成细丝。将葱丝和红菜椒丝放入水中浸泡，使其卷曲。
- 将生抽、白砂糖倒入锅中，加入少许水（50 毫升），投入姜丝。
- 大火烧开煮锅中的水，加入盐和 1 茶匙油，放入芥蓝大火煮制沸腾，捞出芥蓝沥干装盘。
- 在芥蓝上淋上调味汁，摆上葱丝和红菜椒丝。将剩余部分的油用大火加热至冒烟，淋在葱丝上即可。

顶级厨师的 **健身餐**

魏瀚

东方卫视《顶级厨师》首季冠军，四川“80 后”厨师，毕业于老牌厨艺学校——法国蓝带厨艺学院，曾以全校第三名的成绩毕业。

我是一个懒人，觉得健身是件很苦的事情：健身很像一杯黑咖啡，浓缩了非常多，看起来是轻松随意的，但是只有经历的人才会发现它坚持起来是多么难。

所以我的工作就是需要“苦中作乐”，在健身中找到各种些许的快乐，一瞬间会觉得人都会活过来。拿鸡胸肉来讲，这块最难料理的食材，我曾经做过很多种尝试，想要将它变得更好吃一点，但是基本上都是铩羽而归。后来我发现，将鸡胸肉打成肉糜，跟蛋清一起做成肉丸子，汆烫在无油番茄汤里面，低温焖熟，竟然没那么干、柴，还别有滋味。

所以健身跟烹饪一样，只要找到合适的方式，你会发现它比你想象中简单。对于这次的食谱，我个人的设计是其中一部分菜品是偏向于甜品方向的。因为很多人会觉得健身跟甜品是绝缘的。但是看完这一章，我相信会对你有点启发。

所有食谱都用到了很多健康的食材：燕麦、坚果、高纤维的水果、海鲜、蔬菜。其实最开始我抗拒这样的轻食，所以健身期间，应尽量避免食用过量的油脂和辛辣食物，最好去感受一下新鲜蔬果、海鲜的鲜甜滋味，健身伊始你可能会难以从麻辣锅的口感中解脱，但是慢慢试过之后，你会发现这些轻微的黑胡椒、柠檬汁的味道，反而会给自己的身体带来更多的轻盈感。

健身不一定要在食物上苛刻自己，当你在身体痛苦的时候，可以将快乐从嘴巴中获取回来。希望这次的食谱能抛砖引玉，大家也可以做出属于自己的健康、快乐食谱。

青柠檬黄瓜烤杏鲍菇

食材及用量 *Food material*

4 个青柠檬
1 根黄瓜
2 个杏鲍菇
橄榄油适量
盐及黑胡椒适量

步骤 *Step by step*

— 将青柠檬掏空，做成柠檬盅，其他部分榨成汁。

— 杏鲍菇切丁，然后加入橄榄油、盐、黑胡椒，搅拌后送入预热到 180 摄氏度的烤箱中，烤制 15 分钟左右。

— 将黄瓜切成丁，备用。

— 杏鲍菇拌黄瓜丁，装入柠檬盅。

— 挤上一些柠檬汁装盘即可。

牛油果酿果醋番茄

食材及用量 *Food material*

1 个牛油果
10 个串番茄
意大利黑醋适量
杏仁碎少许

步骤 *Step by step*

— 将牛油果去核挖出，加入少许黑醋做成牛油果泥。

— 将串番茄从底部掏空，然后加入牛油果泥。

— 将其装盘，让切口处朝上，然后在封口处撒上杏仁碎即可。

越南米纸卷

食材及用量 Food material

10 张越南米纸	1 碗米粉
柠檬汁适量	4 只虾仁
香菜适量	30 克罗莎生菜
小米椒适量	半根黄瓜
1 小块生姜	20 克甜玉米粒
2 勺生抽	薄荷叶少许
2 勺豉油	3 颗草莓
原味烤腰果适量	1 根香蕉

步骤 Step by step

—— 将豉油、柠檬汁和生抽混合制成蘸酱。

—— 将小米椒切圈，香菜切碎，薄荷叶切碎，生姜切末与酱汁混合。

—— 将草莓、黄瓜、香蕉切片备用。

—— 将罗莎生菜撕碎。

—— 将虾仁与玉米粒煮熟备用。

—— 用研磨碗将烤腰果捣碎备用。

—— 将米粉煮熟备用。

—— 用温水浸泡米纸，待米纸有弹性后取出平铺，依次铺上米粉和蔬果，将两侧的米纸往内折叠，然后从下侧向上卷到头。

—— 卷好的米纸卷蘸酱汁、腰果碎食用即可。

营养评定 Nutritional assessment

越南米纸卷是非常不错的开胃轻食小吃，可以满足馋嘴的需求。不像油炸的中式春卷，越南米纸卷一般都是用特别新鲜的食材，将蔬菜、香草、大虾融合在一起，进行简单调味，以凸显食材最纯正的味道。食用糙米做的米纸卷不仅能减少碳水化合物的摄入，还能从中获取更多的营养元素，使蛋白质得到高效吸收。

Wifi:

橙汁醋沙拉

食材及用量 *Food material*

100 克生菜

玉米粒适量

1 颗水煮鸡蛋

1 根胡萝卜

1 颗洋葱

1 个橙子

1 个青柠檬

10 克苹果醋

10 克橄榄油

盐适量

黑胡椒适量

步骤 *Step by step*

— 将橙子和青柠檬的果肉榨汁，然后把橙子皮和青柠檬皮擦碎，再加入苹果醋和橄榄油、盐、黑胡椒做成油醋汁。

— 将生菜、玉米粒、胡萝卜、水煮鸡蛋、洋葱放入沙拉盆中，加入调好的油醋汁，装盘即可。

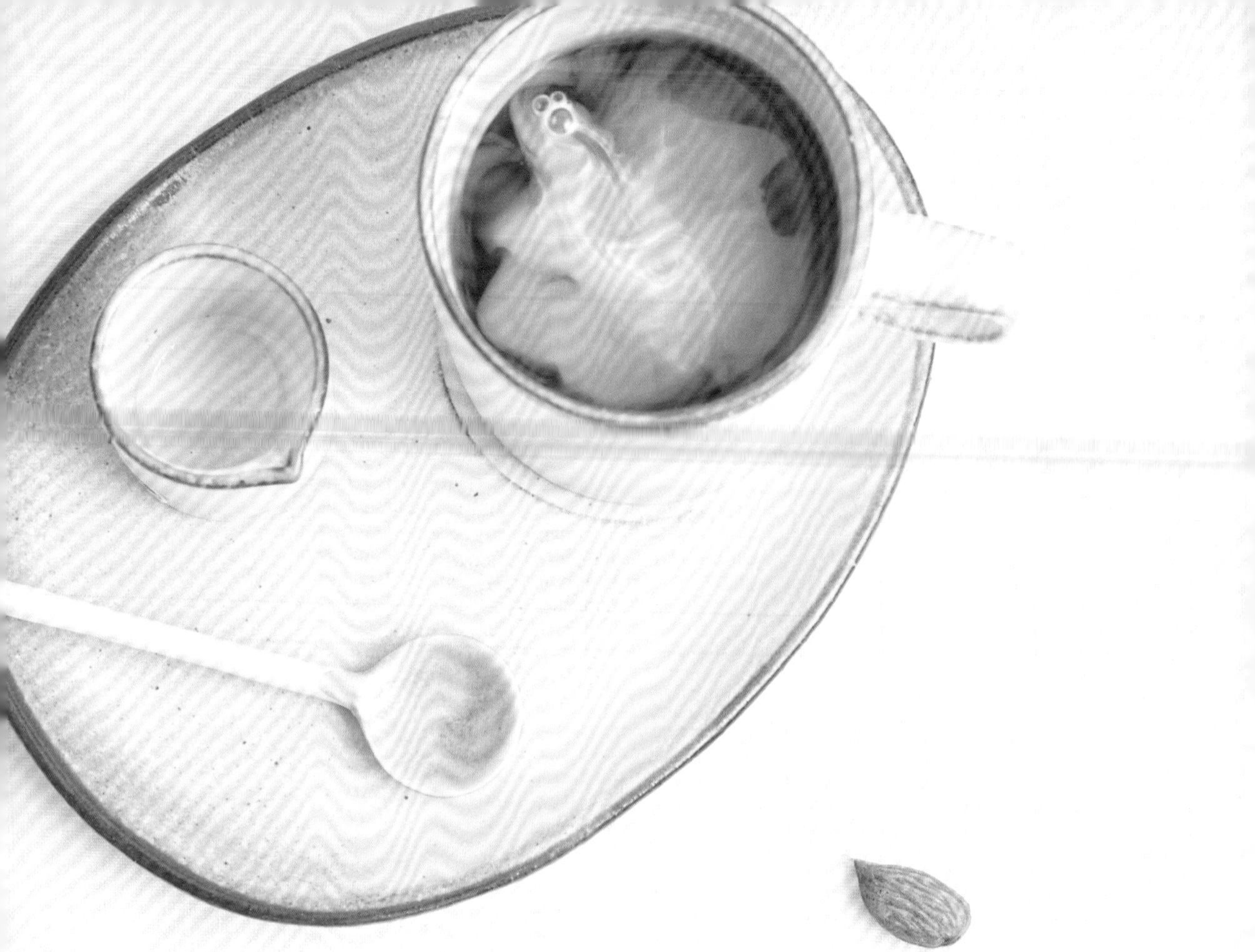

香蕉奇亚籽蛋卷冰激凌

食材及用量 *Food material*

4 根香蕉

10 克奇亚籽

2 个蛋卷

薄荷叶若干

黑芝麻若干

步骤 *Step by step*

—— 将香蕉冷冻 24 小时，切小块后放入料理机中打成泥，用冰激凌勺挖成球，放入蛋卷中。

—— 蛋卷上撒上奇亚籽、黑芝麻，装饰上薄荷叶即可。

坚果香蕉燕麦片

食材及用量 *Food material*

20 克燕麦

200 毫升脱脂牛奶

5 粒杏仁

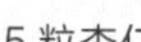

5 粒黑莓

1/4 根香蕉

1 茶匙蜂蜜

罗勒适量

步骤 *Step by step*

—— 燕麦加脱脂牛奶，香蕉切段后加入燕麦牛奶中。

—— 撒上杏仁、黑莓，淋上蜂蜜，罗勒点缀即可。

自制无糖菠萝果酱搭配全麦切片

食材及用量 *Food material*

1 个菠萝
木糖醇适量
盐适量
1 个全麦面包

步骤 *Step by step*

—— 菠萝切丁，放一些盐让它出水，然后加木糖醇小火熬制成菠萝酱。

—— 将全麦面包切片后送入预热到 200 摄氏度的烤箱，烤制 3 分钟。

—— 将菠萝酱抹在全麦面包上，配红茶即可。

银耳水信玄配樱花盐

食材及用量 *Food material*

1 朵银耳
220 毫升水
10 克水信玄粉
红糖适量
黄豆粉适量

步骤 *Step by step*

—— 银耳泡发后熬煮成银耳汤。

—— 倒入水，加上水信玄粉。

—— 倒入模具中，冷藏 4 小时。

—— 脱模后加入黄豆粉和红糖，装盘即可。

生活达人的
超能量零食

Angelia

食物和餐饮美学顾问、创意食品造型师，

为多家餐饮品牌提供整体视觉营销策划，擅长将西方生活美学和现代商业美学结合

在美食唾手可得的物资爆棚时代，满足口腹之欲不再是难事。然而我们似乎在饱享美食之余，面临着种种新的问题。

往往，吃进去的食物，只是满足了味蕾，却并不完全是身体需要的，甚至会给身体带来负荷。无论是跑去健身房消耗多余的热量，还是依靠市面上的减肥产品瘦身后，再投入美食的怀抱，似乎越来越多亚健康的症状仍在不断地出现，现代人似乎都进入了这样的循环之中。

因为这个循环背后的心理并不完全是正确的，很多时候只是为了减少我们大快朵颐之后的罪恶感，身体依然处于亚健康的状态之中。我们对于天然食物的敏感度因为摄入了太多精制食品的原因而降低了，因而也忽略了身体真正需要的营养。大部分时候，身体处于热量过剩而营养不良的状态下。所以，有意识地去调整食谱，让头脑和身体多去习惯、适应天然的食物带给我们的能量，是十分有必要的。在我们所分享的健康食谱中你会发现，当我们找回身体的敏感度之后，天然的食物会带给我们愉悦味蕾和滋养身体的双重满足。从坚果中摄入健康的脂肪，选择纤维素等营养素更丰富的粗粮，从好的豆类中摄取蛋白质，用椰枣等天然甜味代替精制糖所制成的甜品……只要掌握了烹饪方式，便可以让自己进入良性的饮食结构和循环之中。

尤其是有运动习惯的人群，更需要最佳的天然营养素去支持身体塑造肌肉、提升体能。健康的饮食习惯，不仅会让我们的头脑更加活跃，思维更加清晰，在减少种种亚健康症状方面更是有着非常显著的效果。没有被过多加工破坏的食物，才是人类真正自然需要的。

现在就行动起来，动手尝试几款健康小食，你将会惊喜地发现另一片美味天地！

燕麦是一种低糖、高营养、高能食品。它含有丰富的膳食纤维，油脂含量也少，可降低胆固醇在心脑血管中的积累，此外可以减轻人的饥饿感。燕麦不仅美味，而且十分健康！

燕麦饼干

食材及用量 *Food material*

300 克全麦面粉
120 毫升玉米油
1 克小苏打
1 个鸡蛋
30 克红糖
10 克肉桂粉
10 克红曲粉
10 克抹茶粉
30 克椰枣
30 克杏仁
30 克蓝莓

步骤 *Step by step*

—— 混合玉米油与鸡蛋。

—— 混合全麦面粉、红糖与小苏打。

—— 将以上粉类与液体混合，均匀分成 4 份。

—— 在其中的 3 份中分别加入肉桂粉、红曲粉、抹茶粉，即可得原味、肉桂味、红丝绒味、抹茶味这 4 种口味的面团。

—— 将椰枣、杏仁切碎备用。

—— 将 4 种口味的面团捏成饼状，表面撒上椰枣碎、杏仁碎、蓝莓。

—— 送进预热至 150 摄氏度的烤箱，上下火烤制 15 分钟。

燕麦核桃葵花籽能量棒

食材及用量 *Food material*

2 根香蕉
即食燕麦 200 克
蔓越莓干适量
核桃适量
巴旦木适量
葵花籽适量
蛋清 20g

步骤 *Step by step*

—— 将香蕉泥捣碎，与蛋清混合。

—— 将所有坚果用搅拌机打碎，与燕麦片混合。

—— 混合所有食材，将烤箱预热至 170 摄氏度。

—— 将混合物压制成 2 厘米的厚度，送入烤箱烤至 25 分钟。

—— 取出晾凉后，切块即可。

能量坚果棒

食材及用量 *Food material*

100 克燕麦
40 克南瓜子仁
35 克奇亚籽
30 克开心果
35 克杏仁
35 克瓜子仁
30 克蔓越莓干
100 克蜂蜜
50 克蛋液
20 克橙汁

步骤 *Step by step*

—— 将蔓越莓干切碎浸泡在橙汁里备用。

—— 把所有坚果、燕麦送入预热至 150 摄氏度的烤箱烤制 7 分钟。

—— 将蜂蜜倒入奶锅小火加热。

—— 依次倒入湿润的蔓越莓碎、坚果、燕麦、全蛋液拌匀。

—— 在长方形模具中铺上油纸，转移混合物，压实。

—— 将压好的混合物送入预热至 150 摄氏度的烤箱烤制 15 分钟。

—— 取出晾凉后，切块即可。

oon let
ounces, counting one slice of bread
Also, bread is considered
carbohydrates
nutrients such
roots of
Around

能量巧克力球

食材及用量 *Food material*

100 克黑巧克力
40 克高筋面粉
100 克燕麦片
10 克全蛋液
40 克椰子油
100 克榛子碎
50 克榛子仁

步骤 *Step by step*

—— 隔水熔化黑巧克力和椰子油，搅拌混合均匀。

—— 混合高筋面粉、燕麦片。

—— 把混合好的粉类倒入黑巧克力中。

—— 在巧克力混合物中加入榛子碎，拌匀。

—— 在松散的混合物中加入蛋液，拌匀。

—— 把混合物捏成直径为 3~4 厘米的小球，中间包裹一颗完整的榛子仁。

—— 把捏好的小球送进预热至 170 摄氏度的烤箱，上下火烘烤 20 分钟。

—— 冷却即可食用。

意式脆饼

食材及用量 *Food material*

150 克全麦面粉
4 克纯黑咖啡粉
1 小勺泡打粉
1 个鸡蛋
2 茶匙脱脂牛奶
50 克枫糖浆
1 克盐
50 克开心果

步骤 *Step by step*

—— 将开心果送入预热好的烤箱，用 150 摄氏度烤 7 分钟。

—— 混合鸡蛋、枫糖浆、脱脂牛奶、盐搅拌均匀。

—— 将全麦面粉、黑咖啡粉、泡打粉过筛。

—— 混合蛋液与粉类，并用刮刀拌匀。

—— 加入烤过的开心果拌匀。

—— 把原料捏成面团，放在袋子里醒 10 分钟。

—— 取出面团，手上拍上少许全麦面粉，把面团捏成半拱的长条形。

—— 预热烤箱至 180 摄氏度，将面团放中层烤 20 分钟。

—— 取出烤好的面胚放凉，用刀切成 1 厘米宽的面饼，把切面朝上，入烤箱继续用 180 摄氏度烤 10 分钟。

—— 再次取出，翻面再烤 10 分钟即可。

椰丝巧克力曲奇

食材及用量 *Food material*

50 克黑巧克力
120 克全麦面粉
70 克椰子油
3 克天然小苏打
1 个鸡蛋
50 克椰子脆片
30 克枫糖浆

步骤 *Step by step*

—— 隔水熔化椰子油和黑巧克力。

—— 待混合液冷却后，加入鸡蛋、枫糖浆搅拌均匀。

—— 将全麦面粉与小苏打混合，与混合液体搅拌均匀。

—— 将面糊均等分为几个小球，表面撒椰子脆片。

—— 送入预热至 150 摄氏度的烤箱烤制 15 分钟左右。

南瓜杏仁磅蛋糕

食材及用量 *Food material*

南瓜泥 100 克
20 克杏仁粉
120 克全麦面粉
3 克泡打粉
100 克椰子油
3~4 克盐
100 克鸡蛋
50 克蔓越莓干

步骤 *Step by step*

—— 南瓜去皮蒸熟后用工具压成南瓜泥，取 120 克晾凉备用。

—— 混合杏仁粉、全麦面粉、泡打粉，过筛加入盐备用。

—— 椰子油加入鸡蛋后打发。

—— 在混合好的蛋液中加入混合粉类，搅拌均匀。

—— 将南瓜泥加入混合物中搅拌均匀。

—— 烤箱上下火预热至 180 摄氏度。

—— 将混合面糊倒入模具后，震出气泡，表面撒蔓越莓干。

—— 送进烤箱烤 20~25 分钟。

巧克力香蕉曲奇

食材及用量 *Food material*

70 克椰子油
50 克黑巧克力
1 个鸡蛋
30 克枫糖浆
1 根香蕉
15 克肉桂粉
120 克全麦面粉
3 克小苏打
20 克香蕉干

步骤 *Step by step*

—— 隔水熔化椰子油与黑巧克力。

—— 待混合液冷却后，加入鸡蛋、枫糖浆搅拌均匀。

—— 将香蕉与肉桂粉放入料理机搅打成泥，与混合液拌匀。

—— 将全麦面粉与小苏打混合，与混合液拌匀。

—— 将面糊捏成小球，表面撒香蕉干碎，压成饼干状。

—— 送入预热的烤箱，上火 130 摄氏度，下火 150 摄氏度，烤 15 分钟即可。

Coffee Drinks
Stake a Claim
Rhubarb Upside-Down Cake

菠萝生姜冰激凌

食材及用量 *Food material*

100 克消化饼干
50 克椰子油
100 克椰浆
300 克豆腐
300 克豆奶
100 克菠萝
30 克生姜
50 克枫糖浆
开心果碎适量

步骤 *Step by step*

—— 生姜切薄片，浸泡在豆奶中至少 1 小时。

—— 菠萝切丁备用。

—— 豆腐切块，放入沸水中烫 1 分钟左右捞出。

—— 将烫熟的豆腐和豆奶、椰浆、枫糖浆一起倒入料理机中，打成顺滑的糊状后送入冰箱冷藏 2 小时左右，取出后倒入冷冻好的冰激凌机蓄冷桶中，搅拌 25 分钟左右。

—— 使用料理机混合消化饼干与椰子油，铺在模具底部。

—— 搅拌好的冰激凌与菠萝混合均匀后倒入模具中，冷冻 1 小时即可。

—— 食用前可撒上开心果碎。

树莓冻优格

食材及用量 *Food material*

200 克树莓
100 克酸奶
15 克明胶
50 克鲜奶油
2.5 毫升柠檬汁
薄荷叶适量
红醋栗适量

步骤 *Step by step*

—— 将明胶放入 300 毫升冰水中，完全浸泡软化，控水备用。

—— 鲜奶油打发备用。

—— 混合明胶液与酸奶。

—— 混合物与打发的奶油混合后，加入柠檬汁拌匀。

—— 取 100 克树莓放入料理机打碎备用。

—— 倒入活底模具后，表面淋上树莓酱。

—— 用小竹签画圈，在表面形成花纹。

—— 放入冰箱冷冻 3 小时。

—— 从冰箱中取出后脱模，装饰上树莓、红醋栗、薄荷叶即可。

索引

元气清晨

超能午餐

轻盈晚餐

悦体饮品

每日星厨

顶级厨师的健身餐

美食主编的素食主义

生活达人的超能量零食

图书在版编目（CIP）数据

星教练的轻食主义 / 邱子峰编著. -- 北京 : 人民邮电出版社, 2020.5
ISBN 978-7-115-52224-5

Ⅰ. ①星… Ⅱ. ①邱… Ⅲ. ①减肥－食物疗法－食谱
Ⅳ. ①R247.1②TS972.161

中国版本图书馆CIP数据核字(2019)第226669号

内 容 提 要

轻食主义是近年来非常流行的饮食方式，它既是一种清淡的饮食方式，更是一种均衡、自然、健康的生活态度。本书作者联合了“星健身”旗下12名知名的星教练，将73道明星教练的营养美食食谱集结成册。通过阅读本书，读者既可以了解轻食主义简单、适量、健康和均衡的内涵，又能做出营养且美味的餐食，这种食谱还可以配合健身运动。

本书适合爱好健康饮食的轻食主义者、健身爱好者参考。

◆ 编　　著　邱子峰
责任编辑　胡　岩
责任印制　周昇亮

◆ 人民邮电出版社出版发行　　北京市丰台区成寿寺路11号
邮编　100164　　电子邮件　315@ptpress.com.cn
网址　https://www.ptpress.com.cn
北京东方宝隆印刷有限公司印刷

◆ 开本：787×1092　1/16
印张：10.75　　　　2020年5月第1版
字数：403千字　　　　2020年5月北京第1次印刷

定价：89.00元

读者服务热线：(010)81055296　印装质量热线：(010)81055316
反盗版热线：(010)81055315
广告经营许可证：京东工商广登字20170147号

iFitStar 星健身®

iFitStar 星健身创立于 2015 年，是一个由跨界品牌营销专家廉家润先生与来自亚洲各地的多位健康明星教练共同打造的中国全明星教练健身概念品牌，致力于向客户提供安全、高效、科学的健身。

iFitStar 星健身 2017 年与国际运动品牌 adidas 签约成为合作健身品牌。

2018 年发展副线潮流健身概念品牌 FreshFit 新鲜健身，目前在北京、成都、杭州、南京等多个城市开设有 8 家门店，营业面积累计超过 5000 平方米。

望京“彭于晏”的早餐食谱

前一晚把生燕麦和牛奶、酸奶混合好，再添加水果、坚果等自己喜欢的配料，密封冷藏，第二天直接端出来就可以美美开吃。从准备材料到完成只需要几分钟，生燕麦无须任何烹煮，它在这一晚上低温冷藏的过程中会逐渐变软，而各种配料的滋味也会在你沉睡的时刻渐渐完美地融合在一起，清晨端出来，搅一搅，就是一杯奇妙而美味的燕麦粥了。如果再加入经典配方中的奇亚籽或亚麻籽，那么就会得到惊人的布丁口感！如此简单就能让味蕾和心情都被唤醒，就算不是懒人也忍不住要试一试了！

做法

1. 将生燕麦和牛奶、酸奶（如果没有，可全部用牛奶代替）放入一个可密封的容器内，搅拌混合均匀，再按喜好添加各种配料，比如香蕉等，继续搅拌均匀，盖好盖子，放入冰箱冷藏过夜。放奇亚籽是国外的经典吃法，它是一种膳食营养丰富的“超级食物”，早上泡开膨胀后黏黏的，好有趣！

2. 第二天早晨拿出来搅一搅就可以开吃啦！另外可以再切一些新鲜水果放进去，香蕉也可以在前一晚先放入冰箱冻一下，第二天用搅拌机打成泥再混进去。其他水果泥同理，前一天放或第二天放都可以。

厉泽承 Tommy / 26 岁 天蝎座

来自 Tommy 不成熟的小建议——今天少吃一块肉，明年维密我走秀。

问：是什么契机让你热爱上健身的？

答：当时因为觉得两点一线的生活太枯燥了，想要点不一样的生活。

问：健身有显著成效的时候，会用什么方式奖励自己？

答：去学习街舞、滑板。

问：最满意身体的部分是哪里？

答：人鱼线。

问：喜欢哪种类型的女孩？

答：话少不粘人。

问：对塑型 / 减脂有利的食物里，你最推荐哪一种？

答：辣椒。

问：平时出门会穿一些展现身材的衣服吗？

答：不会刻意，一般会穿白 T 恤或纯色 T 恤。

问：身体中最能代表男性魅力的一个部位是哪里？

答：人鱼线，因为性感且是有力的象征吧。

问：平常会熬夜吗？如果熬夜的话一般都会做些什么呢？
答：会，撸猫。

问：男性和女性减脂 / 增肌的话，会有什么差别吗？
答：男性增肌更多一些，大部分都为了练出肌肉身材，女性的话绝大部分是减脂、减肥、练马甲线。

问：你遇到过最令人印象深刻的健身理由是什么？
答：以前练出的六块腹肌“合并单元格”了，要重新给它拆开。

问：很好奇，健身教练会不会偶尔喝一杯珍珠奶茶呢？
答：不会，因为本身不爱甜味的东西。

问：为什么会选择成为一名健身教练，如果再给你一次机会，你还会选择这份职业吗？
答：因为不想生活无趣，所以尝试了健身。后来在跟客人的沟通里，感受到了不同的人生，所以更爱了。如果不当教练了，我想当沙拉店老板，这样自己可以不用做沙拉了。

健康版泡面的烹饪法则

首先，要选择非油炸方便面。搭配食材可以多样且丰富，比如蔬菜类、瘦肉类以及一枚蛋。在烹饪过程中，要注意，泡面要先过一遍水，然后再沥水之后，再重新倒入水煮滚。敲黑板划重点——油包不要放！油包不要放！油包不要放！调料包和蔬菜包则可以根据个人口味进行调味。

再分享个烹饪法则，在健康烹饪排行榜中，排在第一和第二位的就是蒸、煮，其次是拌、灼、汤、炖、炒、烤，要尽量避免吃油炸物。

刘兆丰 Phil / **25 岁 天蝎座**

对我来说，健身的终极魅力所在是，既能打造完美的躯壳，也能塑造坚韧的灵魂。

问：喜欢什么颜色？

答：绿色系，尤其是苹果绿。

问：觉得自己是什么颜色的？为什么？

答：肉色啊，因为就长成这个颜色。

问：去 KTV 会点的歌？

答：《听说爱情回来过》。

问：几点睡觉？睡前做的最后一件事是什么？

答：10 点前，刷知乎。

问：醒来希望自己变成什么动物？为什么？

答：还是人类吧。我需要有独立思考的灵魂，人类的大脑是上天给予的最好的礼物。

问：对你来说生活中最重要的一样东西是什么？

答：喝水。

问：一般早餐吃什么？

答：鸡蛋。

问：来北京生活多久了？

答：一年半。

问：对北京的印象是什么？
答：雾霾 、堵车。

问: 最憧憬和向往的地方是哪里?
答：北欧。

问：喜欢哪种类型的女生？
答：正能量、脾气好、有刘海、爱笑、身材匀称。

问：用一首歌形容自己的感情世界？
答：成全。

问: 除了健身，平时爱做些什么？
答：打电子游戏、上知乎 App。

问：健身给你带来了什么？
答：延迟性肌肉酸痛。

问：对于想塑型的学员，饮食方面会给些什么建议？
答：做断食，别节食。

问：对你来说，健身的魅力是？
答：可以抵抗衰老。

问：有没有学员向你表白过？
答：真的没有。

明星教练的私房食谱大公开

第一餐早餐：7：00—8：00。

两个鸡蛋，一杯 250 毫升脱脂牛奶或一杯乳清蛋白，5 克花生酱，两片正宗全麦面包。

第二餐加餐：9：00—10：00。

一个水果（不要选择榴梿、西瓜、桂圆等高升糖水果）或是一根未熟透的香蕉。

第三餐午餐：12：00 左右。

100 克青菜，100 克鱼、虾或鸡肉，100 克主食（米或粗粮饭为主），5 克橄榄油。

第四餐加餐：15：00 左右。

一个水果（不要选择榴梿、西瓜、桂圆等高升糖水果）或者是一个西红柿。

第五餐锻炼前的晚餐：18：00 左右。

三明治：两片火腿 + 三片青菜 + 两片正宗全麦面包 + 两片西红柿。

第六餐：锻炼结束后一小时。

100 克青菜，100 克鱼、虾或鸡肉，5 克橄榄油，50 克米饭或粗粮。

禹夏阳 Geo / **23 岁 巨蟹座**

如果你努力了还没能达到目标，那么一定就是方法没有用对。

问：喜欢什么颜色？

答：白色。

问：觉得自己是什么颜色的？为什么？

答：感觉自己是黑色吧，比较平静和低调。

问：喜欢女生的类型？

答：孝顺、亲和。

问：几点睡觉？睡前做的最后一件事是什么？

答：凌晨 1 点左右，睡前艰难地跟手机告别。

问：醒来希望自己变成什么动物？为什么？

答：想变成深海的一条鱼，身潜泱泱碧海，头顶金色艳阳。

问：想当哪部电影或电视剧的主角？为什么？

答：多姆，刚刚上映的《速度与激情 8》一如既往地炫酷，充满肌肉和跑车。

问：平时出去逛街都会怎样打扮？

答：舒服就好。

问：对身体哪个部位最满意？

答：脚趾，想不到吧？因为有个完美的秘密。

问：一般早餐吃什么？

答：早餐标配就是三明治、纯牛奶、几个鸡蛋外加几片牛肉。

问：来北京生活多久了？

答：刚来北京不久，和想象的不太一样。

问：对北京的印象是什么？

答：第一印象是文化底蕴深厚，我对此充满孜孜不倦的求知欲。

问：最憧憬和向往的地方是哪里？

答：伦敦，一个充满想象力的地方。

问：除了健身，平时爱做些什么事情？

答：平时最爱摄影，始终认为一张朴实且真实的照片所呈现的画面，比所有笔和纸都更有张力。

问：对于想塑型的学员，饮食方面会给些什么建议？

答：像训练一样吃，这意味着忍耐与克制。

瘦弱男生的增肌初了解

瘦子在饮食中并不需要刻意控制脂肪的含量，毕竟脂肪也能提供大量能量，支持部分活动和训练的消耗。但明显多油的食物就别吃了，蛋糕甜点也避免摄入，吃粗粮摄入碳水化合物会比较健康。

有效的增重，能量来源还是要以碳水化合物为主。脂肪方面，适当的脂肪对人的身体健康是有积极意义的。至于摄入量，平时适当摄入不饱和脂肪酸满足身体所需就够了。

每天每千克体重需要摄入 1.8 克蛋白质和 6 克碳水化合物，吃够了这个总量，配合训练，对增肌增重有比较好的效果。

光看这个数字，你们估计没什么概念。如果你重 60 千克，你可能算出你每天需要 108 克蛋白质和 360 克碳水化合物，这个量很多吗？直观一点来讲，就是：在你目前三餐饮食的基础上，每顿多加一碗饭，一大块肉；然后在两餐之间安排加餐。平均每 3 小时进食一次，一天共吃 6 餐。

殷琪 Roman / **24 岁 水瓶座**

我未来女朋友想吃什么早餐，我就做什么早餐。

问：会收到学员表白或追求吗？
答：会，但会婉言谢绝。

问：推荐一首你平常健身时会听的音乐吧。
答：一般都是随机歌单。

问：作为星教练，有没有自己特别的缓解肌肉酸痛的小妙招呢？
答：拉伸、洗热水澡。

问：电影里那种撕衣服的场面，自己会尝试吗？
答：不会，费衣服。

问：如果一个学员跟你请假说身体不适在家休息，结果看到 TA 的朋友圈在胡吃海喝，你会怎么评论呢？
答：你是不是忘记屏蔽我了？明天来健身。

问：除了健身餐之外，有没有一些令人发胖的美食是你喜欢的？
答：老妈蹄花和冒脑花吧。

问：是什么契机让你热爱上健身的？
答：想减肥改变自己。

问：喜欢的女孩类型？
答：长发、高、身材好。

问：你遇到过最令人印象深刻的健身理由是？

答：为了考试减肥。

问：平常会熬夜吗？如果熬夜的话一般都会做些什么呢？

答：比较少，和朋友出去唱歌。

问：对身材最满意的部分是？

答：背肌。

问：男性和女性减脂 / 增肌的话，会有什么差别吗？

答：不同性别会存在体质、体重的差异，所以训练的方法也需要不同。

问：如果遇到一个连续几次借口不来健身的学员，一般会怎么处理呢？

答：不放弃，还是会继续劝导。

问：对塑型 / 减脂有利的食物里，你最推荐哪一种？

答：芦笋。

健身已经融入生活成为我的信仰

生活中最重要的是健身，以前是篮球，现在是健身，可能健身或篮球给了我信仰。

我喜欢在开心、难过、苦闷、烦恼的时候跟它们做交流，仿佛它们是有生命的朋友，我可以在跟它们的对话交流中找到自己的答案，也因此健身和篮球占据了我生命中的大部分时间。

有一天我的同事跟我说了这样一句话：“我最佩服的就是你每天无论如何都会训练。”我笑着跟他说习惯了。

是的，我习惯了有信仰的生活，不管是肉体还是灵魂上的。

李佳淇 Eric / **27 岁 狮子座**

长大后懂得太多，知道每个人的人生都是不可复制的，活在当下。

问：喜欢什么颜色？

答：白色、蓝色。

问：觉得自己是什么颜色的？为什么？

答：觉得自己应该是蓝白色，就像是海天一色。这跟我自己的性格有关系吧，我不喜欢被束缚，喜欢自由自在、干净又简单。

问：几点睡觉？睡前做的最后一件事是什么？

答：凌晨 1 点前睡觉，睡前一般会阅读新闻半小时后入睡。

问：醒来希望自己变成什么动物？为什么？

答：希望自己变成一只信鸽。因为有家可回，又可以自由翱翔。

问：想当哪部电影或电视剧的主角？为什么？

答：《灌篮高手》中的樱木花道吧。因为那是陪伴了我整个青春期的动漫。长大后才懂得，每个人的人生都是不可复制的。

问：平时出去逛街都会怎么打扮？

答：休闲装为主，但还是会偏潮一点的打扮，不喜欢一味跟风，会搭配出自己的风格。

问：来北京生活多久了？

答：两年了。

问：对北京的印象是什么？

答：觉得北京就像是一座沉淀很久的史书，但偶尔又觉得它的节奏快得像是一本畅销书。

问：最憧憬和向往的地方是哪里？

答：地中海或者南极吧。觉得这两个地方一个是爱情圣地，一个是冰天雪地。

问：除了健身，平时爱做些什么事情？

答：看书、看电影、打球、旅行。

问：健身给你带来了什么？

答：健身使我更加自信，因此健身也成了我的信仰。

问：对身体哪个部位最满意？

答：肩膀。喜欢宽厚的肩膀，可以让心爱的姑娘枕着睡。

问：对于想塑型的学员，饮食方面会给些什么建议？

答：要摄入足够多的蛋白质。当你沉浸在健身这件事上以后，你就不会担心你吃的东西热量太高了。

问：健身在你日常生活中扮演着怎样的角色？

答：就像朋友一样，你可以跟它谈话，可以跟他交流，可以倾诉你的情绪。

控制饮食期间就要这么吃

一顿丰盛的早餐，可以让你一整天都充满活力。

怎么样才算是健康的早餐呢？建议可以吃一些鸡蛋、奶制品、瘦火腿片，搭配新鲜水果以及燕麦粥。

通常来说，训练后半小时建议吃 30 ～ 50 克高效的蛋白质，如乳清、大豆、鸡蛋、鸡肉或鱼肉来补充能量。

睡前建议补充蔬菜、蛋白质、少量碳水化合物。也可以补充酪蛋白，因为酪蛋白有缓释作用，可以在夜间补充蛋白质。

高热量不代表高脂肪。增肌期也需要少量摄入油脂，训练前后两小时不要摄入油脂。肉主要选择脂肪含量低的鱼虾肉、猪瘦肉（不是肥肉）、牛腱子肉等。青菜水煮，放少许橄榄油和少许盐或柠檬汁凉拌即可。

夏致阳 James / 26 岁 双鱼座

藏不住的除了爱情和咳嗽，或许还有赘肉！

问：健身有显著成效的时候，会用什么方式奖励自己？

答：用一次旅行。

问：身体中最能代表男性魅力的一个部位是哪里？

答：胸，因为说到胸，大多数都会提到女性，但其实男人的胸也可以很有魅力。

问：很好奇，健身教练会不会偶尔喝一杯珍珠奶茶呢？

答：一般不会。

问：如果一个学员跟你请假说身体不适在家休息，结果看到 TA 的朋友圈在胡吃海喝，你会怎么评论呢？

答：吃完来锻炼一下。

问：为什么会选择成为一名健身教练，如果再给你一次机会，你还会选择这份职业吗？

答：因为女朋友喜欢身材好的男生，当时热恋中的我，那自然就为了她才走上健身这条不归路。其实做了教练后，发现可以帮助更多的人变成更好的自己，所以，会的。

问：作为星教练，有没有自己特别的缓解肌肉酸痛的小妙招呢？
答：锻炼后来按摩一下。

问：推荐一首你平常健身时会听的音乐吧。
答：Broken，或者一些比较嗨的歌，还有个最简单的办法，就是搜运动的歌单，都很燃。

问：平时出门会穿一些展现身材的衣服吗？
答：必须会。

问：喜欢的女孩类型？
答：可爱不做作。

问：对身材最满意的部分是？
答：手臂。

问：平常会熬夜吗？如果熬夜的话一般都会做些什么呢？
答：偶尔会熬夜，看球。

问：男性和女性减脂 / 增肌的话，会有什么差别吗？
答：女生会更担心长出肌肉会不好看，其实不会，反而看上去线条感会更好。

局部减脂
到底可不可行

先要明确一个概念，世界上没有局部减脂这个东西。

而网上所流传的局部减脂，如睡觉前做 10 分钟卷腹运动，更多的是锻炼腹部肌肉，但是对于脂肪的消耗几乎可以不计。无论是从时间还是强度来看，顶多能消耗一点血液中的脂肪罢了。而要想瘦腰腹出腹肌，更多需要消耗皮下脂肪。

具体方法：不管什么地方胖，都是全身有氧运动减脂 + 局部无氧增肌。哪个部位脂肪多，就去找这个部位的肌肉锻炼方法。增肌除了加速新陈代谢外，还可以调整身体线条。但是，减少这个部位的脂肪还是得靠全身有氧运动。

总而言之，刷脂靠有氧，增肌靠无氧，并且不存在局部减脂这回事。

王靖阳 Lewis / 27 岁 双鱼座
王靖翔 Owen / 27 岁 双鱼座

我们没有想象的坚强，但却找不到让懦弱休息的地方。

问：是什么契机让你们热爱上健身的？
答：起初是羡慕别人的身材，然后通过健身发现原来自己也可以，便开始想要进一步地提升自己。

问：健身有显著成效的时候，会用什么方式奖励自己？
答：一起去吃一顿心心念念很久的美食。

问：对塑型 / 减脂有利的食物里，你最推荐哪一种？
答：鸡胸肉。

问：平时出门会穿一些展现身材的衣服吗？
答：偶尔，具体看场合，主要还是休闲为主吧。

问：喜欢的女孩类型？
答：丰满、有曲线的。

问：身体中最能代表男性魅力的一个部位是哪里？为什么这么认为呢？
答：腹肌，因为经常会被提问到，你有几块腹肌。

问：平常会熬夜吗？如果熬夜的话一般都会做些什么呢？
答：偶尔会，看剧打游戏。

问：为什么会选择成为一名健身教练，如果再给你一次机会，你还会选择这份职业吗？
答：希望能够帮助到更多的人拥有完美的身材，会的。

问：最除了健身餐之外，有没有一些令人发胖的美食是你喜欢的？
答：烧烤 + 啤酒。

问：如果遇到一个连续几次借口

不来健身的学员，一般会怎么处理呢？

答：一方面考虑是不是自己的方法没有到位，会用另一种方法诱导他赶紧过来健身。

问：会收到学员表白或追求吗？

答：弟弟有收到过吧，不过最多算是表扬啦。

问：如果一个学员跟你请假说身体不适在家休息，结果看到 TA 发朋友圈在胡吃海喝，你们会怎么评论呢？

答：明天来健身时带点给我分享一下哦。

问：你们遇到过最令人印象深刻的健身理由是？

答：想瘦下来再去追女孩。

问：电影里那种撕衣服的场面，自己会尝试吗？

答：有想过但还没尝试，下次有机会试试吧。

问：对身材最满意的部分是？

答：胸和腿。

问：推荐一首你平常健身时会听的音乐吧。

答：Counting Stars。

问：以你们的经验一周锻炼几次为佳？每次多少时间？

答：我们差不多天天都会在健身房，至少一周也会有个5~6次吧。这个因人而异，每周练个 3 次还是有必要的，可以慢慢来，循序渐进，根据个人身体情况，逐步增加次数。

跑步结束后
通常你都会吃什么

木瓜牛奶、西瓜汁、花生吐司、香蕉吃或不吃呢?

在运动过后，巧克力牛奶是十分理想营养组合“碳水化合物”+“蛋白质”。巧克力提供碳水化合物，而牛奶提供蛋白质，除此之外，巧克力中的糖分对于跑步的身体来说也是很好的。

巧克力牛奶可以快速地为人体所吸收，而蛋白质则可以提供肌肉修补所需的原料。在运动结束后的 45 分钟内，这是人体补充能量与修补肌肉的最佳时间。而其中配方比例相当适合运动之后的人体进行身体修补。而流质的巧克力牛奶，比起鸡肉、米饭来说，更容易且更快地被身体所吸收。

小提示：

每次跑步结束后，不要马上停止，更不能立马躺或坐，应该慢跑或走几百米，让自己的心率降低到 120 次 / 份以下，呼吸轻松正常后，再进行拉伸。尤其需要注意的是在跑步机上跑完后更需如此，否则严重时会昏厥的。

史远 Nathan / **28 岁 巨蟹座**

改变，需要的是一种态度，健身就是最好的态度。

问：是什么契机让你热爱上健身的？
答：想要增肌，增强自己的体质。

问：健身有显著成效的时候，会用什么方式奖励自己？
答：吃顿好吃的犒劳自己。

问：对身材最满意的部分是？
答：腹部。

问：喜欢的女孩类型？
答：长相甜美的。

问：身体中最能代表男性魅力的一个部位是哪里？
答：腹部，看起来比较撩。

问：推荐一首你平常健身时会听的音乐吧
答：On My Own。

问：对塑型 / 减脂有利的食物里，你最推荐哪一种？
答：美式咖啡，它里面含咖啡因，可加速脂肪分解，能使人体的新陈代谢率增加百分之三至百分之四。

问：除了健身餐之外，有没有一些令人发胖的美食是你喜欢的？
答：香辣鸡翅、火锅、烧烤一切重口味的都爱。

问：作为星教练，有没有自己特别的缓解肌肉酸痛的小妙招呢？

答：适当按摩还有补充能量。

问：你遇到过最令人印象深刻的健身理由是？

答：为了保护自己爱的人。

问：会收到学员表白或追求吗？

答：还真有过，挺尴尬的。

问：男性和女性减脂 / 增肌的话，会有什么差别吗？

答：女性跟男性在健身时在遵循的基本训练原则都是一致的，不管是增肌增力减脂或者是其他的目标，训练跟饮食原理都不会跟男生有什么区别，即使有很多运动没有强调女生适合，女生也是一样适用的，很多时候个体差异可能才是我们更需要考虑的因素。

问：很好奇，健身教练会不会偶尔喝一杯珍珠奶茶呢？

答：会，忍不住的时候，还是会买了喝一下。

超适合女生的减脂塑型

减脂塑形餐需满足两大原则

1. 简便快速。

既然是减脂，应少油、少盐、少糖，可以选择植物油、橄榄油或者茶籽油，蔬菜一般水煮或者少油炒，肉类以煎为主。

2. 平衡膳食，搭配多样化。

蔬菜至少要有 4 种，至少要有 1 种绿叶蔬菜，绿叶蔬菜中含的膳食纤维比较高，有利于减脂；至少要含 1 种豆类，豆类中含有的优质蛋白是人体必需脂肪酸。

推荐两个增肌运动

反向卷腹

仰卧在地板上，下背部紧贴地面，双手放在身躯两侧，双腿抬起与上身呈 90 度，双腿交叉，膝关节微屈。收紧腹部肌肉，然后呼气并略微抬起臀部，下背部略微离地，保持 2 秒钟，然后慢慢回到开始姿势。

空中登车

仰卧在地板上，下背部紧贴地面。双手放在头侧，手臂打开。将腿抬起，缓慢进行登自行车的动作。呼气，抬起上体，用右肘关节触碰左膝，保持这个姿势 2 秒钟，然后还原。再用左肘关节触碰右膝，同样保持 2 秒钟，然后慢慢回到开始姿势。

崔凯峰 Kerry / **26 岁 金牛座**

想要瘦肚子，请认准金牌老字号——奶油肚轰炸机 Kerry。

问：何时爱上健身的？

答：从 10 岁开始就喜欢运动，最开始喜欢游泳，并且是国家二级运动员，所以对我来说健身已经是种习惯。

问：推荐一种在家即可完成的又简单方便的健身方法？

答：在家可以做一些高强度间歇训练，比如腹肌撕裂者。也可以关注一下我们的微博，里面都有一些健身动作的教学和一些拉伸的小技巧。

问：是否也有被体力和精力所限而不想工作的时候，怎么调节的？

答：其实最难的就是坚持，坚持意味着你要放弃的一种生活状态，但是习惯一旦养成，坚持就变得容易得多，很多事情都会变成下意识的。相信世间的美好都来源于坚持，相信每一天可能都会很难，可一年比一年会更容易。

问：在你眼里最理想的爱情是什么模样的？

答：一屋两人三餐四季到老。

问：醒来希望自己变成什么动物，为什么？

答：皮皮虾，因为腿长，哈哈哈！

问：爱上健身后，自己的生活是否有什么改变？

答：爱上健身之后感觉自己就和开了挂一样，事业爱情双丰收。

问：除了健身，平时爱做些什么事情？
答：跳舞、旅游、做饭。

问：你觉得男生与女生在对待健身的态度或方式上，是否有区别？
答：总体来讲都是以减脂为目标，但是男生是以增肌为目标，两者目标不一样，导致的态度和方式也有所不同。女生更有韧性，男生更有勇气。

问：对于当今的健身大环境，你感受最深的变化是什么？
答：以前人们大多都是晒美食、旅行，现阶段健身已成为潮流。身材是最好的奢侈品，而且健身越来越年轻化，说明青少年健康成长已成为社会的重点关注热点。

问：在教学员 / 健身的过程中有没有遇到什么令你尴尬或害羞的事情？
答：健身的有些动作其实非常“丑”，但是长期训练后得到的健身效果会非常好，例如“小狗撒尿”的动作，对翘臀很有帮助。

问：有什么特别的健身习惯吗？
答：我一定会系上腰带，这是为了让腰部两侧的肌肉变得更加紧实。

每天做 N 多个仰卧起坐怎么还是没有腹肌

网络上的图片、动画和视频，只要与腹肌有关，就会被疯转。遗憾的是，仰卧起坐、平板支撑等动作虽然可以增强核心力量，但要想通过这些动作练出腹肌，那基本是没用的，听后是不是觉得很丧气了？

其实多数人都有腹肌，只是腹肌被脂肪盖住了看不见。不信？收紧腹肌，捏捏盖在腹肌上的肥肉试试看？所以要练出腹肌，最快、也最有效的方法就是减脂。盖在腹肌上的脂肪少了，腹肌自然会显露出来。

脂肪的本质是人体多余的能量储备，所以要减脂就必须把多余的能量消耗掉。平板支撑做功小，即使腹肌练得很酸，最终耗能也不会多，只会少得可怜。平板支撑、仰卧起坐这样的腹肌运动耗能太少，所以减脂效果极差。

怎样才能有效地去除腹部脂肪，“露”出腹肌呢？
答案是：全身运动 + 饮食调整。
敲黑板，刷脂靠有氧！

叶子涵 James / 26 岁 双鱼座
能量充满我和你，挥洒汗水，尽情享“瘦”！

问：以你的经验一周锻炼几次为佳？每次多少时间？

答：我一般是一周 5~6 次，这个得循序渐进，要看个人身体情况。

问：推荐一种在家即可完成的又简单方便的健身方法？

答：我推荐买一些不同阻力的弹力带。把弹力带在身体上固定好，推拉蹲举时便可以练到全身大部分部位，还不占地方。

问：健身在你的日常生活中扮演着怎样的角色？

答：女朋友吧，哈哈！

问：每天的生活作息大致如何？

答：我算是夜猫子吧，工作原因到家都晚上 11 点左右了，干完一些自己的事怎么也要一两点了，不管工作怎么样，健身对我来说还是必要的。

问：你觉得男生与女生在对待健身的态度或方式上，是否有区别？

答：区别还是会有的，大部分女孩子的需求还是以瘦为主要导向，锻炼方式主要以有氧为主，男孩就会更偏向锻炼肌肉一点。

问：在健身方面是靠天赋多一些，还是靠后天的兴趣和练习？

答：天赋是父母给的没有办法改变，我觉得后期的勤奋努力更加重要。

问：你觉得中国的健身行业和西方相比，差距大吗？

答：中西方在健身的审美上差距还是很大的。

问：有没有学员向你表白过？

答：我这人呢，有点木。也不知道她们有没有，有可能有吧，但我没听出来，也可能没有。

问：是否也有被体力和精力所限而不想工作的时候，怎么调节的？

答：这种时刻肯定是有过的。通常会自己想一想，然后再总结一下。好好睡一觉，第二天继续工作。

问：如果旅行的话，你会倾向于选择什么样的旅行地？

答：阳光、沙滩、海边，你懂的。

问：在你眼里最理想的爱情是什么模样的？

答：其实挺简单的，在身体健康的前提下，照顾彼此，可以互相理解对方的心意。

问：你觉得什么样的男人才是最霸气的你最霸气的地方是哪里？

答：这个需要内外兼修，外在强壮俊朗的外表。内在知人冷暖，体贴入微。

问：有什么是你一直想做，但还没实现的事吗？

答：有一个自己的健身房。

问：不用工作的休息日通常如何度过？

答：有时累了，会在家待一天，宅着看看书、打打游戏。大部分时间会出去和朋友聚聚，聊聊近况。

这些习惯会破坏运动健身效果

热量摄取不足

你吃进身体的食物 (能量) 将主宰你训练的反应。例如，你想要建构肌肉，身体需要更多的燃料。而若要减重的话，你需要摄取正确的燃料。身体没有燃料可以燃烧时，身体则会开始燃烧最容易取得的“肌肉蛋白 (Muscle Protein)”。

不做热身

优良的训练师大都会告诉你——在运动或训练前充足而有效率的热身是必要的，特别是动态热身这一种，能让你在正确的动作模式下进行。不进行热身，不仅会减少运动的效果，也增加受伤的风险；此外，肌肉不够有弹性时就运动，极易导致肌肉撕裂，身体就会需要更长的时间进行恢复。

训练时间太长

训练时会出现一些常见的生理反应，释放特定的荷尔蒙激素到血液中，比如睾丸素及“快乐因子”多巴胺。每次经过 45~55 分钟的训练之后，身体会处于激素的负面状态。所以大家不要过度追求训练时间，要合理选择适合自己的训练时长。

王俊杰 Jeff / **26 岁 巨蟹座**

一个人想要优秀，必须接受挑战，你要想尽快优秀，就要去寻找挑战。

问：是什么契机让你热爱上健身的？

答：女朋友总是看国外肌肉帅哥，嫌弃我不够壮，于是开始健身。

问：健身有显著成效的时候，会用什么方式奖励自己？

答：周末会自驾游去北京的郊外玩一下，或者和朋友一起BBQ，彻底放纵一下吧，当然事后还是要弥补的。

问：对塑形 / 减脂有利的食物里，你最推荐哪一种？

答：紫薯不错，我很喜欢。

问：平时出门会穿一些展现身材的衣服吗？

答：不会，我自己比较喜欢穿宽松的衣服。

问：会收到学员表白或追求吗？

答：至今还没有过。

问：推荐一首你平常健身时会听的音乐吧？

答：The Process。

问：除了健身餐之外，有没有一些令人发胖的美食是你喜欢的？

答：芝士汉堡。

问：身体中最能代表男性魅力的一个部位是哪里？

答：腹肌，一直想拥有 8 块。

问：很好奇，健身教练会不会偶尔喝一杯珍珠奶茶呢？

答：不会，我不太喜欢珍珠。

问：如果一个学员跟你请假说身体不适在家休息，结果看到 TA 发朋友圈在胡吃海喝，你会怎么评论呢？

答：会发一个微笑，让他自己意会，等他下次来的时候，就有理由猛练他了。

问：为什么会选择成为一名健身教练，如果再给你一次机会，你还会选择这份职业吗？

答：又能健身得到健康的身体，又能赚钱，何乐而不为呢。所以我的答案是，会。

问：你遇到过最令人印象深刻的健身理由是？

答：因为肥胖曾遭受欺凌，想要改变。

问：电影里那种撕衣服的场面，自己会尝试吗？

答：舍不得我的衣服。

问：你觉得健身最大的好处是什么？

答：可以让人变得自信，整个人的气质都会变得不一样。

问：喜欢女孩的类型？

答：高挑、长发。

运动后拉伸
健身才能事半功倍

运动后拉伸的三大益处

1. 增强体力

如果运动后能够经常进行静态拉伸（保持 20 秒、30 秒或 60 秒），可以提高运动能力，因为静态拉伸可以通过更大范围的运动释放最大的力量。

2. 快速恢复

拉伸可以减缓迟发性肌肉痛（DOMS）以及锻炼后 24~28 小时产生的肌肉僵硬症状。可以在肌肉还发热的时候，立即进行拉伸，然后在睡觉前再进行 20 分钟的拉伸，这样效果会更好。

3. 避免受伤

运动前的热身和运动后的拉伸，哪一个更能防止人们受伤，目前还没有明确的科学定论。但人们普遍认为，柔软性强能够避免一些运动受伤。例如柔软性足够好的足球运动员，他的腘绳肌在踢球时就不容易受伤。

蔡宇 Arvin / 24 岁 金牛座
当你鼓起勇气，不再畏手畏脚，很多事情就会变得容易起来。

问：觉得自己是什么颜色的？为什么？

答：我觉得自己更像是白色的。因为我觉得自己单纯的就像一张白纸。

问：晚上一般几点睡觉？睡前做的最后一件事情是什么？

答：这个要看心情，状态好就一点左右；不好就三四点吧。睡前最后一件事是发一条朋友圈，如果熬夜的话，不然我会觉得夜白熬了。

问：健身几年了？

答：断断续续 3 年了。

问：来北京生活多久了？

答：来北京快一年零两个月了。

问：想当哪部电影或电视剧的主角呢？为什么？

答：想变成《鹿鼎记》里面的韦小宝，可以有那么多的老婆！哈哈，开玩笑的！

问：喜欢女生的类型？

答：比较喜欢笑起来很好看的女生，个性上开朗点、调皮点、可爱点。我个性比较受虐，其实都是看感觉。

问：早餐一般吃什么？

答：看我未来女朋友，她想吃什么早餐，我就做什么早餐。

慕课版

无线传感器网络案例集成开发教程

ZigBee 版

徐明亮 聂开俊 ◉ 主编
方立友 窦贤振 ◉ 副主编

人 民 邮 电 出 版 社
北 京

图书在版编目（CIP）数据

无线传感器网络案例集成开发教程 : ZigBee版 : 慕课版 / 徐明亮，聂开俊主编. -- 北京 : 人民邮电出版社，2023.2
工业和信息化精品系列教材. 物联网技术
ISBN 978-7-115-60088-2

Ⅰ. ①无… Ⅱ. ①徐… ②聂… Ⅲ. ①无线电通信－传感器－软件开发－教材 Ⅳ. ①TP212

中国版本图书馆CIP数据核字(2022)第176693号

内 容 提 要

本书以培养读者的 ZigBee 应用模块集成开发实践能力为主要目标，依托企业实际案例，按照企业开发实践和工作流程，将以 ZigBee 应用模块为基础的无线测温系统的集成开发按照开发流程组织成 10 个工作进程，包括无线传感器网络应用系统架构、ZigBee 协议及相关解决方案、ZigBee 应用模块特性与测试、Keil C51 软件开发平台使用、控制器模块使用指南、串口模块设计与测试、LCD1602 液晶显示模块设计与测试、DS18B20 温度检测模块设计与测试、路由器节点集成设计，以及协调器节点集成设计与系统统调。

本书可作为高职高专院校机电设备类、自动化类、电子信息类及计算机应用类专业的 ZigBee 技术类课程教材，也可以作为中职学校的参考教材及物联网应用系统初级开发人员的参考工具书和相关爱好者的辅助读物。

◆ 主　　编　徐明亮　聂开俊
　副 主 编　方立友　窦贤振
　责任编辑　鹿　征
　责任印制　王　郁　焦志炜

◆ 人民邮电出版社出版发行　　北京市丰台区成寿寺路 11 号
　邮编　100164　　电子邮件　315@ptpress.com.cn
　网址　https://www.ptpress.com.cn
　北京市艺辉印刷有限公司印刷

◆ 开本：787×1092　1/16
　印张：12.5　　2023 年 2 月第 1 版
　字数：314 千字　　2023 年 2 月北京第 1 次印刷

定价：49.80 元

读者服务热线：(010)81055256　印装质量热线：(010)81055316
反盗版热线：(010)81055315
广告经营许可证：京东市监广登字 20170147 号

前 言

ZigBee 技术的低功耗、低成本、自组织等特点使其成为无线传感器网络技术中不可或缺的重要组成部分，因此其也成为电子信息类专业，特别是物联网应用技术专业重要的专业课之一。为响应和落实《国家职业教育改革实施方案》（职教 20 条）所提出的“倡导使用新型活页式、工作手册式教材并配套开发信息化资源”的要求，编者结合企业人才培养实践和学生学习特点，在借鉴已有相关教材编写经验的基础上，就 ZigBee 应用技术课程工作手册式教材开发进行了探索和尝试。

本书具有以下特色。

（1）以“案”为媒，突出“做中学”。教材以典型 ZigBee 技术应用案例实施为主线，读者在案例的分步实施的引导下，了解 ZigBee 应用技术主流解决方案，在“做”中熟悉 ZigBee 应用模块使用方法，获得 ZigBee 应用模块集成开发能力。

（2）以“岗”定教，突显“职业性”。教材按照企业项目开发过程组织教学内容，与企业工作实践保持一致。教材内容选取从岗位工作行动体系而不是从学科体系出发，即依照 ZigBee 技术应用典型案例，由案例实施过程中所涉及的知识和技能构成，不仅包含与 ZigBee 技术相关内容，还包含其他与 ZigBee 技术无关、但和案例实施密切相关的内容。

（3）立足应用，知识工具化。结合企业工作实践，案例开发采用系统集成方法进行实施，读者只需要掌握模块应用相关的理论知识，在这些少量的理论知识的指导下就可以完成案例设计，不需要深入了解模块内部相关知识。这不仅和职业教育类型特征相符合，还与高职学生学习特点相适应。

（4）具有自洽性和参考性。教材内容完整描述了典型 ZigBee 应用案例开发过程，读者在本书的指导下即可独立完成案例设计，基本不需要参考其他资料，因此具有较好的自洽性。同时，教材涵盖了典型 ZigBee 应用的相关知识和技能，在实际工作中也具有较好的参考性。

（5）搭配在线开放课程，配套资源丰富。本书配有慕课视频，读者登录人邮学院网站（https://www.rymooc.com）或扫描封底的二维码，使用手机号码完成注册，在首页右上角单击“学习卡”选项，输入封底刮刮卡中的激活码，即可在线观看视频。本书电子课件、源程序等配套资源可从人邮教育社区网站（https://www.ryjiaoyu.com）本书详情页下载。

全书将无线测温系统开发案例的实际开发过程分为 10 个工作进程。其中工作进程 1 为无线传感器网络应用系统架构，该进程先介绍无线通信的技术优势，无线传感器网络的发展历史、体系结构和节点系统结构，在此基础上进行智能大棚技术方案选择和总体设计。工作进程 2 为 ZigBee 协议及相关解决方案，主要介绍 ZigBee 技术发展背景、技术特点和使用场景，以及协议分层结构、相关概念和主要组网参数、主流协议栈和相关技术解决方案，然后介绍智慧大棚中无线测温系统设计的技术路线。工作进程 3 为 ZigBee 应用模块特性与测试，主要介绍典型 ZigBee 应用模块机械电气接口、组网特点、指令系统和配置方法。工作进程 4 为 Keil C51 软件开发平台使用，主要介绍 Keil C51 软件安装、单文档工程项目构建和配置过程，同时还就模块化文件组织进行初步阐述，为后续软件模块化设计和重用做好知识储备。工作进程 5 为控制器模块使用指南，主要介绍控制器模块中单片机模块、LCD1602 液晶显示模块、DS18B20 温度检测模块、USB 转串口模块、控制器供电、驱动程序安装和程序下载软件的使用。工作进程 6 为串口模块设计与测试，主要介绍串行通信相关概念和基础知识、51 单片机中与串口编程相关的寄存器中各个相关位的作用、多文档工程项目构建、串口模块软硬件设计和测试过程。工作进程 7 为 LCD1602 液晶显示模块设计与测试，主要介绍液晶显示器工作原理、LCD1602 液晶显示模块机械参数和电气接口、工作原理和配置指令，以及 LCD1602 液晶显示模块软硬件设计和测试。工作进程 8 为 DS18B20 温度检测模块设计与测试，主要介绍 DS18B20 温度检测模块电气接口、内部结构、配置指令，单总线协议，以及 DS18B20 温度检测模块软硬件设计和测试。工作进程 9 为路由器节点集成设计，主要介绍在工作进程 6、7、8 的基础上，开展无线测温系统路由器节点软硬件集成设计及其测试。工作进程 10 为协调器节点集成设计与系统统调，主要介绍无线测温系统协调器节点软硬件集成设计和无线测温系统整体测试。附录中给出了常用 ASCII 表。

本书控制器采用的是 51 系列单片机，并选用 LCD1602 液晶显示模块，主要出于学习成本考虑。另外 51 系列单片机寄存器少，学习难度不高，便于初学者学习，同时有的读者接触过这两个模块，有一定的学习基础，在学习过程中能够温故而知新，了解课程学习的意义和作用，激发学习兴趣。由于 51 系列单片机串口波特率较低，并且只有一个串口，在某些场合中难以满足需要外加多个通信模块的设计需要。在这种情况下，多数选用 STM32 控制器，但是软硬件集成思路是相同的，通过对本书的学习，读者可以很方便地进行知识和技能迁移，快速掌握基于 STM32 控制器的 ZigBee 应用系统的集成开发。

在编写本书过程中，编者得到了江苏博宏物联网科技有限公司和普中科技有限公司的帮助和指导，在此表示诚挚的谢意。

由于编者水平和能力有限，书中难免存在不足之处，恳请读者提出宝贵意见和建议，以便进一步改进。

本书编写团队

2022 年 10 月于江苏苏州

目　录

工作进程 5

工作进程 6

工作进程 10

工作进程1 无线传感器网络应用系统架构

【任务概述】

某物联网技术公司中标了一个智慧农业大棚监控项目。出于培养和提升新员工专业技术能力的目的，项目经理安排新入职员工小王参与该项目，要求小王承担农业大棚温度检测系统设计工作，做好无线测温系统技术验证设计。

小王在工作进程1的主要任务是学习和掌握无线传感器网络相关技术和背景知识，并在此基础上了解智慧农业大棚系统架构设计。

【学习目标】

价值目标	1. 通过无线传感器网络技术发展历史的学习，了解科技发展是由需求驱动的 2. 通过系统架构设计培养大局意识和全局意识，克服片面意识和局部意识 3. 树立劳动创造价值，劳动光荣的意识
知识目标	1. 了解无线通信的优势 2. 了解无线传感器网络发展历史 3. 了解无线传感器网络体系架构
技能目标	1. 能够根据项目需要和无线传感器网络技术优势，做出合理的技术方案选择 2. 能够结合专业知识，对无线传感器网络系统架构设计方案进行解说

【知识准备】

在实践工作中，有时候需要在有线通信和无线通信技术方案中进行选择，因此有必要了解无线通信技术特点；为了开展无线传感器网络应用系统架构总体设计，开展硬件选型和子系统设计，需要掌握无线传感器网络体系架构、传感器节点组成相关知识。

1.1 无线通信技术概述

按照传输介质来分，通信技术可以分为有线通信技术和无线通信技术两种。有线通信技术一般是以电缆或光缆为传输介质进行信息传递的。而无线通信技术是利用可在空间（包括空气和真空）中传播的电磁波来进行通信的。无线通信时，先将信息转换为电信号，然后利用天线将电信号辐射到空间，形成电磁波信号；接收端通过天线接收电磁波信号，再将电磁波信号转换为电信号，最后在电信号中提取所传输的原始信息。

有线通信和无线通信各自有不同的优势，相应有不同的应用场合。有线通信具有一定的保密性（特别是光纤通信）、抗干扰性能好、通信容量大、可靠性好等优点；但有线通信需要预先进行布线，建设周期长，成本较高，也无法应用到移动场合。相对于有线通信，无线通信具有以下几个方面的优势。

1. **成本较低**

无线通信只需要进行通信基站建设，不需要像有线通信那样架设电缆，或进行线路埋设，也无须考虑线路架设而带来的原有设施搬迁补偿等问题，因此可节省大量人力物力。当然在一些近距离的数据通信系统中，无线的通信方式可能并不比有线的通信方式成本低，但是有时候实际的现场环境布线施工难以实施，因此在这种场合下还是会选用无线的方式来实现通信。

2. **工程建设周期短**

一般情况下，在进行长距离通信时，有线通信中的线缆布设建设周期比无线通信基站建设周期要长，无线通信可以迅速组建起通信链路，大大缩短工程周期。

3. **适应性好**

在一些特殊的地理环境中，如山地、湖泊、林区、人迹罕至的沙漠戈壁等环境中，线缆布设将会有很大的不便，效费比不高。此外对于移动物体，线缆布设工程将会受到严重制约，甚至根本不可行。而无线通信基站布设所受的约束就少很多。此外有线通信覆盖范围较小，而无线通信覆盖范围可以很大，一般只需要改变天线高度和发射功率就可以改变无线通信覆盖范围，因此无线通信特别适用于人口密度低的边远地区。此外由于没有线缆约束，无线通信能完全满足移动载体通信需求。由此可见，无线通信比有线通信有更好的适应性。

4. **扩展性好**

通信系统在组建好之后，常常因为需求变化需要增加新的设备。如果采用有线的方式，追加布线是避免不了的，有时候有些地方还需要重新布线，施工比较麻烦；如果采用无线通信方式，只需新增站点或者将新增设备与原有通信站点连接就可以实现系统的扩充。因此相比之下无线通信有更好的扩展性。

5. **可维护性好**

有线通信线路的维护需沿线路检查，出现故障时，一般很难及时找出故障点；而采用无线通信一般只需进行站点维护，故障定位更容易和快速，因此系统可维护性更好。

由于无线通信所具有的上述技术优势，因此无线通信应用广泛，特别适用于移动设备、旋转设备通信，以及需要快速构建通信系统的场合。

1.2 无线传感器网络概述

无线传感器网络（Wireless Sensor Network，WSN）综合了传感器技术、嵌入式技术、网络技术、无线通信技术和分布式信息处理技术，能够通过各类集成化的微型传感器协同完成对各种环境或监控对象的信息的感知和采集，然后将信息以无线自组织多跳的网络方式传送到用户终端，从而实现物理世界、计算世界以及人类社会这三元世界的连通。如果说 Internet 构成了逻辑上的信息世界，改变了人与人之间的沟通方式，那么无线传感器网络就将逻辑上的信息世界与客观上的物理世界融合在一起，改变人类与自然界的交互方式。人们可以通过无线传感器网络直接深入感知客观世界，从而极大地扩展现有网络的功能和提高人类认知世界的能力。

1.2.1 无线传感器网络的发展历史

无线传感器网络是由分布在指定局部区域内足够多的无线传感器节点所构成的一种新型信息获取系统，每一个传感器节点载有一种或多种传感器（如声音传感器、红外传感器、磁传感器、温度传感器、湿度传感器等），并且传感器节点除了具有一定的计算能力，还具有一定的无线通信能力。各节点之间通过专用网络协议实现信息的交流、汇集和处理，从而实现指定局部区域内特定参数监控，或者特定目标的探测、识别、定位与跟踪。

无线传感器网络起源于 20 世纪 70 年代，最早由美国军方提出，并用于战场监控。监控前，先在指定区域散布大量的，能与卫星通信的振动传感器，当有车辆、行人或牲畜行经该区域时，振动传感器将获取到的振动信息发送给卫星，再由卫星传送给美国军方，从而形成对该区域的实时监控。这种区域监控系统便是无线传感器网络的雏形，它只能捕获单一信号，传感器节点只能进行简单的点对点通信。

1980 年，美国国防部高级研究计划局（Defense Advanced Research Projects Agency，DARPA）提出了分布式传感器网络项目，开启了现代无线传感器网络研究的先例。此项目由美国国防部高级研究计划局信息处理技术办公室主任罗伯特 · 卡恩（Robert Kahn）主导，并由卡内基梅隆大学、匹兹堡大学和麻省理工学院等大学的众多研究人员配合，旨在建立一个由大范围空间分布的低功耗传感器节点构成的网络。这些节点之间相互协作并自主运行，最终将多点感知的信息传送到指定的终端进行处理。

20 世纪 80～90 年代，无线传感器网络的研究成果依旧主要应用于军事领域，并成为网络中心战思想中的关键技术。1994 年，加州大学洛杉矶分校的威廉 · J.凯泽（Willian J.Kaiser）教授向美国国防部高级研究计划局提交了名为“低功率无线集成微传感器”的研究建议书，以便于深入研究无线传感器网络。1998 年，G · J.波蒂（G · J.Pottie）从网络研究角度对无线传感器网络的科学意义进行了深入阐释。同年，美国国防部高级研究计划局投入巨资启动 Sens-IT 项目，目标是实现“超视距”的战场监控。

微电子技术、计算机技术和无线通信技术的进步，进一步推动了低功耗、多功能和小型化传感器的快速发展，具有感知能力、计算能力和通信能力的微型传感器开始在世界范围内大量涌现，由这些微型传感器构成的传感器网络也逐步引起了产业界和科研人员的极大关注。1999 年 9 月，美国《商业周刊》将无线传感器网络列入 21 世纪重要的 21 项技术之一，其被认为是 21 世纪人类信息研究领域所面临的重要挑战之一。

无线传感器网络作为一种无线自组织网络，是一种没有预定基础设施支撑的、自组织可重构的、多跳的无线网络。这种网络能够适应因节点的移动、部分节点失效、电磁环境变化而导致的网络的拓扑、信道的环境、业务的模式的动态改变。因此无线传感器网络可以快速地为民用和军事应用建立通信平台。

诞生于20世纪70年代的第一代传感器网络，其主要特点是使用具有简单信息信号获取能力的传统传感器，采用点对点传输，传感器直接和控制器连接；第二代传感器网络则开始具有多种信息感知能力，传感器与控制器之间不再直接连接，而采用串/并接口（如RS-232、RS-485）进行连接，进而构成具有多种信息综合获取能力的传感器网络；第三代传感器网络出现在20世纪90年代后期和21世纪初，广泛使用可获取多种信息的智能化传感器，采用现场总线连接传感器和控制器，构成局域网络，成为智慧化传感器网络；第四代传感器网络用大量的具有多功能、多信息信号获取能力的传感器，以自组织无线连接方式接入网络，与传感器网络控制器连接，构成无线传感器网络。

1.2.2 无线传感器网络的特点

无线传感器网络是由大量体积小、成本低，具有无线通信、信息感知、数据处理能力的传感器节点组成的，传感器节点一般由传感单元、处理单元、无线收发单元、电源单元等功能模块组成。除此之外，根据具体应用的需要，可能还会有定位系统、电源再生单元和移动单元等。

在无线传感器网络中，大量传感器节点被布置在整个观测区域中，各个传感器节点将所探测到的有用信息通过初步的数据处理和信息融合后传送给用户。数据通过相邻节点以接力传送的方式传送至汇聚节点，然后以无线或有线通信的方式传送给最终用户。无线传感器网络与其他传统的网络相比有一些独有的特点。

1. 大规模网络

为了获取精确信息，在监控区域通常部署大量传感器节点，数量可以达到成千上万，甚至更多。传感器网络的大规模性包括两方面的含义：一方面是传感器节点分布在很大的地理区域内，如在原始森林采用传感器网络进行森林防火和环境监控，需要部署大量的传感器节点；另一方面，传感器节点部署很密集，在一个面积不是很大的空间内，可密集部署大量的传感器节点。传感器网络的大规模性有如下优点：通过不同空间视角获得的信息具有更大的信噪比；通过分布式检测处理方式可以获得大量的采集信息，能够提高监控的精度，降低对单个传感器节点的精度要求；大量冗余节点的存在，使得系统具有很强的容错性能；大量节点能够覆盖很大的监控区域，减少监控盲区，在较小的粒度上进行精细化的信息感知。

2. 自组织网络

在传感器网络应用中，通常情况下传感器节点被放置在没有基础设施支撑的地方。传感器的位置不能预先精确设定，节点间的邻里关系预先也并不知道。例如，通过飞机播撒大量传感器节点到面积广阔的原始森林中，或将其随意放置到人不可到达或者危险的区域时，这些节点之间的空间位置关系并没有任何先验知识，也无法预先安排。因此就要求传感器节点具有自组织能力，能够自动进行配置和管理，通过拓扑控制机制和网络协议自动形成能够转发监控数据的多跳无线网络系统。

在传感器使用过程中，部分传感器节点由于能量耗尽或者环境因素影响导致功能失效，同时，网络工作过程中，有可能为了弥补失效节点，或者提高监控精度而将一定数量的节点补充到网络中，所以传感器网络中的节点个数就会动态地增加或者减少，从而使网络的拓扑结构随之动态地变化。传感器网络的自组织性要能够适应这种网络拓扑结构的动态变化。

3. 动态性网络

传感器网络的拓扑结构总是不断变化的，网络要能够适应这一变化。造成网络拓扑结构改变的因素包括但不限于以下几个方面:

（1）环境因素或电能耗尽造成的传感器节点出现故障或失效；

（2）环境条件变化可能造成无线通信链路带宽变化，甚至时断时通；

（3）传感器网络的传感器、感知对象和观察者这三要素任意两者之间可能发生的相对位置的变化；

（4）新节点的加入所导致的网络拓扑结构的变化。

4. 以数据为中心的网络

传感器网络是一个任务型的网络，脱离传感器网络的应用场合的传感器节点没有任何意义。传感器网络中的节点可以采用编号标识，但节点编号是否需要取决于网络通信协议的设计。由于传感器节点随机部署，节点编号与节点空间位置没有必然联系，因此传感器位置与节点编号之间的关系是完全动态和随机的。用户使用传感器网络查询事件时，直接将所关心的事件通告给网络，而不是通告给某个确定编号的节点。网络在获得指定事件的信息后汇报给用户。这种以数据本身作为查询或者传输要素的思想更接近于自然语言交流的习惯。所以通常说传感器网络是一个以数据为中心的网络。

例如，在应用于目标跟踪的传感器网络中，跟踪目标可能出现在任何地方，对目标感兴趣的用户只关心目标出现的位置和时间，并不关心哪个节点监控到了目标。事实上，在目标移动的过程中，必然是由不同的节点提供目标的位置信息。

5. 与应用相关的网络

传感器用来感知客观物理世界，获取物理世界的信息。客观物理世界的物理量多种多样，不可穷尽。不同的传感器应用关心不同的物理量，因此对传感器的应用也有多种多样的要求。

不同的应用背景对无线传感器网络的要求不同，其硬件平台、软件系统和网络协议必然会有很大差异。所以传感器网络不能像 Internet 那样有统一的通信协议平台。不同的无线传感器网络应用之间虽然存在一些共性问题，但在开发无线传感器网络应用中，我们更关心的是无线传感器网络的差异。只有让系统更贴近应用，才能实现更高效的目标系统。因此应该针对每一个具体应用来研究无线传感器网络的相关内容。

1.2.3 无线传感器网络体系结构

典型的传感器网络配置包括传感器节点的体系结构、无线传感器网络协议和网络拓扑结构这几个方面。

体系结构是无线传感器网络的研究热点之一。无线传感器网络是一种大规模自组织网络，在无线传感器网络体系结构设计时，需要考虑以下几个方面的特点。

（1）由于无线传感器网络具有一般 Ad-Hoc（点对点）网络所具有的特点，因此从网络的可扩展性来说，无线传感器网络比较复杂。

（2）无线传感器网络节点主要通过电池供电，所以其能耗是网络体系结构设计中重要的考虑内容之一。

（3）由于无线传感器网络应用环境的特殊性，其无线通信信道很不稳定，而且由于能源受限，传感器节点受损概率远大于一般的自组织网络节点，因此必须保证无线传感器网络的健壮性。

（4）无线传感器网络的拓扑结构具有动态变化的特性。

这些特点使得无线传感器网络有别于传统的自组织网络，在体系结构设计中需要重点考虑。在无线传感器网络中，节点可通过飞机布撒、人工布置等方式，大量部署在感知对象内部或附近。这些节点通过自组织方式构成无线网络，以协作的方式感知、采集和处理网络覆盖区域中特定的信息，可以实现对任意地点信息在任意时间的采集、处理和分析。这种以自组织形式构成的网络，通过多跳中继方式将数据传回汇聚节点（接收器/发送器），最后借助汇聚链路将整个区域内的数据传送到远程管理控制中心进行集中处理。

典型的无线传感器网络体系结构如图 1-1 所示。

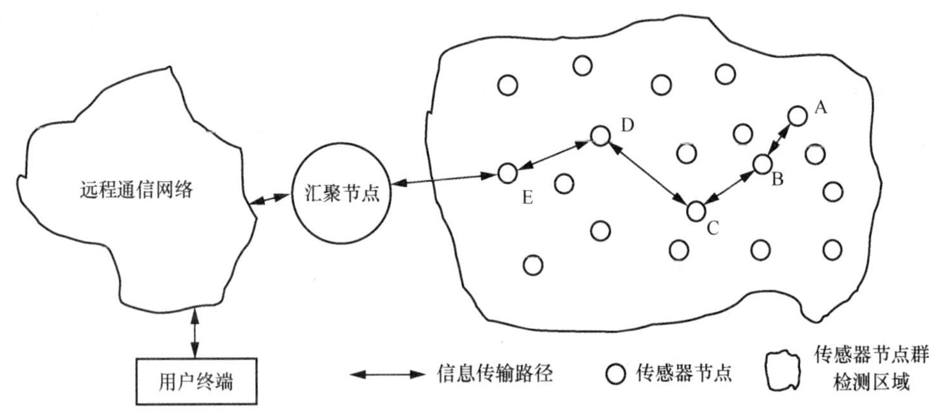

图 1-1　典型无线传感器网络体系结构

无线传感器网络一般包括多点分布传感器节点、汇聚节点、远程通信网络和用户终端等。一般来说，无线传感器网络中绝大多数的节点只有很小的通信覆盖范围，资源有限；而汇聚节点具有充足的电能供给，资源较为丰富，计算能力强，可以把数据经过进一步处理之后通过远程通信网络（如 Internet、移动通信网络）传输到远程用户终端。

传感器节点通常是一个微型的嵌入式系统，通过携带能量有限的电池进行供电，因此其处理能力、存储能力和通信能力相对较弱。从网络功能上看，每个传感器节点具有数据采集、数据接收、数据处理和数据发送的功能。此外，部分节点还兼顾路由的功能，除了进行本地信息收集和数据处理外，还要将其他节点转发来的数据进行存储、转发等操作，通过与其他节点协作完成一些特定任务。

无线传感器网络节点之间的通信一般不需要很高的带宽，但有时候对节点功耗要求却很严格，要求大部分时间必须保持低功耗。此外，传感器节点通常使用存储容量不大的嵌入式控制器，因此对协议栈的大小也有严格的限制。另外，无线传感器网络对网络安全性、节点自动配置和网络动态重组等方面也有一定的要求。无线传感器网络的特殊性对应用于该技术的协议提出了较高的要求。目前在无线传感器网络中，使用最广泛的协议是 ZigBee 协议。该协议以 IEEE 802.15.4 标准为基础，而 IEEE 802.15.4 标准所定义的物理层和介质访问控制（Medium Access Control，MAC）层协议具有无线传感器网络所要求的低速率、低功耗、分布式、自组织等方面的要求。ZigBee 协议适用于通信数据量不大、数据传输速率相对较低、成本较低的便携设备或移动设备，使用 ZigBee 协议的大多数设备只需要很少的能量，以接力的形式通过无线传输的方式将数据从一个传感器节点传到另外一个传感器节点，实现传感器之间的组网。因此 ZigBee 技术是实现无线传感器网络应用的一种重要的技术，甚至在某些场合下 ZigBee 技术等同于无线传感器网络技术。

1.2.4 传感器节点系统结构

传感器节点系统由传感器模块、控制器模块、无线通信模块和电源模块 4 部分组成，如图 1-2 所示。

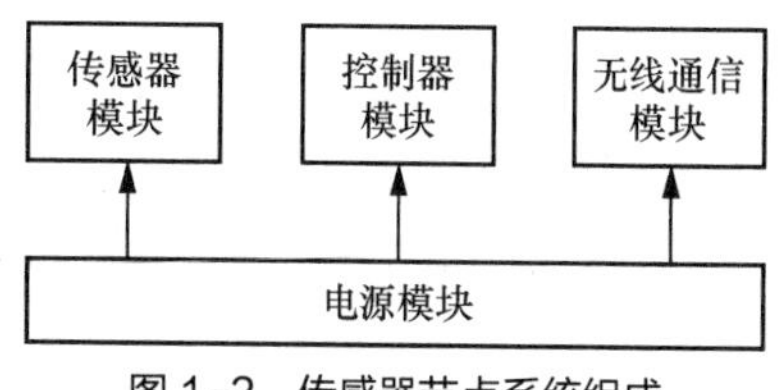

图 1-2 传感器节点系统组成

传感器模块一般由传感器和模数转换两个功能模块组成，负责监控区域内信息的采集和数据转换；控制器模块由嵌入式系统构成，包括 MCU、存储器，有的还包括嵌入式操作系统，负责控制整个传感器节点的操作，存储和处理本身采集的数据以及其他节点发来的数据；无线通信模块负责与其他传感器节点进行无线通信，交换控制信息和收发采集数据；电源模块为传感器模块、控制器模块和无线通信模块提供运行所需的能量，通常采用微型电池，有的还采用电源自供电系统，如太阳能发电系统、振动发电系统，有的采用稳定供电。此外，有些应用中还可以包含定位系统、移动系统等模块。

【任务实施】

相比于露天种植靠天吃饭的弊端，智慧农业大棚种植不仅能缓解不利的自然条件带来的影响，还有利于有机种植技术、节水灌溉技术、配方施肥技术、反季节种植技术的推广和使用，减少病虫害的产生，从而可以大幅提高农产品附加值，提高单位亩产值，是我国发展高效农业、实现农业信息化的重要途径。近年来，随着我国城市化进程的加速和生活水平的提高，为解决人多地少的问题和满足人们对高品质农产品的需求，智慧农业大棚种植面积在逐年增加。

智慧农业大棚营造了农作物生长所需要的适宜的环境，但大棚内的温度、湿度、二氧化碳浓度较高，空气流通性差，因此并不适合派驻人员长期看护，有必要借助相关科技手段对大棚内的环境进行远程不间断的自动化检测。

1.3 智慧农业大棚技术方案选择

智慧农业大棚内的温度、湿度、二氧化碳浓度、光照度和土壤墒情等数据可自动进行采集，然后借助有线方式或无线传感器网络方式将采集到的数据传送到监控中心，由监控中心进行判断处理，并提供必要的人机交互接口。

采用有线方式的优点是能提高数据通信的抗干扰性和安全性，但对于农业大棚来说，通信数据量少、实时性要求低、周期性的数据采集这几个特点使得农业大棚对通信的抗干扰性要求不高。同时农业大棚内的相关信息一般来说没有保密价值，无须考虑信息的安全性。

此外，采用有线通信方式具有以下几个方面的不足：

（1）农业大棚地处野外，没有有线通信基础设施，大棚内外需要进行布线，这就增加了材料和施工成本，并且投资额度相对于传统大棚产出占比较高，使得农户接受程度较低；

（2）大棚内布线会影响农户播种、采收；

（3）增加检测点时，需要增加布线，不便于系统扩展；

（4）大棚内高温高湿环境会加速线路老化，增加了大棚维护和使用成本；

（5）有线通信方式使得数据采集设备和数据汇聚设备位置相对固定，更改位置还需要重新布线。

而无线通信技术可以摆脱有线通信技术的束缚，因此在农业大棚中采用无线传感器网络通信方式替代有线通信方式进行数据传输已经成为主流。

采用无线传感器网络通信方式进行数据传输有以下优势。

（1）无线传感器网络通信技术无须布线，成本低，投资额度相对于传统大棚产出占比低，农户接受度高；

（2）不需要重新布线就可以较为方便地增加检测点或者更改监控点位置，方便系统扩展。

无线传感器网络通信固然有易受干扰、易遭窃听的问题，但智慧农业大棚相关数据量小，并且监测物理量（如温度、温度）不会急剧变化，因此对通信的实时性要求低，对抗干扰性要求不高。此外智慧农业大棚数据基本没有保密需要，无须考虑数据安全，如有需要，可以将数据加密，以保证数据安全。

由以上对比分析，可知智慧农业大棚采用无线传感器网络技术方案是最合适的技术方案。

1.4 智慧农业大棚系统架构和总体设计

对照图 1-1 所示的无线传感器网络体系结构，结合目前智慧农业用户普遍使用的智能手机，可以设计出图 1-3 所示的智慧农业大棚系统架构。

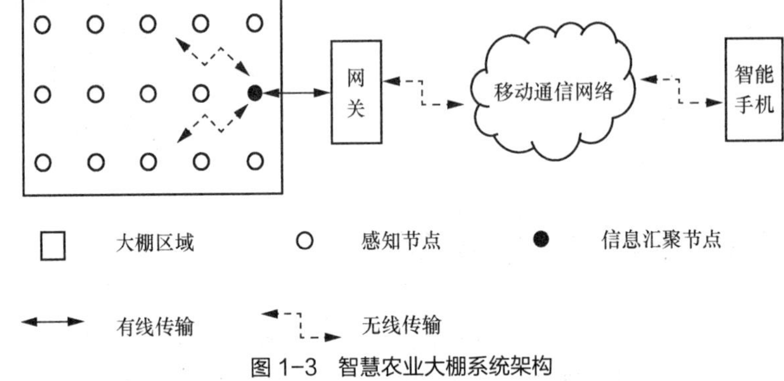

图 1-3　智慧农业大棚系统架构

系统架构中，用户终端采用智能手机，可以很好地对接用户既有设备，降低用户使用成本；此外，用户借助智能手机可以随时随地查看监控数据或接收相关报警信息，摆脱了时空约束。

根据项目经理分工，小王需要承担农业大棚多点数据采集节点（即感知节点）与信息汇聚节点设计。智慧农业大棚系统中手机终端监控应用程序和网关由其他工程师负责。

在确定好技术路线之后，首先要进行系统总体设计，以便为系统详细设计做好准备。总体设计又称为概要设计或初步设计，主要目的就是简要阐明系统如何实现。系统总体设计的一项重要任务是确定系统的组成模块和结构。

基于 ZigBee 应用模块的无线测温系统总体设计如图 1-4 所示。

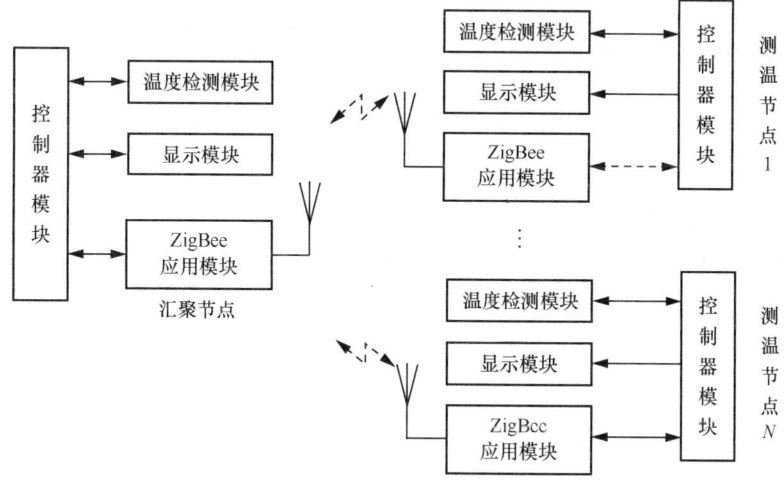

图 1-4　无线测温系统总体设计

基于 ZigBee 应用模块的无线测温系统由多个节点构成，其中，具有一个通信收发器的应用子系统称为一个节点，一个节点又由几个硬件模块构成。根据节点功能，节点可分为汇聚节点和测温节点两类。

汇聚节点在系统中只有一个，这个节点需要承担一项有别于其他节点的功能，即负责接收其他节点的温度数据，为后续数据汇聚和上传做准备。此外它也可以具有其他节点的功能，如进行在地温度检测（如图 1-4 中汇聚节点虚线部分所示，表示这些功能不是必须的）。一般情况下，汇聚节点被配置为协调器节点，一般由控制器模块、显示模块和 ZigBee 应用模块组成。控制器模块需要对 ZigBee 应用模块和显示模块进行初始化配置，以便组建无线网络，设置好数据显示方式。工作时，控制器模块将 ZigBee 应用模块所接收到的温度数据显示在显示模块上。

测温节点很多（汇聚节点也可以进行测温，但主要功能为数据汇聚），这些节点的功能一是进行在地温度检测，二是根据需要进行数据转发，最终各个节点的温度数据通过射频以接力的方式发送给汇聚节点。一般情况下，为便于系统扩展，这类节点均被配置为路由器。由于数据转发由 ZigBee 应用模块内置的程序自动完成，不需要开发者另行开发，因此这类节点的软硬件结构相同。为表述方便，可以将这类节点进行编号管理。这些节点搭载有温度检测模块、显示模块和 ZigBee 应用模块，节点中的控制器模块上电之后对所连接的温度检测模块、显示模块和 ZigBee 应用模块进行初始化配置，然后周期性地向温度检测模块发出温度检测指令，获取温度检测模块所检测的温度数据，将处理过的温度数据显示在显示模块上，与此同时，还将温度数据发送给 ZigBee 应用模块，由 ZigBee 应用模块将温度数据发送给汇聚节点。

只要在节点中增加相应的物理量传感器模块，就可以实现相应物理量的监测，因此该系统设计方案扩展较为方便。

【实施记录】

对照任务设计要求，结合已有知识进行智慧农业大棚系统架构设计，并列出相关方案优缺点，确定最终方案，并将相关设计要素记录在表 1.1 中。

表 1.1　智慧农业大棚系统架构实施记录表

方案比较					
方案类型	既有基础设施支持	抗干扰性	扩展便利性	建设成本	日常管理作业影响
有线通信技术方案					
无线传感器网络通信技术方案					
最终方案系统架构					

【任务小结】

无线传感器网络由多个节点构成，每个节点不仅可以提供数据检测功能，还具有一定的数据处理和无线数据转发功能，这些节点之间所构成的通信网络具有较强的健壮性。因此无线传感器网络非常适合多点、低容量数据采集和传输应用场合，可广泛应用于智慧农业、智能环境监控、智能家居、路灯控制等领域。

【知识巩固】

一、填空题

1. 有线通信的优点有________、________、________、________等，但存在的不足主要有________、________等方面。

2. 无线通信具有________、________、________、________、________等优点。

3. 无线传感器网络是由大量体积________、成本________，具有无线通信、________、________能力的传感器节点组成的。

4. 无线传感器网络中的传感器节点一般由________、________、________和电源模块等组成。

5. 无线传感器网络中大量冗余节点使得系统具有很强的________，减少________。

6. 自组织网络要求传感器节点具有自组织能力，能够自动进行________和________，通过拓扑控制机制和网络协议自动形成能够________监控数据的________无线网络系统。

7. 动态性网络是指传感器网络能够适应________不断变化。

二、单项选择题

1. 造成网络拓扑结构改变的因素不包括（　　）。
   A. 传感器节点出现故障或失效　　B. 节点休眠
   C. 传感器、感知对象和观察者相对位置的变化　　D. 新节点的加入
2. 无线传感器网络中的传感器节点非必要的模块是（　　）。
   A. 传感器模块　　B. 控制器模块
   C. 定位模块　　D. 电源模块
3. 无线传感器网络体系结构中一般不包括（　　）。
   A. 分布式传感器节点（群）　　B. 汇聚节点
   C. 远程通信网络　　D. 节点失效检测模块
4. 以下论述错误的是（　　）。
   A. 无线传感器网络通信容量一般不大
   B. 无线传感器网络中的节点能源一般是有限的
   C. 无线传感器网络拓扑结构是固定的
   D. 无线传感器网络具有一般 Ad-Hoc 网络所具有的特点
5. 有关 ZigBee 协议，以下叙述不正确的是（　　）。
   A. 无线传感器网络一般采用 ZigBee 协议
   B. ZigBee 协议以 IEEE 802.15.4 标准为基础
   C. ZigBee 协议所需资源较多
   D. ZigBee 协议有低速率、低功耗、分布式、自组织等特性

三、简答题

1. 简述典型无线传感器网络体系结构构成。
2. 简述传感器节点系统组成。

【知识拓展】

无线传感器网络与物联网的区别与联系

无线传感器网络的概念的提出要早于物联网。无线传感器网络由大量的廉价微型传感器节点组成，这些节点通过无线通信方式构成多跳的自组织的网络系统。无线传感器网络的应用价值在于多点协作感知、采集和处理网络覆盖区域中感知对象的信息，并将其发送给观察者。

物联网把所有物品通过射频识别等信息传感设备与互联网连接起来，实现智慧化识别和管理，其价值在于物品的追踪和管理，实现物理基础设施和 IT 基础设施的有机融合。

物联网和无线传感器网络都是由互联网派生演变而来的，只是网络所连接的对象一个是物，另外一个是传感器，而物包括各类传感器。由此可见，物联网与无线传感器网络的构成要素基本相同，并且物联网所涵盖的范畴要比无线传感器网络大，无线传感器网络是物联网的一个子集。

【技能拓展】

参照智慧农业大棚架构设计，给出智能照明体系结构设计方案。

工作进程2 ZigBee协议及相关解决方案

02

【任务概述】

在完成智慧农业大棚的技术方案选择后，小王在工作进程2中的主要任务是学习和了解短距离通信技术即ZigBee技术相关基础知识，了解ZigBee协议体系结构、各层主要功能、网络构建过程，掌握ZigBee协议中有关工作频段、信道号、网络标识、网络地址、IEEE地址、拓扑结构、设备类型及其功能等内容和概念，熟悉ZigBee网络构建所涉及的相关技术参数。熟悉产业界所采用的主流ZigBee协议栈及其特点，了解现有可行的技术解决方案及相关典型产品，从而能够结合企业工作实践选择合理的技术路线，完成智慧农业大棚中无线测温系统总体设计方案、完成硬件选型、制订好系统设计进度安排。此外还了解其他短距离通信技术相关知识，扩展个人专业知识面。

【学习目标】

价值目标	1. 通过协议分层，了解社会分工和协作的意义，树立岗位责任意识，自觉遵守劳动纪律 2. 通过 ZigBee 技术产生背景介绍，了解技术由需求推动，树立个人学习要和社会需要相结合的意识 3. 培养调查研究的工作作风 4. 树立“苟日新，日日新，又日新”的学习观念 5. 结合无线网络加密措施，培养信息安全意识
知识目标	1. 了解 ZigBee 技术发展背景和历程 2. 熟悉 ZigBee 协议体系结构和各层基本作用 3. 熟悉 ZigBee 协议各层中的主要术语和基本规范 4. 了解 ZigBee 协议栈概念 5. 了解主流 ZigBee 协议栈 6. 了解 ZigBee 技术主流技术解决方案
技能目标	1. 能够使用专业术语和同行交流 2. 能够在进行 ZigBee 应用系统设计时，进行技术论证和说明 3. 能够阐述主流协议栈特点 4. 能够根据需要和自身实际选择合理的技术解决方案

【知识准备】

为进行案例开发技术路线选择，有必要了解 ZigBee 协议的发展历程、分层结构、与 ZigBee 组网通信相关的概念和参数、现有主流协议栈和解决方案。

2.1 ZigBee 技术概述

下面将主要介绍 ZigBee 技术发展历程。

2.1.1 ZigBee 技术发展历程

为了满足类似于温度传感器这样低复杂度、低成本、低功耗和低速率无线联网的要求，2000 年 12 月，电气电子工程师学会（Institute of Electrical and Electronics Engineers，IEEE）成立了起草 IEEE 802.15.4 标准的工作组。为促进 IEEE 802.15.4 标准的制定和推广，2001 年 8 月，ZigBee 联盟成立，目标是以 IEEE 802.15.4 标准为基础，制定和推广名为“ZigBee”的下一代无线通信标准。

2004 年 12 月，ZigBee 1.0 标准（又称为 ZigBee 2004）制定完成，并于 2005 年 9 月公布，同时向用户提供下载服务。但这个版本的 ZigBee 还不够完善，只能支持少量节点、星形拓扑，因此几乎没有什么实际应用价值。

2006 年 12 月，ZigBee 联盟完成了对 ZigBee 1.0 标准的修订，推出了 ZigBee 1.1 标准（又称为 ZigBee 2006）。

为支持更大规模的网络，2007 年，ZigBee 协议的第三个版本 ZigBee 2007 问世。该标准又称为 ZigBee 2007/Pro，包括 ZigBee Pro 和 ZigBee 2007 两个子集。ZigBee 2007 定义了两套功能集（Feature Set），分别是 ZigBee 2007 功能集和 ZigBee Pro 功能集，这两个功能集是面向不同应用场景的 ZigBee 协议。前者面向住宅环境，可支持 300 个以内的节点。后者面向商业和工业环境，可支持 1 000 个节点，且有更好的安全性。

2009 年 3 月，ZigBee 联盟又推出 ZigBee RF4CE。它专门为简单、双向、点对点控制的应用而设计。2013 年 3 月，ZigBee 联盟推出了第三套规范——ZigBee IP Specification（简称 ZigBee IP）。ZigBee IP 是第一个基于 IPv6 的全无线网状网络解决方案的开放标准，可以控制低功耗、低成本的装置提供无缝衔接的互联网连接，实现物联网与互联网相连。

为将市场上 ZigBee 的各个主要的应用层标准进行统一，使得各种智能产品能在同一个网络中工作，同时简化与互联网的连接，2016 年 ZigBee 3.0 应运而生。ZigBee 3.0 涵盖多种设备类型，定义了超过 130 种设备，不仅包括常见的家居自动化、家居照明、智能家电，而且覆盖各类传感器和监控产品。ZigBee 3.0 支持 ZigBee Pro 所定义的全部设备类型及相关操作控制命令和设备功能。

2.1.2 ZigBee 技术特点

相比于其他通信技术，ZigBee 技术具有以下特点。

1. 低速率

ZigBee 提供 3 种数据传输速率，分别为 250kbit/s（2.4GHz）、40kbit/s（915MHz）、20kbit/s（868MHz）。

2. 低功耗

由于 ZigBee 的传输速率低，发射功率仅为 1mW，而且采用了休眠模式，功耗低，因此 ZigBee 设备非常省电。据估算，ZigBee 设备仅靠两节 5 号电池就可以维持长达 6 个月到 2 年左右的使用，这是其他无线设备望尘莫及的。

3. 低成本

由于简化了协议栈，降低了对内核的性能要求，对处理器要求低，因此 ZigBee 能够选择低成本处理器。以 CC2530 为例，其内核就是一个增强型的 8051 内核，从而降低了芯片成本。此外 ZigBee 是免专利费的。

4. 低复杂性

ZigBee 协议简单，协议的大小一般在 4～32KB。

5. 低时延

ZigBee 的通信时延和从休眠状态激活的时延都非常短，典型的设备搜索时延大约为 30ms，休眠激活的时延大约是 15ms，活动设备信道接入的时延大约为 15ms。因此 ZigBee 技术适用于对时延要求苛刻的无线控制，如工业控制场合等方面。

6. 近距离

ZigBee 节点通信距离在几十米到几百米，甚至几千米，比移动基站覆盖范围要小，但与蓝牙相比，ZigBee 覆盖范围要大得多。

7. 网络容量大

一个星形结构的 ZigBee 网络最多可以容纳 254 个从设备和 1 个主设备；一个区域内可以同时存在最多 100 个 ZigBee 网络，而且网络组成灵活；在一个网络中最多可以有 65 000 个节点连接。

8. 高自组织性

ZigBee 能够自动建立其所想要的网络，无须用户干预。

9. 高可靠性

ZigBee 在物理层和 MAC 层采用 IEEE 802.15.4 协议，使用带时隙或不带时隙的“带冲突避免的载波侦听多路访问”（Carrier Sense Multiple Access With Collision Avoidance，CSMA/CA）的数据传输方法，并与“确认和数据检验”等措施相结合，每个发送的数据包都必须等待接收方的确认信息，可保证数据的可靠传输。此外节点模块之间具有自动动态组网的功能，信息在整个 ZigBee 网络中通过自动路由的方式进行传输，从而保证了信息传输的可靠性，即使网络中少量节点失能，对网络整体工作性能的影响也不大，因此网络健壮性强。

10. 灵活的网络拓扑结构

ZigBee 支持星形、树形和网状拓扑结构，既可以实现单跳，又可以通过路由实现多跳的数据传输。

11. 高安全性

ZigBee 提供了基于循环冗余校验（Cyclic Redundancy Check，CRC）的数据包完整性检查功能，支持鉴权和认证；节点具有 64 位唯一出厂编号，确保设备统一管理和认证；ZigBee 支持 3

种安全模式，最高级安全模式采用属于高级加密标准（Advanced Encryption Standard，AES）的对称密码和公开密钥，可以大大提高数据传输的安全性。

2.1.3 ZigBee 技术应用

由于 ZigBee 具有低功耗特性，因此其特别适合传输周期性数据（如温度传感器数据、水电气表数据、仪器仪表数据）、间断性数据（工业控制命令、远程网络控制、家用电器控制）、反复性低反应时间数据（如鼠标键盘数据、操作杆的数据）。设备成本低、传输数据量小、设备体积小，不便放置较大的充电电池或者电源模块，没有充足的电源支持，只能使用一次性电池的场合也非常适合 ZigBee 技术的应用。具有这些应用特点的领域包括工业、农业、医学、汽车、楼宇自动化、消费和家用自动化市场以及道路指示、安全行路方面等。

1. 工业领域应用

通过传感器和 ZigBee 网络，数据自动采集站点布置不受布线限制，灵活度更高，同时 ZigBee 网络的自组织性能能够大大提升数据采集系统的工作稳定性和可靠性，降低系统维护成本。例如工业生产作业环境中危险化学成分的检测、火警的早期检测和预报、高速旋转机器的检测和维护等都可以引入 ZigBee 技术。

2. 农业领域应用

引入土壤和空气环境传感器及 ZigBee 网络后，可以以较低成本实现农业生产信息化，方便快捷地实现土壤温湿度、氮浓度、pH 值、降水量、温度、空气湿度和气压远程在线采集，用户可以通过移动终端实时查看相关信息，为实时决策提供依据，并且还可以进行实时控制，及早而准确地发现问题并做出反应，从而减轻劳动强度，提高工作效率，有助于保持并提高农作物的产量。

3. 医学领域应用

借助于各种生命监控传感器和 ZigBee 网络，可以实现智慧医疗，医护工作人员可以准确而且实时地监控病人的血压、体温和心跳速度等信息，从而减轻医护人员的工作负担，也有助于医生做出快速的反应，特别有利于重病和病危患者的监护和治疗，提高救治效率。

4. 汽车领域应用

汽车领域的典型应用体现在能够对旋转机构进行实时监控。如轮胎压力监控系统，利用 ZigBee 技术可以实现汽车行进期间对胎压自动检测和实时报警，从而能提早发现隐患，保障行车安全。

5. 楼宇自动化领域应用

引入 ZigBee 技术可以实现电器开关、烟火检测器、抄表系统、无线报警、安保系统、HVAC（Heating，Ventilation and Air Conditioning，供暖通风与空气调节）、厨房器械联网监控和远程控制，进而可实现楼宇自动化。例如，酒店里的所有空调、供暖设备，都可以通过添加 ZigBee 节点，对空调系统进行实时统一控制。同时，ZigBee 还可以实现智慧消防，ZigBee 节点搭载的烟雾探测器可将探测到的信息实时传输到总控系统，从而可以进行早期消防预警，及时对起火点进行定位，开启自动洒水系统和应急灯，并且第一时间通知管理人员。

6. 消费和家用自动化市场领域应用

引入 ZigBee 技术可以将家用设备，包括电视机、录像机、无线耳机、PC 外设（键盘和鼠标等）、运动与休闲器械、儿童玩具、游戏机、窗户和窗帘、照明设备、空调系统和其他家用设备等进行联网和统一控制，减少遥控器数量，提供更好的生活体验，增加便利，实现智能家居。近年来，海内外厂家已经看到了这一方面巨大的市场需求，正在大力开发新产品以增强消费电子产品的性能。

7. 在道路指示、安全行路方面应用

利用 ZigBee 定位技术，可以实现自动定位和引导服务。这种引导服务特别适用于接收不到 GPS 定位系统信号的建筑物内。

在 ZigBee 联盟和 IEEE 802.15.4 组织的推动下，基于 ZigBee 技术的无线传感器网络应用结合其他无线技术可以实现无所不在的网络。它不仅在工业、农业、军事、环境、医疗等传统领域具有极高的应用价值，而且在未来其应用将扩展到涉及人类日常生活和社会生产活动的所有领域。

2.2 ZigBee 协议概述

ZigBee 各类协议中，目前应用最为广泛的是 ZigBee 2007/Pro，ZigBee 3.0 和 ZigBee 2007/Pro 的区别只在应用层，并且和具体应用相关。

2.2.1 协议分层

通信协议是指通信双方实体为完成通信任务所必须遵循的规则和约定。协议定义了数据单元使用的格式、信息单元应该包含的信息与含义、连接方式、信息发送和接收的时序，从而确保网络中的数据顺利地传送到确定的地方。

通信协议一般按照分层结构进行组织。协议分层的好处在于有类似社会分工的作用，具体来说有以下几点。

1. 便于实现

通过分而治之，把一个庞大又复杂的系统的实现，变成若干个相对独立的子系统的实现。各个子系统之间分工合作，协调完成整个系统的功能。各个子系统之间形成层次关系。每层并不需要知道它的下一层是如何实现的，每一层所相邻的下层的实现对上层来说是透明的。每一层只需要关注本层通过层间的接口为相邻的上层所提供的服务。

2. 便于系统调试

分而治之的结构使得复杂系统的调试变成若干个相对独立的子系统的调试。通过对每一层进行单独调试，可避免因关联过多而出现错误难以定位、难以解决的情况发生。

3. 可维护性好

当任何一层发生变化时，只要层间接口关系保持不变，其他层均不受影响。当某一层出现技术革新，有更好的技术实现时，不更改其他层的工作，仅对该层进行重新设计即可快速实现整个系统的性能提升，不需要整体重新设计而带来巨大工作量。同时分层设计能够有效避免木桶效应，不会因为某一方面技术的不完善而影响整体的工作效率。

4. 便于工作标准化

协议分层使得每一层的功能及其所提供的服务都有详细准确的说明，可以很方便地进行标准化。同时标准化以后，带来的好处便于社会分工，相关企业可以根据本企业长处专注于某一层的改进和发展，通过这种相互协作促进协议更新完善和推广使用。

不过，发挥好协议分层所带来的优势的前提条件是协议有较好的分层设计，不合理的分层逻辑将会给协议设计带来严重的负面影响，与分层的初衷背道而驰。为发挥分层所带来的优势，协议分层设计时一般要遵循以下原则。

（1）每层的功能应是明确的，并且相对独立。当某一层的具体实现方法更新时，只要保持上、下层的接口不变，便不会对相邻层产生影响。

（2）层间接口必须清晰，跨越接口的信息尽量避免，无法避免的要尽可能少。上层只调用相邻下层服务，不可以跨层调用服务。上层无须给下层提供服务。

（3）层数应适中。若层数太少，则造成每一层协议太复杂，实现困难；若层数太多，则体系结构过于碎片化，要想保持层与层相对独立和实现各层功能变得困难。

在分层的通信协议中，层与层之间是通过服务访问点（Service Access Point，SAP）相连接的。每一层都可以通过本层与下一层的 SAP 调用下层所提供的服务，同时通过本层与上层的 SAP 为上层提供相应服务，每层的服务在所在层中进行定义。

相邻的上下层之间的 SAP 一般可以有两个类型，也就是两个类型的 SAP，即数据服务接口和管理服务接口。数据服务接口主要提供上下层之间的数据传输服务。管理服务接口主要提供上层或协议管理中对该层相关参数进行配置或读取操作的服务。

SAP 是层与层之间的唯一接口，而具体的服务是以通信原语的形式供上层调用的。在调用下层服务时，只需要遵循统一的原语规范，并不需要去了解原语如何处理和实现。这种方式实现了数据在层与层之间的透明传输。

在描述 ZigBee 协议的分层结构时，经常要用到两个重要的概念，它们就是“通信原语”和“数据单元”。

“通信原语”指一段用来实现某个特定通信功能的，执行时不可被中断的程序段或操作。ZigBee 通信原语一般包括以下 4 种。

（1）Request：请求原语，用于向下层请求指定的服务。

（2）Confirm：确认原语，用于响应上层发出的请求原语。

（3）Indication：指示原语，用于本层发给上层指示本层所发生的某一内部事件。

（4）Response：响应原语，用于响应上层发给本层的指示原语。

原语一般遵循“SAP 名称-原语功能.原语类型”的书写规则。如“PD-DATA.Request”原语，其中的“PD”表示该原语是物理层上的数据服务接口，“DATA”表示数据功能，“Request”表明该原语类型为请求原语。整个原语就是物理层上的数据请求原语，该原语可以被其上层 MAC 层调用，不可以被其他层（如网络层）调用。

通信的本质就是数据的传输，在通信协议中，为实现不同节点的各层对等实体间的数据交换，数据在每一层都按照一定的格式进行封装，封装后的数据称为协议数据单元。因此协议数据单元就是在不同节点的各层对等实体间，为实现该层协议所交换的信息单元。每一层的数据单元名称不同，以示区别。如物理层中数据单元称为“比特流”，MAC 层中的数据单元被称为“帧”等。数据从上层传输至下层时，下层将接收到的数据作为本层的数据载荷重新进行封装；数据从下层传输至上层时，下层将从接收到的数据单元中提取出上层数据载荷，然后再提交给上层。通常将第 *N* 层的数据单元记为 NPDU，它由两部分组成，即本单元的用户数据（用字母 N 表示）和本层的协议控制信息（Protocol Control Information，PCI）。从上层用户的角度来看，它不必关心下层的 PDU，实际上也无须知道 PDU 的大小。上层用户关心的是：第 N 层实体为了完成该用户的请求，需要传输多大的数据单元。这种数据单元称为服务数据单元，也可以说是第 N 层的数据净荷。

数据单元一般分为两种，一种是协议数据单元（Protocol Data Unit，PDU），另外一种是服务数据单元（Service Data Unit，SDU）。

服务以函数的形式呈现，每一层都有一个函数集，上层可以调用这些函数以获得下层的服务。因此 SAP 是协议中层与层之间的接口，而接口就是层与层之间的沟通渠道，可以将接口理解为 C 语言程序设计中的函数原型。

2.2.2 ZigBee 协议层次结构

按照 OSI 模型，ZigBee 协议分为 4 层，其层次结构如图 2-1 所示。从下向上分别为物理层（Physical Layer，PHY）、MAC 层、网络层（Network Layer，NWK）及应用层（Application Layer，APL）。其中物理层和 MAC 层由 IEEE 802.15.4 标准定义，网络层和应用层由 ZigBee 联盟定义。物理层、MAC 层位于底层，且与硬件相关。而网络层、应用层建立在物理层和 MAC 层之上，并且与硬件完全无关。

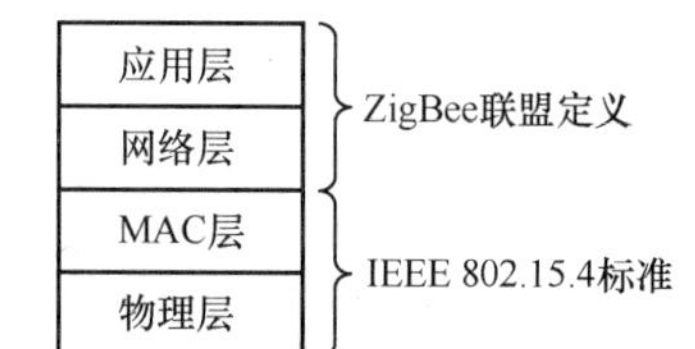

图 2-1　ZigBee 协议 OSI 模型层次结构

在 ZigBee 协议中，任何通信数据都是按照一定的格式来组织的。协议的每一层都有特定的数据封装结构。当应用程序需要发送数据时，它将通过相应的数据实体发送数据请求。随后在它下面的每一层都会为数据附加相应的帧头，组成要发送的数据信息，其数据封装结构之间的关系如图 2-2 所示。

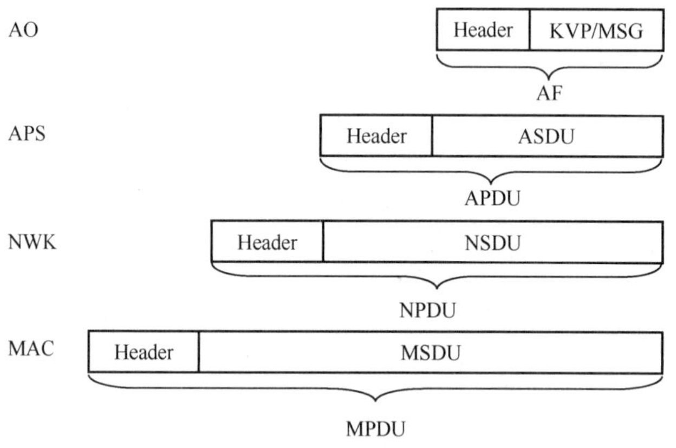

图 2-2　各层帧结构的构成

由图 2-2 可以看出，数据由上层逐层往下传输时，首先应用程序对象（Application Object，AO）的协议数据单元应用程序框架（Application Framework，AF）由本层帧头（Header）和键值对（Key Value Pair，KVP）或消息 （Message，MSG）构成，该帧传输至下层应用支持子层（Application Support Sublayer，APS）后，由应用支持子层重新进行打包，将上层数据帧 AF 作为应用支持子层的服务数据单元（APS Service Data Unit，ASDU），然后头部添加应用支持子层帧头构成应用层协议数据单元（APS Protocol Data Unit，APDU）。APDU 传输至网络层后，网络层将其作为网络层服务数据单元（Network Service Data Unit，NSDU），添加网络层帧头，构成网络层协议数据单元（Network Layer Protocol Data Unit，NPDU），该数据单元传输到 MAC 层以后，MAC 层将其作为本层服务数据单元（MAC Service Data Unit，MSDU），添加 MAC 层帧头后构成 MAC 层协议数据单元（MPDU）并传输给物理层。物理层添加同步和定时控制后直接传输比特流。

当数据由物理层逐层往上传输时，底层将本层协议数据单元的头部去掉，将相应的服务数据单元交给上层。

详细的 ZigBee 协议体系结构如图 2-3 所示。

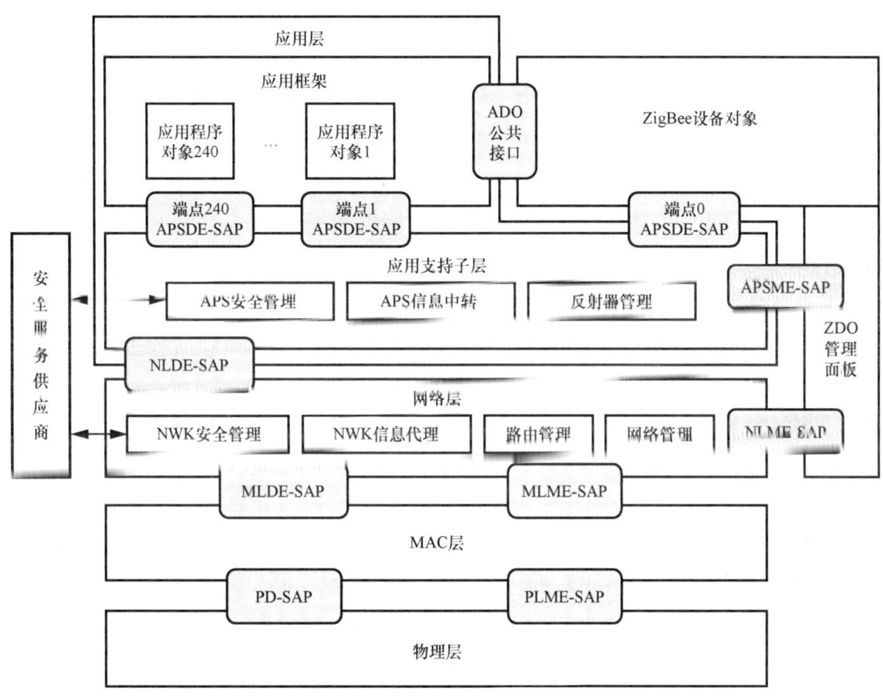

图 2-3 ZigBee 协议体系结构

ZigBee 协议中的相邻层，每一层都向它的上层提供数据和管理服务，下层向相邻上层提供服务，上层调用相邻下层提供的服务。层与层之间通过 SAP 进行通信。SAP 是上层调用相邻下层服务的接口。一般情况下，层与层之间都会提供两个接口，即数据服务接口和管理服务接口。数据服务接口的目标是向上层提供所需的常规数据服务，管理服务接口的目标是向上层提供访问内部层参数、配置和管理的数据服务。每层定义所在层的服务和数据。一般情况下，开发人员在工作过程中只需要掌握和熟悉与工作直接相关的那些层的协议。

2.2.3 物理层和 MAC 层概述

ZigBee 协议体系结构是以 IEEE 802.15.4 标准为基础建立的，ZigBee 协议的物理层和 MAC 层直接采用 IEEE 802.15.4 标准，有时，将 IEEE 802.15.4 标准所对应的物理层和 MAC 层合称为通信层。

IEEE 802.15.4 标准是 IEEE 针对低速率无线个人区域网（Low Rate Wireless Personal

Area Networks，LR-WPAN）制定的无线通信标准，LR-WPAN 的目的是实现几米到几十米近距离范围内的多个设备之间的无线通信，同时 IEEE 802.15.4 标准把低能量消耗、低速率传输、低成本，支持简单器件作为重点目标，旨在为个人或者家庭内不同设备之间低速率无线互连提供统一标准。该标准定义的 LR-WPAN 的特征与无线传感器网络有很多相似之处，因此很多研究机构把它作为无线传感器网络的通信标准。IEEE 802.15.4 标准支持两种网络拓扑，即单跳星形或当通信线路超过 10m 时的多跳对等拓扑，但是对等拓扑的逻辑结构由网络层定义。

IEEE 802.15.4 标准低速率、低功耗和短距离传输的特点使它非常适宜支持简单器件。该标准定义了 14 个物理层基本参数和 35 个 MAC 层基本参数，参数个数一共只有 49 个，仅为蓝牙标准中的参数总数的 1/3。这使它非常适用于存储能力和计算能力有限的简单器件。

物理层提供两种服务接口，一个是物理层管理服务访问接口（Physical Layer Management Entity SAP，PLME-SAP），PLME-SAP 除了负责在物理层和 MAC 层之间传输管理服务之外，还负责维护物理层信息库（Physical Information Base，PIB）。另一个是物理层数据服务访问接口（Physical Data SAP，PD-SAP），负责为 MAC 层提供数据服务。

MAC 层通过数据实体服务访问接口（MAC Data Entity SAP，MLDE-SAP）和管理实体服务访问接口（MAC Layer Management Entity SAP，MLME-SAP）向上层提供 MAC 层管理服务和 MAC 层数据服务。MAC 层管理服务不仅提供 MAC 层管理功能，还负责维护 MAC 层信息库（MAC PIB）。

2.2.4 网络层概述

网络层负责网络拓扑结构的构建和网络连接的维护，提供设备连接和断开网络时的处理机制，以及帧信息在传输过程中为保证安全性所采用的安全机制；完成设备的路由发现、路由维护和更新；完成对单跳（One-hop）邻居设备的发现和相关节点信息的存储；如果 ZigBee 协调器创建一个新网络，还需要有为新加入的设备分配短地址的功能。此外，网络层还提供一些必要的函数，以确保 ZigBee 中 MAC 层能够正常工作，并且为应用层提供合适的服务接口。

网络层通过调用 MAC 层的相关服务，为应用层提供合适的服务接口，服务接口分为数据服务接口和管理服务接口两种。网络层通过数据实体服务访问接口（Network Layer Data Entity SAP，NLDE-SAP）为上层提供数据服务。网络层通过管理实体服务访问接口（Network Layer Management Entity SAP，NLME-SAP）为上层提供网络层的管理服务，另外还负责维护网络层信息库。

数据服务接口的作用一是为应用支持子层的数据添加适当的协议头以便产生网络协议数据单元，二是根据路由拓扑结构，把网络协议数据单元发送到通信链路的目的地址所对应的设备或通信链路的下一跳地址。

管理服务接口的作用一是提供服务，包括配置新设备、创建新网络、设备请求加入或者离开网络，二是提供路由发现、寻址服务，以及管理 ZigBee 协调器或路由器请求所连接的设备离开网络等功能。

2.2.5 应用层概述

物理层、MAC 层、网络层这 3 层协议，主要是为上面的应用层提供服务。在产品开发过程中，开发者大多数时候不需要深入涉及这 3 层协议的实现细节，接触较多的是应用层相关内容。

在 ZigBee 协议中，应用层包括应用支持子层、ZigBee 设备对象（ZigBee Device Object，ZDO）、ZDO 管理控制面板、制造商定义的应用对象。

应用支持子层提供了网络层和应用层之间的接口，包括数据服务接口和管理服务接口。其中管理服务接口提供设备发现服务和绑定服务，并在绑定的设备之间传送消息。

ZDO 的功能包括定义设备在网络中的角色（如协调器、路由器或终端设备）、发起和响应绑定请求、在网络设备之间建立安全机制。另外，还负责发现网络中的设备，并且向它们提供应用服务。

制造商定义的应用对象功能包括提供一些必要函数，为应用层提供合适的服务接口。另外一个重要的功能是应用者可以在这层定义自己的应用对象。

2.3 ZigBee 网络组网和通信相关概念和参数

ZigBee 协议内容较多，下面将介绍 ZigBee 应用模块二次开发中所应了解的相关概念和参数。

2.3.1 全功能器件和简化功能器件

IEEE 802.15.4 将设备分为全功能器件（Full Function Device，FFD）和简化功能器件（Reduced-Function Device，RFD）两种。FFD 具有稳定的供电能力，较强的通信能力、计算能力和存储能力，可支持所有的 49 个基本参数。而对于 RFD，其计算能力、存储能力、通信能力较弱，供电不稳定，大多数情况下处于休眠状态，在最小配置时只要求它支持 38 个基本参数。

ZigBee 网络中大多数节点都是由 RFD 构成的，它们在大多数情况下处于休眠状态，这就是 ZigBee 技术低功耗的重要原因之一。

FFD 之间以及 FFD 和 RFD 之间都可以相互通信；但 RFD 只能与 FFD 通信，而不能与其他 RFD 通信，只能通过 FFD 周转。RFD 在网络结构中一般作为通信终端，主要用于简单的数据采集和控制，传输的数据量较少，对传输资源和通信资源占用不多，采用 RFD 可保证实现方案相对廉价，这也是 IEEE 802.15.4 标准低成本的原因之一。FFD 则需要功能相对较强的微控制器（Microcontroller Unit，MCU），一般在网络结构中拥有网络控制和管理的功能。

2.3.2 通信频段和通信信道

ZigBee 协议所采用的 IEEE 802.15.4 标准定义了两个物理标准，共有 27 个具有 3 种速率的工作频段，分别是 2 450MHz（一般称为 2.4GHz）频段和 868/915MHz 频段。

2.4GHz 是全球统一的无须申请的 ISM（Industrial Scientific Medical，工业、科学和医疗）频段，此频段的物理层能够提供 250kbit/s 的传输速率，有助于获得更高的吞吐量、更小的通信时延和更短的工作周期，达到更低功耗的目的。需要注意的是，我国所采用的是 2.4GHz 的工作频段。

868MHz 是欧洲的 ISM 频段，915MHz 是美国的 ISM 频段，这两个频段的引入可以避免 2.4GHz 附近各种无线通信设备的相互干扰，如蓝牙和 Wi-Fi 都工作在 2.4GHz 频段。868MHz

工作频段的传输速率为 20kbit/s，915MHz 工作频段的传输速率是 40kbit/s。

ZigBee 的 3 种工作频段的信道带宽并不相同，仅用于欧洲的 868MHz 频段信道带宽为 0.6MHz，仅用于美国的 915MHz 频段信道带宽为 2MHz，而全球通用的 2.4GHz 频段信道带宽为 5MHz。每个频段又细分为若干个信道，具体信道分配如表 2.1 所示。

表 2.1　ZigBee 频段与信道分配

信道编号	中心频率/MHz	信道间隔/MHz	频率上限/MHz	频率下限/MHz
k=0	868.3	0	868.6	868.0
k=1, 2, 3, …, 10	906+2(*k*−1)	2	928.0	902.0
k=11, 12, 13, …, 26	2 401+5(*k*−11)	5	2 483.5	2 400.0

由表 2.1 可知，IEEE 802.15.4 标准定义了 27 个物理信道，信道编号为 0～26，868MHz 频段定义了 1 个信道（0 号信道）；915MHz 频段定义了 10 个信道（1～10 号信道）；2 400MHz 频段定义了 16 个信道（11～26 号信道）。

通常，ZigBee 硬件设备不能同时兼容两个工作频段，在选择时，应遵守当地无线电相关规定。

2.3.3　IEEE 地址

IEEE 地址，也叫作扩展地址、MAC 地址（需要注意的是计算机网卡的 MAC 地址是 48 位）、长地址，这是一个以 64 位二进制数来标识的地址，由设备生产商固化到设备中，地址由 IEEE 分配和管理。

2.3.4　设备类型

在 ZigBee 网络层中，不同的设备的网络层的功能各有不同。按照功能划分，ZigBee 网络层将设备分为 3 种类型，即协调器、路由器和终端节点。

协调器具有建立新网络的能力。除此之外，协调器还具有允许其他设备加入网络或者离开网络、为已加入网络的设备分配网络内部的逻辑地址、建立和维护邻居表、数据路由转发等功能。协调器的功能最为强大，因此对器件的资源需求较大，只能由 FFD 构建协调器。

路由器的功能主要是拓展网络覆盖范围服务。具体来说，路由器具有管理设备加入网络或者离开网络、为设备分配网络内部的逻辑地址、建立和维护邻居表、数据路由转发等功能。路由器对器件的资源要求也较高，因此也需要且只能由 FFD 构建。

ZigBee 终端节点只需要有加入或离开网络的能力，同时还需要有与应用相关的数据采集和控制功能。终端节点功能最简单，资源需求少，因此可以由 RFD 构建。

2.3.5　拓扑结构

ZigBee 网络拓扑结构由网络层定义，网络层支持 3 种拓扑结构，分别为星形拓扑结构、树形拓扑结构和网状拓扑结构。

1. 星形拓扑结构

星形拓扑结构如图 2-4 所示，这种网络是 ZigBee 网络中规模最小的网络，该网络由一个协调器和若干个终端节点构成（星形拓扑结构不支持路由器，因为该网络不需要路由器的转发作用）。星形网络的优点是结构简单和数据传输速度快，其缺点是网络中的节点数少且通信距离短，一般用于构成小型网络。星形网络的最大缺点是对协调器的要求很高，一旦协调器出现故障或掉电，整个网络就会瘫痪。

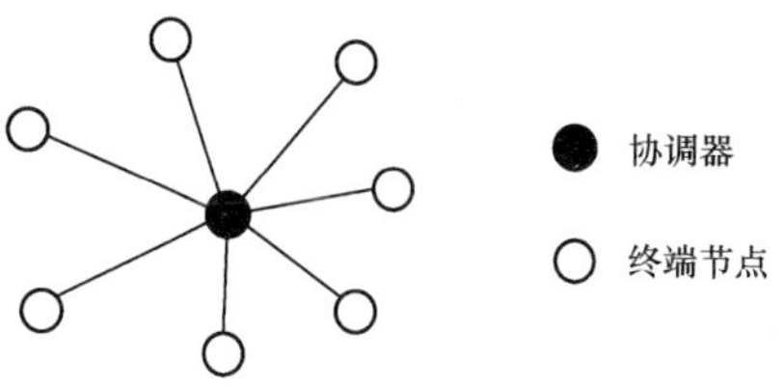

图 2-4　ZigBee 的星形拓扑结构

星形网络在构建时，由协调器作为网络构建发起者，协调器上电激活后，首先按照预定义的相关配置建立个域网（Personal Area Network，PAN），然后终端节点可以选择相应网络号（PAN ID）加入该网络，节点加入网络后由协调器为其分配 16 位短地址。需要注意的是，不同 PAN ID 的星形网络中的节点之间不能进行通信。在星形拓扑结构中，所有的终端节点只和协调器进行通信，两个终端节点只能通过协调器中转进行通信。

2. 树形拓扑结构

树形拓扑结构如图 2-5 所示。

树形拓扑结构是由协调器、路由器（也可承担终端的数据采集和控制功能）和终端节点组成的。树形网络可以看作由一个协调器和多个星形结构连接而成，协调器下的网络节点可以是路由器，也可以是终端节点，每个路由器下仍可是路由器或终端节点，上一级节点和其下一级节点形成父子关系。

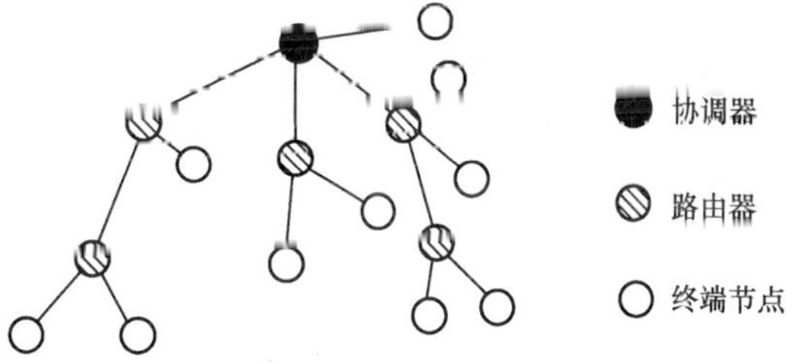

图 2-5　ZigBee 的树形拓扑结构

树形拓扑结构比星形拓扑结构复杂。其优点是网络的节点数多，可组成大规模 ZigBee 网络，数据传输的速度比网状网络的快，而且当网络组建完成后可不再依赖协调器，即使将协调器撤出网络仍可正常运行。其缺点是网络的安全性较差，即当一个路由器出现故障时，该路由器下的子节点将无法通信。树形网络适合家庭自动化、个人计算机外设，以及个人健康护理等小范围的室内应用。

树形网络构建流程和星形网络构建流程相似，首先由协调器发起网络构建，然后路由器和终端节点加入网络。节点加入网络后由协调器为其分配 16 位短地址，此后的节点还可以通过路由器或协调器加入网络，因此路由器节点可以拥有自己的子节点，子节点的 16 位短地址将由相应的父节点分配。当协调器建立起网络之后，其功能和网络中的路由器功能是一样的。树形网络中的任意两个节点之间都可以相互进行通信，不过节点除了能与自己的父节点或子节点直接进行通信外，其他只能通过网络中的路由器转发进行通信。

3. 网状拓扑结构

网状拓扑结构如图 2-6 所示。

网状网络也是由协调器、路由器（也可承担终端的功能）和终端节点组成的，其结构比树形网络结构复杂。网状网络是在树形网络的基础上实现的，其构建过程与树形网络相同。与树形网络不同的是，网状网络中任意两个在彼此通信范围内的路由器都可以进行直接通信，而不像树形网络中，只有存在父子关系的两个路由器才能进行直接通信。在网状网络中每一个 FFD 都可以是路由器，都可以实现对网络报文的路由转发功能。网状网络在构建时比较复杂，节点所要维护的信息较多。

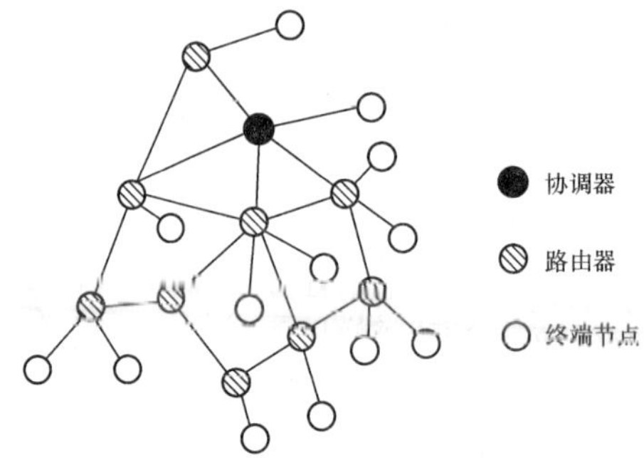

图 2-6　ZigBee 的网状拓扑结构

网状网络的缺点是通信速度一般会低于树形网络的，优点是网络的节点数多，可组成大规模 ZigBee 网络，而且当网络组建完成后可不再依赖协调器，即使将协调器撤出，网络仍可正常运行。网状网络的最大优点是网络的安全性优于树形网络的，即当一个路由器出现故障时只会影响其直接终端子节点，而不会影响其他路由器的子节点的数据传输，影响范围总体来说比树形网络的要小。

2.3.6　网络标识

网络层在构建 ZigBee 网络时，需要用 PAN ID 来标识网络。PAN ID 是一个 ZigBee 网络有别于其他 ZigBee 网络的基本标识，一个网络的 PAN ID 是唯一的，既是协调器在构建 ZigBee 网络时必须要配置的参数，也是节点加入 ZigBee 网络必须指定的参数。

PAN ID 以 16 位二进制数来进行标识，用十六进制数表示时，其取值范围为 0x0000～0xFFFF。由此可见，理论上有 64K 个 PAN ID 可供选择。事实上只允许在 0x0000～0xFFFE 进行选择设置。0xFFFF 有特殊用途。

如果将协调器的 PAN ID 配置为 0xFFFF，则协调器将在 0x0000～0xFFFE 随机选择一个来构建 ZigBee 网络；如果将路由器或者终端节点的 PAN ID 配置为 0xFFFE，则它们将在通信区域内已有的 ZigBee 网络中随机选择一个加入其中。

如果协调器的 PAN ID 配置为一个非 0xFFFF 的 4 位十六进制值，则协调器会根据设定的 PAN ID 构建 ZigBee 网络，或者为避免与已有 PAN ID 冲突，将根据一定的规则选择其他 PAN ID 来构建 ZigBee 网络。如果路由器或者终端节点的 PAN ID 配置为一个非 0xFFFF 的 4 位十六进制值，则路由器或者终端节点会根据设置的 PAN ID 加入相应的网络。

2.3.7　网络地址

网络层具有路由功能，在路由时，使用网络层所定义的地址对网络设备进行识别。网络层中所用的地址被称为网络地址，也叫作短地址，每个入网设备所拥有的短地址是唯一的。该地址为 16 位二进制数，取值范围为 0x00000～0xFFFF。为保证地址的统一管理，避免地址重复，设备加入网络后，地址由父节点即协调器或者路由器按照一定的规则进行分配。

在短地址中，有一些地址有固定用途，具体如下。

（1）0x0000：协调器的网络地址固定为协调器短地址。

（2）0xFFFF：对全网络中设备进行广播的广播地址。

（3）0xFFFD：如果在命令中将目标地址设为这个地址，那么只对打开了接收功能的设备进行广播。

（4）0xFFFC：广播到协调器和路由器。

（5）0xFFFE：如果目的地址为这个地址，那么应用层将不指定目标设备，而通过协议栈读取绑定表来获得相应目标设备的短地址。

（6）0xFFF8～0xFFFB：保留不用。

0x0000～0xFFF8 都是有效的目的地址。每一个地址就代表一个目标设备。

2.4 ZigBee 主流协议栈

协议是共同约定和遵守的技术规范，而协议栈是协议的具体实现形式。从表现形式上来说，协议是文本，而协议栈由一组代码组成，这些代码以函数的形式供使用者调用，这些函数在编写的时候要遵守相关协议。使用者在协议栈的基础之上进行二次开发。协议栈的开发成本较高，因此个人和小规模企业难以独立开展协议栈的开发。

一些公司以 ZigBee 标准协议为基础，在实现协议功能的基础上，结合本公司产品，加入新的设计和功能，构成自己的协议栈。因此 ZigBee 协议栈就是将各个层定义的协议都集合在一起，以函数的形式加以实现，同时给用户提供一些应用程序接口（Application Program Interface，API），供用户二次开发调用。下面介绍业内主流的 ZigBee 协议栈。

常见的 ZigBee 协议栈分为 3 种：非开源的协议栈、半开源的协议栈和开源的协议栈。

2.4.1 非开源的协议栈

常见的非开源的 ZigBee 协议栈的解决方案主要有两种，一种是飞思卡尔公司（已被恩智浦半导体公司收购合并）推出的 BeeKit 协议栈，另外一种是微芯公司（Microchip）早期推出的 ZigBee pro、ZigBee RF4CE 等协议栈。

飞思卡尔公司推出的 ZigBee 协议栈名为 BeeKit。BeeKit 是一种可提供图形用户界面（Graphical User Interface，GUI）的应用软件，用户可以分别基于飞思卡尔的 Simple MAC（SMAC）、IEEE 802.15.4 和 BeeStack 进行 ZigBee 协议应用开发。其中 SMAC 协议是最简单的 ZigBee 协议栈解决方案，可面向简单的点对点应用，不涉及网络概念。而 BeeStack 协议栈是飞思卡尔公司最完整的 ZigBee 协议栈，也是目前最复杂的协议栈，看不到具体的代码，只提供一些封装好的函数供用户直接调用。BeeKit 还提供了向导和解决方案资源管理器，允许用户在 BeeKit 软件界面中创建、变更、保存和更新不同的无线网络解决方案，在创建程序前进行快速而简易的配置，极大地降低了从各个文件及手动配置参数中进行选择的难度。利用功能强大的无线网络代码库、应用模板和应用样例的编码基础，用户可以生成适当的工程文件，然后把这些文件导入专门的集成开发环境（Integrated Development Environment，IDE）进行开发和调试。而且 BeeKit 还支持对新的代码库和功能进行升级。

微芯公司提供的 ZigBee 协议栈有 ZigBee pro、ZigBee RF4CE 和 ZigBee®Smart Energy

Profile，均是完整的 ZigBee 协议栈。其中 RF4CE 协议可运行在微芯公司推出的 XLP PIC 单片机系列上，具有极小的休眠电流，因此功耗极低，以最大限度延长其产品的电池寿命。虽然微芯公司提供了各种开发工具，包括免费的 MPLAB®IDE、MPLAB REAL ICE™仿真系统、MPLAB ICD 3 在线调试器、PICkit™3 低成本调试器/编程器和免费的 C 编译器，但是协议栈收费偏高，因此国内应用较少，相关资料也很少。

2.4.2 半开源的协议栈

Z-Stack 最早是由挪威 Chipcon 半导体公司开发的半开源的 ZigBee 协议栈，TI 公司为增加在低功耗、短距离无线射频（Radio Frequency，RF）收发器设计领域的市场份额，于 2005 年完成了对 Chipcon 公司的收购，此后，TI 公司在 Z-Stack 基础之上不断加以更新完善。作为一款免费的 ZigBee 协议栈，它支持 ZigBee 和 ZigBee Pro，并向下兼容 ZigBee 2006 和 ZigBee 2004。

作为一款业界领先的商业级协议栈软件，Z-Stack 协议栈早期以 CC2430 为开发平台，为用户提供了一整套的 ZigBee 开发方案。用户通过这个平台，可以很容易地开发出具体的应用程序，不用关心协议实现细节，对开发者来说，可以大大降低开发难度，加快开发进度。协议栈使用瑞典 IAR 公司开发的 IAR Embedded Workbench for MCS-51 为集成开发环境。Z-Stack 协议栈中提供了一个名为操作系统抽象层（Operating System Abstraction Layer，OSAL）的协议栈调度程序，并且这个调度程序对用户是可见的。而其他任何协议栈操作的具体实现细节都被封装在库代码中，没有提供源代码。用户在进行具体的应用开发时只需通过调用 API 来进行，而不需要知道 ZigBee 协议栈实现的具体细节。

Z-Stack 协议栈中的 OSAL 是一个基于任务轮询方式的操作系统，OSAL 实现了一个易用的操作系统平台，通过时间片轮转函数实现任务调度，提供多任务处理机制，负责任务调度和资源分配。整个 Z-Stack 采用分层的软件结构，硬件抽象层（Hardware-Abstraction Layer，HAL）提供各种硬件模块的驱动，包括定时器（Timer）、通用 I/O（General Purpose Input/Output，GPIO）、通用异步接收发送设备（Universal Asynchronous Receiver/Transmitter，UART）、模数转换（Analog-to-Digital Conversion，ADC）的 API，提供各种服务的扩展集。用户可以调用 OSAL 提供的相关 API 进行多任务编程，通过添加新的应用程序作为一个独立的任务来实现预定的功能。

2.4.3 开源的协议栈

开源的协议栈有多种，其中 FreakZ 协议栈在业内影响较大。作为一个彻底开源的 ZigBee 协议栈，FreakZ 协议栈实现了 ZigBee 2007 规范的核心内容，其主要特点是不依赖特定硬件，协议栈运行环境为 Contiki 操作系统。Contiki 的代码全部用 C 语言编写，Contiki 采用的就是基于事件驱动的非抢占式调度策略。Contiki 操作系统特别适用于小内存的微控制器，一般 Contiki 配置只需 2KB 的 RAM 和 40KB 的 ROM。Contiki 提供了一种基于软件的能量分析机制，因此不仅可以评价无线传感器网络协议，还可以估算节点的生命周期。除此之外，Contiki 操作系统还拥有动态下载特性，可以在网络运行过程中直接下载应用。Contiki 操作系统使用事件驱动作为系统内核，可以避免多线程操作消耗大量存储空间资源。

FreakZ 协议栈对于初学者来说比较容易上手，因此 FreakZ 非常适合用于学习，但对于工业应用来讲，比较来说还是 Z-Stack 实用。

2.5 ZigBee 的技术解决方案

随着芯片制造技术的不断进步，ZigBee 技术解决方案经历了 MCU+ZigBee RF、单芯片内置 ZigBee 协议栈 + 外挂芯片、单芯片集成即单片系统（System on Chip，SoC）这 3 种。随着单芯片集成 SoC 方案的推广，MCU +ZigBee RF 和单芯片内置 ZigBee 协议栈 + 外挂芯片的方案已经逐步退出市场。此外，为简化 ZigBee 应用项目开发过程，众多厂家对 ZigBee 协议栈进行了二次开发和封装，推出了 ZigBee 应用集成方案。

2.5.1 MCU+ZigBee RF 方案

该方案利用 MCU 外挂 ZigBee RF 芯片构建 ZigBee 网络节点，MCU 主要负责协议处理，而外挂 ZigBee RF 芯片负责射频信号的发送和接收。早期的 ZigBee RF 芯片主要有 TI 公司制造的 CC2420，该芯片是第一款满足 2.4GHz 频段使用要求的射频集成芯片，可构建用于家庭及楼宇自动化系统、工业监控系统和无线传感器网络组建所需要的射频信号处理模块。

此外，飞思卡尔公司的 MC1319x 收发系列芯片也是广受业界认可的 ZigBee RF 芯片。该系列芯片结合了双数据调制解调器和数字内核，从而可有效降低 MCU 处理负担，显著缩短执行周期。同时该芯片提供了便于和 MCU 连接的串行外设接口（Serial Peripheral Interface，SPI）。

微芯公司也推出过一款 2.4GHz IEEE 802.15.4 收发器 MRF24J40，该收发器具有功耗低、射频性能卓越等优点。利用该收发器，仅需极少外部元件就可以构建性能良好的 ZigBee RF 节点。

2.5.2 单芯片内置 ZigBee 协议栈 + 外挂芯片

该方案用集成了 2.4GHz 无线射频收发和微控制器功能的专用芯片，外加一款可提高系统性能或者降低专用芯片负担的芯片来实现，优点是灵活性高、上市快。

相关产品有 JENNIC 公司推出的 SoC+EEPROM 方案，其中 JN-5139 芯片是一个低功率及低价位的 32bit 精简指令集计算机（Reduced Instruction Set Computer，RISC）无线微控制器，兼容 2.4GHz IEEE 802.15.4 的收发器，内含 192KB ROM。另外，可选择搭配 RAM 的容量最小为 8KB，最大为 96KB，内建的内存主要用来存储系统的软件，包括通信协议栈、路径表、应用程序代码、硬件的 MAC 地址与 AES 加密解密的加速器。

此外，还有 Ember 公司推出的 EM260+MCU 方案。该方案中 EM260 是 ZigBee 无线网络处理器，这种处理器首次实现了具有位置识别功能的 ZigBee 兼容网络节点。

2.5.3 单芯片集成 SoC

单芯片集成 SoC 方案是将协议处理器和无线射频处理器集成在一个芯片上，因此可靠性更高，成为市场上的主流方案。

早期单芯片集成 SoC 的典型产品有 TI 公司的 CC2430。CC2430 使用一个 8051 内核的 8 位微控制器，其上搭载有 128KB 闪存和 8KB RAM，可用于构建各种类型的 ZigBee 设备，包括协调器、路由器和终端设备。CC2430 片内资源丰富，包含 ADC、若干定时器、AES-128 协同处理器、看门狗定时器、32kHz 晶振、休眠模式定时器、上电复位（Power-on-reset）电路、掉电检测（Brown-out-detection）电路，以及 21 个可编程 I/O 引脚。

飞思卡尔公司单芯片集成 SoC 主要有 MC1321x 系列芯片。该系列芯片集成了 MC9S08GT 微控制器和 MC1320x 收发信机，闪存可以在 16~60KB 的范围内选择，支持 IEEE 802.15.4 标准，还提供了一个集成的发送/接收（Transmit/Receive，T/R）开关；构建节点模块时，所需的外接元器件很少，可以进一步降低元器件成本和系统总成本；支持飞思卡尔公司的软件栈选项、SMAC、802.15.4 MAC 和 ZigBee 全协议栈。此外 MC13211 提供 16KB 的闪存和 1KB 的 RAM，非常适合采用 SMAC 软件的点到点或星形网络中的经济高效的专属应用使用。对于更大规模的网络构建，则可以使用具有 32KB 的内存和 2KB 的 RAM 的 MC13212 芯片。MC13213 具有 60KB 的内存和 4KB 的 RAM，提供可编程时钟、4MHz（或更高）频率运行的标准 4 线 SPI、外部低噪声放大器和功率放大器（Power Amplifier，PA）。

另外，Ember 公司早期推出过 EM250 芯片，该芯片内含 16 位低功耗微控制器、128KB 闪存、5KB RAM、2.4GHz 无线射频模块，同时提供 Ember ZNet 2.1 协议栈。目前最新的 Ember ZNet 协议版本已经迭代到 7.0，推出的芯片 EFR32MG13 内核为 ARM Cortex-M4，可工作于 2.4GHz 频段，闪存容量为 512KB，内存容量为 64KB。

目前常见的 ZigBee 芯片为 CC243x 系列、MC1322x 系列、CC253x 系列和 CC263x 系列。由于 CC263x 系列成本相对较高，因此下面只简要介绍前面 3 种系列芯片的特点。

1. CC243x 系列

CC2430/CC2431 是 TI 公司推出的用来实现嵌入式 ZigBee 应用的片上系统。它支持 2.4GHz IEEE 802.15.4/ZigBee 协议，是 TI 公司首个单芯片 ZigBee 解决方案。

CC2430/CC2431 片上系统家族包括 3 个不同产品：CC2430-F32、CC2430-F64 和 CC2430-F128。它们的区别在于内置闪存的容量不同，以及针对不同 IEEE 802.15.4/ZigBee 应用做了不同的成本优化。CC2430/CC2431 在单个芯片上整合了 ZigBee 射频前端、内存和微控制器。它使用 1 个 8 位 8051 内核，具有 32/64/128KB 可编程闪存和 8KB 的 RAM，还包含 ADC、定时器、AES-128 协同处理器、看门狗定时器、32kHz 晶振、休眠模式定时器、上电复位电路和掉电检测电路以及 21 个可编程 I/O 引脚。CC2430/CC2431 芯片有以下特点。

① 高性能、低功耗 8051 微控制器内核。

② 极高的灵敏度及抗干扰能力。

③ 强大的直接存储器访问（Direct Memory Access，DMA）功能。

④ 外围电路只需极少的外接元件。

⑤ 电流消耗小（当微控制器内核运行在 32MHz 时，RX 处的电流大小为 27mA，TX 处的电流大小为 25mA）。

⑥ 硬件支持 CSMA/CA。

⑦ 电源电压范围宽（2.0～3.6V）。

⑧ 支持数字化接收信号强度指示/链路质量指示（Received Signal Strength Indicator/Link

Quality Indicator，RSSI/LQI）。

2. MC1322x 系列

MC13224 是 MC1322x 系列的典型代表，是飞思卡尔公司研发的第三代 ZigBee 解决方案。MC13224 集成了完整的低功耗 2.4GHz 无线电收发器，内嵌 32 位 ARM 7 核的 MCU，是高密度、低元件数的 IEEE 802.15.4 综合解决方案，能实现点对点连接和完整的 ZigBee 网状网络。

MC13224 支持 IEEE 802.15.4 标准以及 ZigBee、ZigBee Pro 和 ZigBee RF4CE 标准，提供了优秀的接收器灵敏度和较强的抗干扰性、多种供电模式以及一套广泛的外设集（包括 2 个高速 UART、12 位 ADC、64 个 GPIO、4 个定时器、I^2C 等）。除了更强的 MCU 外，其还改进了射频输出功率、提高了灵敏度和选择性，在性能上超越第一代 CC2430 芯片，而且支持一般低功耗无线通信，还可以支持 ZigBee RF4CE 标准，以简化开发，因此可被广泛应用在住宅区和商业自动化、工业控制、卫生保健和消费类电子等产品中。其主要特性如下。

① 兼容 IEEE 802.15.4 标准射频收发器。

② 具备较高接收灵敏度和优秀的抗干扰能力。

③ 电路只需极少量的外部元件。

④ 可支持网状网络系统运行。

⑤ 内含 8KB 系统可编程闪存。

⑥ 内含 32 位 ARM7TDMI-S 微控制器内核。

⑦ 内含 96KB 的 SRAM 及 80KB 的 ROM。

⑧ 支持硬件调试。

⑨ 内含 4 个 16 位定时器及脉宽调制（Pulse-Width Modulation，PWM）。

⑩ 内含红外发射电路。

⑪ 内含 32kHz 的睡眠计时器和定时捕获。

⑫ 硬件支持 CSMA/CA。

⑬ 具有精确的数字化 RSSI/LQI 支持。

⑭ 内含温度传感器。

⑮ 内含两个 8 通道 12 位 ADC。

⑯ 内含 AES 加密安全协处理器。

⑰ 内含两个高速同步串口。

⑱ 具有 64 个通用 I/O 引脚。

⑲ 内含看门狗定时器。

3. CC253x 系列

CC253x 系列的 ZigBee 芯片主要是 CC2530/CC2531，它们是 CC2430/CC2431 的升级产品，在性能上要比 CC243x 系列稳定。CC253x 系列芯片是广泛使用于 2.4GHz 片上系统的解决方案，支持 IEEE 802.15.4 标准协议。其中 CC2530 支持 IEEE 802.15.4 以及 ZigBee、ZigBee Pro 和 ZigBee RF4CE 标准，且提供了 101dB 的链路质量指示，接收器具有较高的灵敏度和强抗干扰性能。CC2531 除了具有 CC2530 强大的性能和功能外，还提供了全速的 USB 2.0 兼容操作，支持 5 个终端。

CC2530/CC2531 片上系统家族包括 4 个不同产品：CC2530-F32、CC2530-F64、

CC2530-F128 和 CC2530-F256。和 CC243x 系列一样，它们的区别在于内置闪存的容量不同，以及针对不同 IEEE 802.15.4/ZigBee 应用做了不同的成本优化。

CC253x 系列芯片大致由 3 部分组成：MCU 和内存相关模块，外设、时钟和电源管理相关模块，无线电相关模块。

（1）MCU 和内存

CC253x 系列使用的 8051 MCU 内核是一个单周期的 8051 兼容内核。它有 3 种不同的存储器（SFR、DATA 和 CODE/XDATA）访问总线，以单周期访问 SFR、DATA 和 SRAM。它还包括一个调试接口和一个中断控制器。

内存仲裁器位于系统中心，它通过 SFR 总线，把 MCU 和 DMA 的控制器和物理存储器与所有外设连接在一起。内存仲裁器有 4 个存取访问点，每次访问都可以映射到以下 3 个物理存储器之一：8KB 的 SRAM、闪存存储器和 XREG/SFR。它负责执行仲裁，并确定同时到同一个物理存储器的内存访问顺序。

8KB 的 SRAM 映射到 DATA 存储空间和 XDATA 存储空间的某一部分。8KB 的 SRAM 是一个超低功耗的 SRAM，当数字部分掉电时能够保留自己的内容，这对于低功耗应用是一个很重要的功能。

32/64/128/256KB 闪存块为设备提供了可编程的非易失性程序存储器，可映射到 CODE 和 XDATA 存储空间。除了保存代码和常量，非易失性程序存储器允许应用程序保存必须保留的数据，这样在设备重新启动之后可以使用这些数据。

中断控制器提供了 18 个中断源，分为 6 个中断组，每组与 4 个中断优先级相关。当设备从空闲模式回到活动模式时，也会发出一个中断服务请求。一些中断还可以从睡眠模式唤醒设备。

（2）时钟和电源管理

CC253x 芯片内置一个 16MHz 的 RC 振荡器，外部可连接 32MHz 外部晶振。数字内核和外设由一个 1.8V 低差稳压器供电。另外 CC253x 包括一个电源管理功能，可以实现使用不同的供电模式，用于延长电池的寿命，有利于低功耗运行。

（3）外设

CC253x 系列芯片外设丰富，这些外设包括调试接口、I/O 控制器、两个 8 位定时器、一个 16 位定时器、ADC 和 AES 协处理器、看门狗电路、两个串口。此外 CC2531 还提供 USB 接口。

（4）无线收发器

CC253x 系列芯片内含一个与 IEEE 802.15.4 标准相兼容的无线收发器，内含数据包过滤和地址识别模块。MCU 可通过接口向无线收发器发出操作命令，进行处理数据、读取状态等操作。

2.5.4 ZigBee 应用集成方案

对开发者来说，以协议栈为基础进行项目开发本质上是在提供的协议栈上进行二次开发，需要开发者对协议栈结构和工作原理有较为深入的了解，熟悉协议栈实现的相关细节。这使得项目开发具有一定的难度，特别对于新入门开发者或者初学者来说，还需要一个较长的学习和熟悉的过程。为此，许多公司对相关协议栈进行二次封装，推出各类 ZigBee 应用模块，用户不需要了解过多的协议栈细节就可以利用该模块进行集成开发，从而加快产品开发进度，降低开发难度。

集成开发，从字面上讲就是利用已有成熟模块，将它们整合为特定应用系统的开发方法。这既符合社会分工要求，又能降低开发难度，加快开发进度，提高开发成功率。

目前市场上 ZigBee 应用模块较多，大多数以 TI 公司的协议栈和 CC2530 或 CC2630 构建而成。这些 ZigBee 应用模块内置 Z-Stack 协议，可以通过晶体管-晶体管逻辑（Transistor-Transistor Logic，TTL）串口、SPI 总线或者其他总线与控制器连接，开发者只需要编写组网配置程序，由控制器通过 TTL 串口、SPI 总线向 ZigBee 应用模块发送相关指令，模块接收指令后根据指令进行网络构建、数据发送和接收。由于串口通信相对简单，因此基于串口的 ZigBee 应用模块应用最为广泛。集成应用时，开发者可以先通过控制器向串口发送配置指令进行 ZigBee 组网参数设置；有的还提供按钮操作，开发者通过按钮操作就可以进行组网参数配置。模块根据配置参数进行 ZigBee 网络组建。网络组建后控制器可以直接通过串口发送数据。这时数据的发送和接收直接就和普通串口读写一样方便简单，开发者基本上不再涉及 ZigBee 协议栈内部内容。换句话说 ZigBee 协议栈对开发者来说是透明的，因此有时候这类模块叫作“透明传输模块”，简称“透传模块”。

此外，为适应不同的通信接口，大多数厂家还提供接口转换模块，如 UART 转 USB、UART 转 RS-232、UART 转 RS-485。

【任务实施】

2.6 智慧农业大棚无线测温系统技术路线和进度安排

《礼记•中庸》有云：“凡事预则立，不预则废。”意思是说不论做什么事，事先有准备，有计划，就能获得成功，不然就会失败。因此在着手进行项目开发之前，我们需要做好行动方案，按照计划推进。

2.6.1 无线测温系统技术路线

智慧农业大棚一般需要采集光照、空气与土壤的温湿度等数据，这些数据容量小，检测周期一般大于一分钟，因此对通信速率要求不高，每秒十几 kbit 的通信速率就能满足要求。由于大棚内不同种植区可能需要进行分区管理，加上棚内各点温湿度等参数可能会因位置不同而不同，因此为实现对大棚内物理环境进行精细化监控，同一个物理量需要进行多点采集，以便为精细化管理提供监控依据。

ZigBee 网络低速率、自组网的特点使得其适用于低速数据通信、多点部署场合，并且可以很方便地进行系统扩展。智慧农业大棚数据通信采用 ZigBee 网络技术是完全符合技术要求的，并且还具有成本低的优势，具有很强的可行性。

在 ZigBee 网络拓扑结构方面，由于星形网络覆盖范围有限，并不适合系统扩展。树形网络和网状网络更便于系统扩展，但网状拓扑结构具有更好的健壮性。

在 ZigBee 网络标识符、信道号等参数选择方面，可以由协调器根据扫描结果自行选择，也可以指定网络标识符和通信信道。

由于小王所在公司的主要业务是向客户提供物联网系统解决方案，作为小型系统集成服务商，没有技术和资金实力开发自己的 ZigBee 协议栈，所能采取的技术路径有两种方案。第一种方案就是以现有的协议栈为基础进行二次开发。不过协议栈的二次开发需要开发者对协议栈结构、工作原理等方面的知识和内容有较为深入的了解，开发者还需要一个学习和熟悉的过程，具有一定的难度。第二种方案就是在满足项目性能需求的前提下，利用现有成熟的 ZigBee 应用模块进行集成开发，这样公司的开发者不需要了解过多的协议栈细节就可以完成项目开发，这种方案对开发者的知识和技术基础要求不高，不仅能加快项目开发进度，还可以降低开发难度。

小王作为一个入职不久的新手，对 ZigBee 协议栈的了解并不够深入。此外项目开发时间紧迫，也没有过多的时间留给小王进行深入学习，因此项目经理和小王商定采用系统集成的方案进行项目开发。

系统集成，从字面上讲就是将具有一定功能的模块综合、整合为一个具有特定功能的系统的过程。在物联网应用系统集成中，就是以已有的成熟的软硬件为基础进行项目开发。在集成开发中，开发者首先需要熟悉和掌握相关功能模块产品特性、功能和二次开发要求，然后进行硬件整合和应用系统软件的开发。

根据系统集成设计方法和相关原则，在硬件集成方面，在满足功能要求的前提下，结合开发者已有知识和技能，尽量选用开发者熟悉且成熟的硬件模块进行硬件设计；在软件集成方面，通过模块化软件设计和软件重用开展项目软件设计。这样就可以加快开发进度，少走弯路，提高开发成功概率。

2.6.2 无线测温系统组网方案

在 ZigBee 无线传感器网络中，按照功能模块划分，网络中的节点可以分为 3 类，分别是协调器、路由器和终端设备。一个 ZigBee 网络中，必须有一个并且只能有一个协调器，路由器和终端设备可以有多个。BHZ-CC2530-PA ZigBee 应用模块只有两种功能可以选择，即协调器功能或者路由器功能，不能用作终端设备。同时为方便系统扩展，所构建的 ZigBee 网络采用网状网络结构，并且网络中只包含路由器节点和协调器节点，并不包含终端设备节点。

在网状网络中，汇聚节点和测温节点配置方案有以下两种，分别如下。

方案 1：将汇聚节点配置为协调器，测温节点配置为路由器。

方案 2：将汇聚节点配置为路由器，将测温节点中的一个配置为协调器，其他的配置为路由器。

因为本系统所使用的 BHZ-CC2530-PA ZigBee 应用模块支持路由器和协调器之间的数据透明传输模式，路由器在发送数据时，在不需要指定接收方地址的情况下，默认是发送给协调器的，因此在进行系统扩展时，所增加的测温节点与其他的测温节点的功能和软件设计完全相同，不需要进行重新设计。

而在方案 2 中，以路由器作为汇聚节点时将不能使用透明传输模式，其他节点在将数据发送给该汇聚节点时，需要在数据发送指令中给出汇聚节点所对应的地址。如果使用 IEEE 地址，必然会增加通信开销；如果使用短地址，则需要查询汇聚节点的地址，无疑会增加软件设计的复杂性。而方案 1 就不存在这样的问题，软件设计要简化许多。

在方案 1 中，无线测温子系统设计可以分为两个方面，一个是汇聚节点设计，汇聚节点上的 ZigBee 应用模块被配置为协调器，因此汇聚节点就是 ZigBee 网络中的协调器节点（后续将以协调器节点进行指代）。协调器节点不设定本地温度检测功能，因此协调器节点硬件上不需要有温度检测模块。控制器模块是核心模块，它通过串口和 ZigBee 应用模块连接，对 ZigBee 应用模块进行组网参数配置，配置内容包括将 ZigBee 应用模块设定为协调器，设定工作频道和网络号。ZigBee 应用模块配置启动完成后将依据网络配置参数建立 ZigBee 网络，同时接受路由器节点加入网络，完成 ZigBee 网络构建。ZigBee 应用模块会将接收到的温度数据发送给控制器模块，再由控制器模块将其显示在显示模块上。路由器节点上搭载有温度检测模块，同时，和协调器一样，节点上的控制器模块通过串口和 ZigBee 应用模块连接，对 ZigBee 应用模块进行组网参数设置，将 ZigBee 应用模块设定为路由器，设定工作频道和网络号，配置完成重启之后将加入协调器节点所构建的 ZigBee 网络。然后控制器模块周期性地向温度检测模块发送测温指令，温度检测模块接收到测温指令后将返回所检测的温度数据，控制器模块对接收到的温度数据进行处理后将处理结果显示在显示模块上，同时通过串口发送给 ZigBee 应用模块，ZigBee 应用模块将串口发送过来的温度数据通过 ZigBee 网络发送给协调器。

2.6.3 无线测温系统器件选型

1. 控制器选择

从系统功能上来看，系统对数据传输速率要求不高，功能要求简单，节点规模不大。因此控制器选用曾经学习过的 51 系列单片机就能保证控制功能要求。控制器模块可以自制，也可以采购现成的模块。在社会化分工的背景下，如果需求量不大，相比较而言，自制环节多、成本高，因此我们不采用自制，而是直接购买市场上提供的成熟的 51 单片机开发板作为控制器。

2. 温度检测模块选择

目前在市场上有许多现成的温度检测模块。通过市场调研（如借助淘宝网进行检索，可了解市场供给情况），我们发现有一款名为 DS18B20 的温度检测模块的温度检测范围符合需要，并且价格低、精度较高、功耗低、接口简单。因此本系统选用 DS18B20 作为温度检测模块。

3. 显示模块选择

在显示模块方面，作为学习案例，可选用 LCD1602 作为显示模块，这主要出于经济方面的考虑。另外在单片机相关课程中也介绍了 LCD1602 模块的使用，这是出于熟悉程度方面的考虑。

4. ZigBee 应用模块选择

目前市场上有许多 ZigBee 应用模块，这些 ZigBee 应用模块已经内置 Z-Stack 协议栈，并且这些模块提供了串口。用户可以通过串口对这些模块进行配置，数据发送和接收都可以通过串口来进行，就和读取普通串口一样简单方便。本任务选择江苏博宏物联网科技有限公司生产的基于 CC2530 芯片的 BHZ-CC2530-PA ZigBee 应用模块。

2.6.4 无线测温系统开发进度安排

在无线测温系统开发进度安排中，按照先易后难、先熟悉后陌生、先基础功能后核心功能的原则进行分步实施，通过硬件“搭积木”和软件重用的方式推进系统开发。具体来说后续可按照图 2-7 所示进度安排进行系统开发。

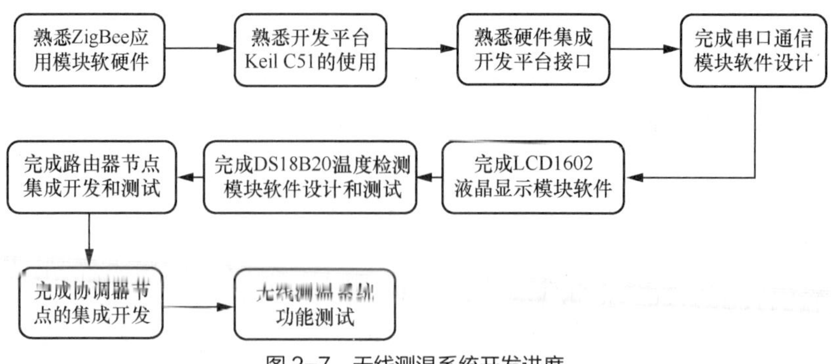

图 2-7　无线测温系统开发进度

熟悉 ZigBee 应用模块后，掌握 Keil C51 软件开发平台和硬件开发平台，之后依次开始串口通信模块、LCD1602 液晶显示模块、DS18B20 温度检测模块软件设计和测试，在此基础上，通过软件集成完成无线传感器网络系统路由器节点设计和协调器节点设计，最后进行无线测温系统功能测试。

【实施记录】

对照任务设计要求，结合已有知识进行智慧农业大棚结构设计，并列出相关方案优缺点，确定最终方案，并将设计过程记录在表 2.2 中。

表 2.2　智慧农业大棚解决方案比较和分析

ZigBee 技术方案比较		
方案类型	优点	缺点
单芯片集成 SoC		
ZigBee 应用集成		
技术基础和项目需要分析		
最终技术方案选择		

续表

ZigBee 组网方案选择		
方案类型	优点	缺点
方案 1		
方案 2		
最终方案选择		

【任务小结】

在本任务的学习中，小王初步了解了常见的 ZigBee 协议栈、ZigBee 技术解决方案历史发展过程和现状。结合企业自身情况选择了系统集成开发的技术路线，完成了智慧农业大棚项目中无线测温系统的总体设计、硬件选型、ZigBee 组网方案选择和系统开发进度安排等相关工作。

本任务知识点较多，主要涉及 ZigBee 技术产生的背景、发展历史和特点，掌握这些知识有利于工作中的无线通信技术方案的选择；ZigBee 协议分层结构、协议各层中主要参数和术语、网络的组建过程，掌握这些知识能大致把握 ZigBee 网络构成要素，对 ZigBee 技术集成开发具有一定的指导作用。

【知识巩固】

一、填空题

1. ZigBee 技术有低________、低________、低________、低________等特点。

2. ZigBee 高可靠性是指________________。

3. 通信协议是指________________。

4. 通信原语是指________________。

5. ZigBee 技术解决方案主要有________、________、________和________4 种。

6. ZigBee 协议分为 4 层，分别是________、________、________、________。

7. 网络号用________表示，它以________位二进制数来进行标识，用十六进制数表示时，其取值范围为________。

8. 按照协议的开源特性，ZigBee 协议栈分为________、________和________3 种。

9. 常见的非开源的 ZigBee 协议栈包括飞思卡尔公司推出的________和微芯公司推出

的________；TI 公司推出的半开源的协议栈为________；开源的 ZigBee 协议栈有________。

二、选择题

1. 物理层在硬件驱动程序的基础上，实现数据传输和物理信道的管理。主要功能不包括(　　)。
   A. 工作频段的分配
   B. 信道的分配
   C. 为 MAC 层服务提供数据服务和管理服务
   D. 流量控制
2. 以下叙述不正确的是（　　）。
   A. FFD 之间以及 FFD 和 RFD 之间都可以相互通信
   B. RFD 只能与 FFD 通信
   C. RFD 不能与其他 RFD 通信，只能通过 FFD 周转
   D. RFD 只能与 RFD 通信
3. 以下通信频段中，（　　）不是 IEEE 802.15.4 标准所定义的。
   A. 2.4GHz　　B. 868MHz　　C. 915MHz　　D. 433MHz
4. 以下叙述不正确的是（　　）
   A. IEEE 802.15.4 标准定义的每个信道通信速率相同
   B. 868MHz 频段定义了 1 个信道
   C. 915MHz 频段定义了 10 个信道
   D. 2 400MHz 频段定义了 16 个信道
5. 以下不是 IEEE 地址的别称是（　　）。
   A. 扩展地址　　B. MAC 地址　　C. 长地址　　D. 短地址
6. 以下有关 ZigBee 网络层功能叙述错误的是（　　）。
   A. 网络层负责拓扑结构的建立和网络连接的维护
   B. 完成设备的路由发现、路由维护和更新
   C. 完成对单跳邻居设备的发现和相关节点信息的存储
   D. 为新加入的设备分配短地址
7. 以下关于 ZigBee 网络拓扑结构描述错误的是（　　）。
   A. ZigBee 网络拓扑结构有星形拓扑结构、树形拓扑结构和网状拓扑结构 3 种
   B. 星形拓扑结构由一个协调器和若干个终端构成
   C. 树形网络可以看作由一个协调器和多个星形结构连接而成，协调器下的网络节点可以是路由器，也可以是终端
   D. 网状网络中任意两个在彼此通信范围内的路由设备不可以进行直接通信
8. 有关间接通信与直接通信的描述错误的是（　　）。
   A. 间接通信是指节点之间通过端点的“绑定”建立通信关系，不需要知道目标节点的地址信息
   B. 直接通信是指不需要节点之间通过绑定建立联系，直接使用节点地址来实现通信
   C. 由于协调器的网络短地址是固定为 0x0000 的，因此直接通信常用于设备和协调器之间的通信
   D. 间接通信是指数据需要其他节点周转

9. 关于 ZigBee 网络组建，下列叙述错误的是（　　）。
   A. 网络是由协调器发起建立的，建立后其他节点加入网络中
   B. 网络构建时，协调器需要确定网络号、信道号，然后根据这些参数建立网络
   C. 其他节点是根据网络号、信道号加入网络的
   D. 节点加入网络只能通过协调器加入

【知识拓展】

其他常见短距离无线通信技术

在短距离无线通信领域，除了 ZigBee 技术之外，还有诸如无线局域网（Wi-Fi）、超宽带（Ultra Wide Band，UWB）通信、近场通信（Near Field Communication，NFC）、蓝牙（Bluetooth）、红外线数据协会（Infrared Data Association，IrDA）通信、远距离无线电（Long Range Radio，LoRa）等技术。

Wi-Fi 最大的特点是便携性，可满足用户“最后 100m”的通信需求，主要用于解决办公室无线局域网和校园网中用户与用户终端的无线接入。较高的带宽是以较高的功耗为代价的，因此大多数便携 Wi-Fi 装置都需要较高的电能储备，这限制了它在低功耗场合的应用和推广。其相对于 ZigBee 的缺点在于功耗大、成本高、协议开销大、需要接入点（Access Point，AP）。Wi-Fi 是一个无中继转发能力的单跳网，设备只能连接到 AP。AP 之间的连接、AP 与其他网络的连接都通过常规的有线以太网。另外 Wi-Fi 安全性较弱。

UWB 是指信号相对带宽（即信号带宽与中心频率之比）大于 25%或绝对带宽大于 500MHz，工作频率范围为 1～10.6GHz 频段的技术。UWB 通信距离短，传输速率高，能在 10m 左右的范围内实现数百 Mbit/s 至数 Gbit/s 的数据传输速率。但是 UWB 系统可能会干扰现有其他无线通信系统。UWB 和 ZigBee 可以互为补充，构成很多种应用，如智慧家庭网络系统。

NFC 是类似于射频识别技术（Radio Frequency IDentification，RFID）的短距离无线通信技术标准。与 RFID 不同，NFC 采用了双向的识别和连接技术，其传输速率范围为 106kbit/s～424kbit/s，通信距离在十几厘米之内。

蓝牙工作在 2.4GHz 的频段，通信距离一般小于 10m。蓝牙的主要不足在于每个蓝牙微网络最多只能配置 7 个节点，因此制约了蓝牙在大型传感器网络中的应用。ZigBee 工作频段为 2.4GHz 时，和蓝牙共同工作时会存在相互干扰的情况。根据经验，2.4GHz 频段的 11、14、15、19、20、24、25 这 7 个频道的干扰相对最小。

IrDA 通信技术是一种利用红外线进行点对点通信的技术。IrDA 通信的不足在于它是一种视距传输，两个相互通信的设备之间必须对准，中间不能被其他物体阻隔，且只能用于 2 台设备之间的连接，并且通信距离短，一般情况下不超过几米，这些特点限制了 IrDA 通信的应用范围。

LoRa 相对于 ZigBee 来说，也具有低功耗的优点，同时还具有定位、通信距离更长等优点。但 ZigBee 通信速率比 LoRa 的高，网络稳定性更好，并且更适合室内。

当然，所有的短距离无线通信技术没有优劣之分，每一种短距离无线通信技术都有自己的特点和应用场合，并且能够共用以便相互协作，因此在实践中要根据应用场景选择合适的短距离无线通信技术。

工作进程3 ZigBee应用模块特性与测试

【任务概述】

小王在工作进程3中的主要任务是了解和掌握典型ZigBee应用模块的电气、机械、组网特性和配置方法，为后续集成开发做好准备。

【学习目标】

价值目标	1. 通过产品介绍，了解国内产业现状，树立产业安全意识 2. 对照产业分工，确定个人努力方向 3. 养成了解生产实践和调查研究的工作习惯
知识目标	1. 了解 BHZ-CC2530-PA 模块机械尺寸 2. 了解 BHZ-CC2530-PA 模块电气特性和外部接口 3. 了解 BHZ-CC2530-PA 模块通信方式 4. 了解 BHZ-CC2530-PA 模块组网特性
技能目标	1. 会使用模块手册查阅相关信息 2. 会使用相关指令进行 ZigBee 应用模块组网配置和检测

【知识准备】

目前，国内提供 ZigBee 应用模块的主要有深圳市中鼎泰克电子有限公司、成都亿佰特电子科技有限公司、苏州博宏物联网科技有限公司等。这些公司生产的 ZigBee 应用模块的使用方法大致相同，所以这里选用苏州博宏物联网科技有限公司生产的 BHZ-CC2530-PA ZigBee 应用模块为例进行详细介绍。熟悉该公司的 ZigBee 应用模块也能够快速上手应用其他公司生产的模块。

3.1 BHZ-CC2530-PA 应用模块特点

BHZ-CC2530-PA 是苏州博宏物联网科技有限公司推出的一款 ZigBee 应用模块产品，该产品与深圳市中鼎泰克电子有限公司的 DRF1605 系列产品的性能基本一致，操作指令几乎完全相同。这些 ZigBee 应用模块采用 TI 公司生产的芯片 CC2530F256，作为单芯片内置 RF 模块的 ZigBee 解决方案，具有成本低、可靠性高的优点。应用模块内置二次封装的 Z-Stack 协议栈，具有 ZigBee 2007/Pro 协议的全部特点。使用时，上位机只需要通过串口，利用模块预定义的一系列的指令就可以完成 ZigBee 网络参数配置及数据的发送和接收。通过协议栈的二次封装，开发人员不必深入协议栈内部，使用时可以将其当作无线的串口连接，基本上和普通串口一样简单，降低了协议栈的使用难度和开发难度，有利于缩短产品开发周期，提高新产品开发成功率，因此在企业界广受欢迎，应用非常普遍。

BHZ-CC2530-PA ZigBee 应用模块主要特点如下。

1. 自动组网

上电即用是 ZigBee 应用模块的主要特点，模块内置默认配置参数，因此所有的模块上电即自动组网，协调器自动给所有的节点分配地址，不需要用户手动分配地址，协调器网络组建和路由器加入网络均自动完成。

2. 简单易用

使用时用户不需要了解复杂的 ZigBee 协议，所有的 ZigBee 协议的处理部分，在 ZigBee 应用模块内部自动完成，用户只需要通过串口传输数据即可，是目前市场上应用 ZigBee 较简单的方式。使用该产品时，不用考虑 ZigBee 协议实现细节，可实现串口数据透明传输，数据传输方式简单。串口数据透传是指协调器从串口接收到的数据会自动发送给所有的节点，某个节点从串口接收到的数据会自动发送给协调器。此外模块还提供了在任意节点间进行数据传输的模式。

3. 唯一 IEEE 地址

ZigBee 应用模块采用的 TI 公司的 CC2530F256 芯片，出厂时已经自带 IEEE 地址，用户无须另行购买 IEEE 地址，IEEE 地址可作为 ZigBee 应用模块的标识。

4. 节点类型可配置

用户可通过串口指令更改模块的节点类型，支持协调器和路由器两种节点类型。

5. 工作频段为 2.4GHz，信道选择可配置

用户可通过串口指令更改模块使用的无线电频道。

6. I/O 口丰富

CC2530 芯片 I/O 口全部引出，方便用户扩展。串行数据传输内置 RS-485 方向控制，可直接驱动 RS-485 芯片。

7. 底板类型丰富，以满足不同的需要

厂家配套了 3 种类型的底板，分别是 USB 底板、RS-232 底板、RS-485 底板。USB 底板可将 UART 转换为 USB 接口，RS-485 底板可将 UART 转换为 RS-485 接口，而 RS-232 底板可将 UART 转换为 RS-232 接口。

3.2 BHZ-CC2530-PA 模块参数

模块参数主要涉及机械和电气参数两个方面。

3.2.1 BHZ-CC2530-PA 外观和引脚功能

BHZ-CC2530-PA 外观如图 3-1 所示。其中图 3-1（a）为 BHZ-CC2530-PA 顶视图，

图3-1（b）为BHZ-CC2530-PA底视图。

（a）BHZ-CC2530-PA顶视图

（b）BHZ-CC2530-PA底视图

图3-1　BHZ-CC2530-PA外观

BHZ-CC2530-PA内部结构顶视图如图3-2所示。

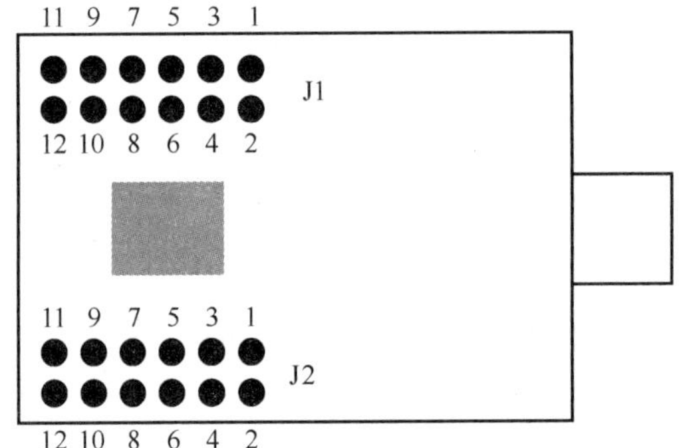

图3-2　BHZ-CC2530-PA内部结构顶视图

BHZ-CC2530-PA接口引脚功能如表3.1所示。

表3.1　BHZ-CC2530-PA接口引脚功能

J1接口		J2接口	
引脚序号	引脚功能	引脚序号	引脚功能
1	Debug_D	1	Reset_H
2	Debug_D	2	P0.0
3	P1.7	3	SW1
4	P2.0	4	RX
5	P1.5	5	TX
6	P1.6	6	CTS
7	P1.3	7	RTS
8	P1.4	8	P0.6
9	LED_2	9	P0.7
10	P1.2	10	LED_1
11	NC	11	GND
12	NC	12	3.3V IN

从表 3.1 可以看出，在 J2 接口中，11 脚为电源负极输入端，12 脚为模块工作电压正极输入端，4 脚为 CC2530 串口 RX 端，5 脚为 CC2530 串口 TX 端，1 脚为模块复位信号输入引脚。CC2530 的 P0 口、P1 口和 P2 口各有部分引脚引出。此外，模块还提供了调试、外接按键和指示灯端口。

3.2.2 BHZ-CC2530-PA 电气参数

BHZ-CC2530-PA 模块电气参数如表 3.2 所示。

表 3.2 BHZ-CC2530-PA 模块电气参数

参数	说明
输入电压	标准：DC 3.3V。范围：2.6~3.6V
温度范围	-40~85℃
串口波特率	38 400baud（波特，默认），可设置 9 600baud、19 200 baud、38 400 baud、57 600 baud、115 200 baud
无线频率	2.4GHz（2 460MHz），用户可通过串口指令更改频道（2 405~2 480MHz，步长：5MHz）
无线协议	ZigBee 2007
传输距离	可视，开阔，传输距离可达 400m
工作电流	发射：34mA（最大）。接收：32mA（最大）。待机：30mA（最大） 用户可定制低功耗模块（标准模块没有此功能）
接收灵敏度	-96dBm
主芯片	CC2530F256，256KB 闪存，ZigBee SoC 芯片
可配置节点	可配置为协调器、路由器 出厂默认值为：路由器，PAN ID 为 0x199B，频道为 22（2 460MHz）
接口	通用异步串行口 3.3V 电平逻辑；内置 RS-485 方向控制，可直接驱动 RS-485 芯片、RS-232 芯片；可直接驱动 USB 转 RS-232 芯片

3.2.3 BHZ-CC2530-PA 机械参数

BHZ-CC2530-PA 机械参数如图 3-3 所示。

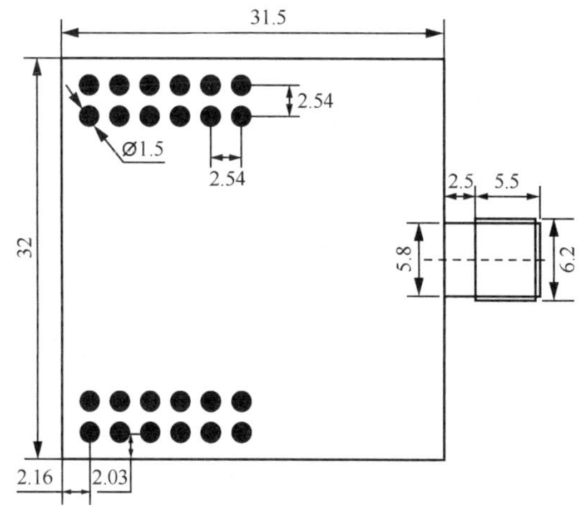

图 3-3 BHZ-CC2530-PA 机械参数（顶视图，单位：mm）

了解机械参数可便于部件尺寸设计，防止出现尺寸不匹配，造成安装不便。

3.2.4 BHZ-CC2530-PA 与其他模块连接方法

BHZ-CC2530-PA 可以根据不同对象采用不同的连接方法：

（1）插入 USB 底板，可连接至计算机的 USB 口（USB 转串口）；

（2）插入 RS-485 底板，可转换成 RS-485 功能；

（3）BHZ-CC2530-PA 的管脚间距是 2.54mm 或 2.54mm 的整数倍，可以直接插在应用板上使用；

（4）BHZ-CC2530-PA 可方便与任何有串口，并且串口逻辑电平匹配的 MCU 连接，如 C51、ARM、MIPS 等。

在和 MCU 连接时，需要注意的是，BHZ-CC2530-PA 模块的 TX、RX 数据线要和 MCU 的 TX、RX 口线交叉连接，即 BHZ-CC2530-PA 模块的 TX 和 MCU 的 RX 口线连接，BHZ-CC2530-PA 模块的 RX 和 MCU 的 TX 口线连接。连接方法如图 3-4 所示。

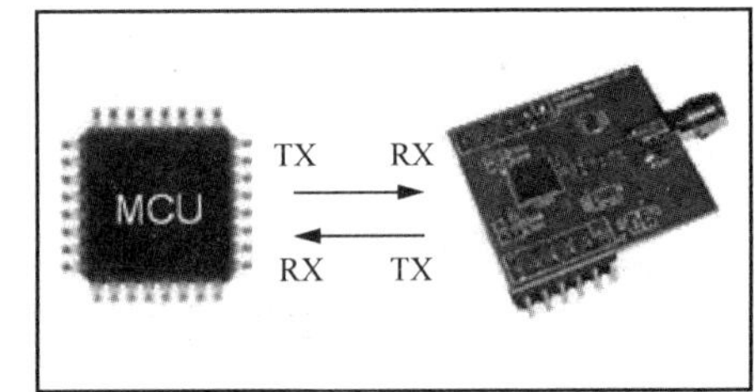

图 3-4　BHZ-CC2530-PA 模块与 MCU 串口交叉连接示意图

此外还需要注意的是，BHZ-CC2530-PA 模块工作电压为 3.3V，这和 8051 单片机工作电压为 5V 并不相同，当然有的单片机工作电压也是 3.3V。如果 BHZ-CC2530-PA 模块工作电压和所连接的 MCU 工作电压不同，串口输出的高低电平会有所不同，不过无论是 5V 供电的 TTL 还是 3.3V 供电的 TTL，其输入低电平都必须在 0.8V 以下，输入高电平都必须在 2.0V 以上。因此在这种情况下不需要考虑进行电平转换。TTL 电平驱动金属-氧化物-半导体（Metal-Oxide-Semiconductor，MOS）器件的时候需要考虑这个问题。

3.3 BHZ-CC2530-PA ZigBee 组网特性

BHZ-CC2530-PA 模块只能用作协调器或者路由器，不支持终端节点，因此不支持星形网络组建。BHZ-CC2530-PA 可方便地组建如图 3-5 所示的 ZigBee 网状网络。图中带字母“C”的节点为协调器，带字母“R”的节点为路由器。

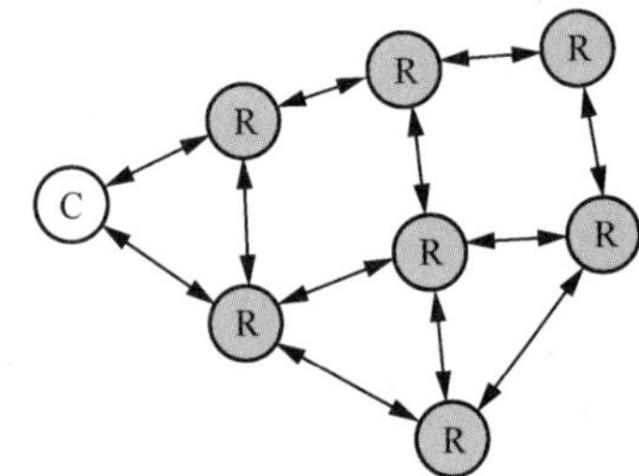

图 3-5　BHZ-CC2530-PA 构建网状网络

ZigBee 网状网络具有以下特点：

（1）ZigBee 网状网络由 1 个协调器加 n 个路由器组成；

（2）每个节点既能收发数据，也能充当路由器，转发数据；

（3）网络内任意节点之间都能通信，即使有部分节点断电（包括协调器），两个节点间也能通信；

（4）网络内的每一个节点（协调器、路由器）均具有网络保持功能，只要有一个节点处于运行状态，则新的节点可通过这个节点加入网络；

（5）节点加入后，自动获得 ZigBee 网络分配的地址，并保持该网络地址不变；

（6）路由的计算是自动的，转发的数据并不依赖于通过哪个节点加入网络；

（7）当一个 ZigBee 网络（网状网络）形成后，路由器获得的网络地址（即短地址，Short Address）是不变的，可作为点对点数据传输的地址使用；

（8）即使协调器掉电，路由器仍然在保持网络，所以任意两个路由器之间仍然能够通信；

（9）即使协调器掉电，当有新的节点加入时，仍然能够通过现有的路由器获得地址，加入网络。

也可以构建如图 3-6 所示的树形网络。从图 3-6 中可以看出，BHZ-CC2530-PA 所构建的树形网络深度最大为 6，网路节点包括 1 个协调器和 *n* 个路由器，总共支持 9 331 个节点。

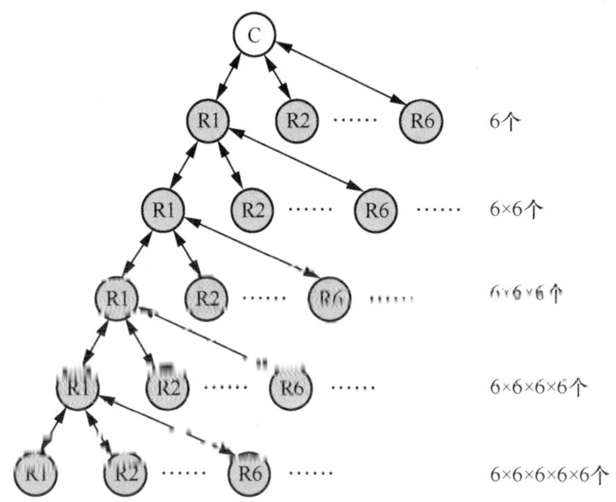

图 3-6　BHZ-CC2530-PA 构建树形网络

BHZ-CC2530-PA 所构建的树形网络具有如下特点：

（1）网络深度不超过 6；

（2）每个父节点最多只能有 6 个子节点；

（3）子节点通信需要父节点中转。如果父节点损坏，则其下的子节点将不能和其他节点进行通信。

由此可见，BHZ-CC2530-PA 所构建的树形网络理论上的节点数量较少，树形网络的健壮性比网状网络要差。因此网状网络应用较为广泛。

3.4 BHZ-CC2530-PA 模块可支持的节点类型

ZigBee 网络具有 3 种网络形态节点：协调器、路由器、终端。协调器通常定义为不能掉电的设备，没有低功耗状态，当 BHZ-CC2530-PA 用作协调器时，就可以用来创建一个 ZigBee 网络，当有节点加入时，协调器将给子节点分配地址。BHZ-CC2530-PA 用作协调器上电之后，可以以默认的 PAN ID 配置构建 ZigBee 网络。如果在同一通信覆盖范围内存在两个 BHZ-CC2530-PA，并且都用作协调器，而且使用默认 PAN ID，那么后上电的协调器的 PAN ID 会自动加 1，以避免 PAN ID 相同而产生冲突。

BHZ-CC2530-PA 还可用作路由器，负责转发资料包，寻找最合适的路由路径，当有节点加入时，可为节点分配地址，路由器通常也被定义为具有电源供电的设备，一般情况下不能进入低功耗状态。每个 ZigBee 网络可能需要多个路由器，每个路由器可以收发数据也可以转发数据，当一个网络全部由协调器（1 个）及路由器（多个）构成时，这个网络就是真正的网状网络，每个节点发送的数据全部自动路由到达目标节点。

需要注意的是，通过特别定制，BHZ-CC2530-PA 可支持终端节点配置。终端节点工作时，首先要选择已经存在的 ZigBee 网络加入，终端节点可以收发数据，但是不能转发数据。终端节点通常定义为电池供电设备，可周期性唤醒并执行设定的任务，具有低功耗特征。每个 ZigBee 网络可能需要多个终端节点，终端节点通常在周期性“醒”来时，“问”自己的父节点是否有传输给自己的数据，并执行设定的任务。所以，终端节点通常适合接收少量的数据，周期性地发送数据。不过通用的 BHZ-CC2530-PA 模块不支持终端节点配置。

当一个 ZigBee 网络非常大时，如节点超过 300 个时，小范围的路由器太多，可能引起数据的过分转发而造成网络拥塞，此时，可将部分不进行中转的节点配置为终端节点，以减少路由器数量。对于只进行数据传输应用的 ZigBee 网络，网络通常配置 1 个协调器+n个路由器（全功能节点），不需要终端节点。

ZigBee 应用模块只支持两种类型的节点，即协调器节点及路由器节点，因此可以很方便地构建网状网络。在网状网络内，所有的节点必须具有相同的频道及 PAN ID。

BHZ-CC2530-PA 模块出厂时的默认配置如下：

（1）节点类型全部为路由器（从节点）；

（2）PAN ID 为 0x199B；

（3）频道为 22（2 460MHz）。

3.5 BHZ-CC2530-PA 组网配置

1. BHZ-CC2530-PA 模块初次组网配置流程

步骤 1：将某个模块的节点类型配置为协调器（主节点），然后重启模块。

步骤 2：将这个协调器的 PAN ID 改为设定的值（如 0x1234，范围：0x0001～0xFF00），以防止与默认值冲突。设定完成后，关闭模块供电。

步骤 3：将需要加入这个协调器的路由器的 PAN ID 改为相同的值（只寻找具有相同 PAN ID 的网络）（或改为 0xFFFF，自动寻找任意网络），然后模块断电。

步骤 4：将其他的路由器按步骤 3 修改 PAN ID，修改完成后断电。

步骤 5：先打开协调器的电源，等待协调器启动完成，大约 5s 左右。

步骤 6：再打开其他路由器的电源，大约 3s 后，路由器将会自动加入协调器组建的网络。

2. BHZ-CC2530-PA 模块网络配置变更

（1）如果要将某个网络内的路由器加入另一个网络，则只需要将这个节点的 PAN ID 改为另一个网络的 PAN ID（或 0xFFFF），重启这个节点，则这个节点会自动加入网络。

（2）不要试图将某个协调器加入一个已经存在的网络，即使可以加入，这个联网也是不牢固的，协调器掉电重启后可能会退出网络。

（3）当一个网络正常运行时，不要试图再次设定协调器的 PAN ID，即使是同样的 PAN ID，因为协调器重启后，若扫描到有相同 PAN ID 的网络，则自己的 PAN ID 会自动加 1，导致协调器退出当前网络。

3.6 ZigBee 网状网络数据传输方式

BHZ-CC2530-PA ZigBee 应用模块数据传输功能非常简单易用，有两种数据传输方式，即透明传输和点对点传输。

3.6.1 数据透明传输方式

透明传输顾名思义就是用户在进行数据发送时不会涉及下层的协议处理等操作，也就是说，下层的协议操作对用户来说是透明的，用户是看不见的。这时数据传输对用户来说和普通连线中的数据直接传输没有什么两样。数据传输时无须指定目标地址，自动将数据发送给特定对象。

在透明传输方式中，协调器从串口接收到数据后，会自动发送给所有的节点。如图 3-7 所示，协调器从模块串口接收到数据 0x0102，会将该数据向所有其他节点广播，所有其他节点将接收到数据 0x0102。路由器将接收的数据转发给周边节点。

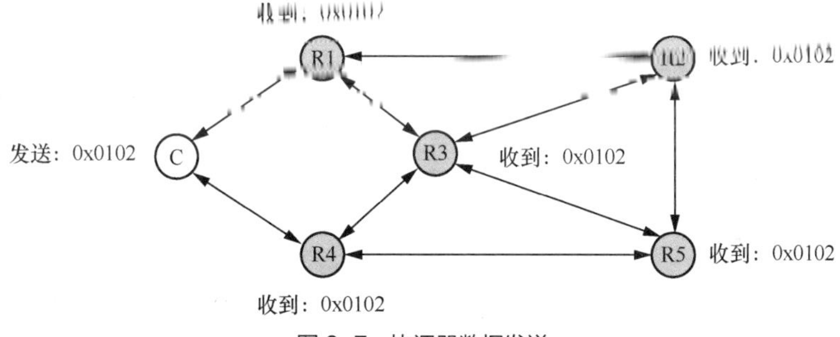

图 3-7 协调器数据发送

在透明传输方式中，某个节点从串口接收到的数据，会自动发送到协调器。如图 3-8 所示，路由器节点 R2 从模块串口接收到数据 0x0304，经过部分路由器转发，最后协调器收到数据 0x0304。

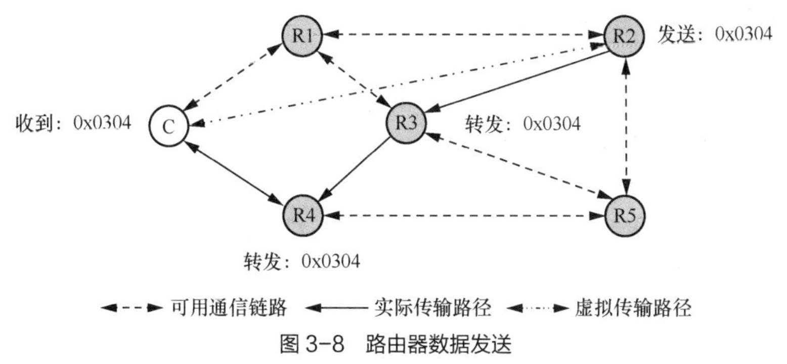

图 3-8 路由器数据发送

由此可见，任意一个节点与协调器之间类似于电缆直接连接。

在 BHZ-CC2530-PA ZigBee 应用模块构建的 ZigBee 网络中，只要发送的第一个字节不是

0xFE、0xFD 或 0xFC，则自动进入数据透明传输方式。

另外只要数据包的头与设置指令不一样，也会被当成数据透明传输，但建议用户将数据透明传输的数据包的第一个字节设定为非 0xFE、0xFD 或 0xFC，如 0xA7 等。如果在需要发送的数据中，第一个字节必须是 0xFE、0xFD 或 0xFC，则需要进行转义处理。

透明传输支持数据包变长，具体数据包长度不需要先行配置，但是数据包长度不能超过 256B。一般应用建议每个数据包长度在 32B 之内，以减少受干扰的可能性。

表 3.3 列出了在正常室内条件下，上位机采用串口调试助手 SSCOM3.2，串口波特率为 38 400baud 的情况下，模块间距离为 2m，模块间无遮挡、连续发送和接收 100KB、无误码、连续测试 10 次时测得的通信最小时延，可供开发时参考。

表 3.3　数据透明传输的性能

数据传输方向	数据包长度/B	最小时延/ms
路由器→协调器	16	20
	32	20
	64	20
	128	50
	256	200
	>256	不能传输
协调器→路由器	16	100
	32	100
	64	100
	128	200
	256	500
	>256	不能传输

一般情况下，随着模块之间的传输距离增加，有效传输速率会降低，通信时延也会增加。如果数据由协调器发送到路由器，传输方式是广播方式，则传输速率会比较低。所以在一般应用条件下，建议每个数据包长度为 32B，间隔 200～300ms 传输，能保证数据传输有效性。

3.6.2　点对点数据传输方式

点对点数据传输方式是指 ZigBee 通信网络中的任意两个节点都可以进行数据传输。由于点对点传输需要指明接收方地址，因此 BHZ-CC2530-PA ZigBee 应用模块提供了特定的数据发送指令进行点对点数据传输。

发送指令格式：数据传输指令（0xFD）+数据长度+目标地址+数据。

指令中的目标地址可以是短地址，也可以是长地址；数据长度不超过 32B，并且是有效载荷的数据长度，即目标地址之后的数据长度。具体的指令格式如图 3-9 所示。需要注意的是，指令中的数据都是十六进制数格式。

图 3-9　点对点数据传输指令格式

发送、接收数据过程如图 3-10 所示。

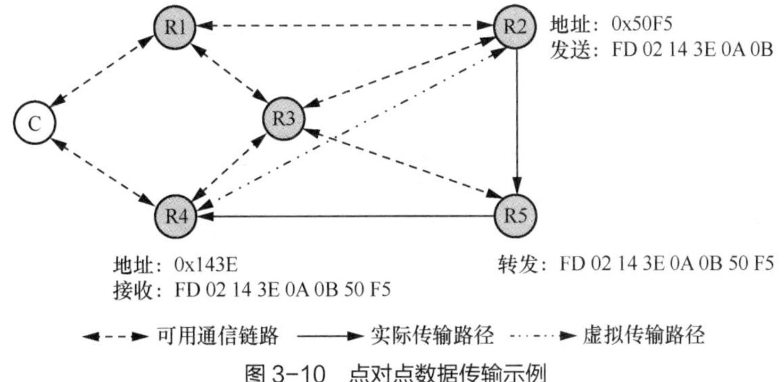

图 3-10　点对点数据传输示例

例如，短地址为 0x50F5 的节点向地址为 0x143E 的目标节点发送数据 0x0A0B 时，其指令为：FD 02 14 3E 0A 0B。

指令中各个字段含义分别如下所示。

FD：数据传输指令。

02：数据区的数据长度，即所发送数据 0x0A0B 字节个数为 2。

14 3E：目标地址。

0A、0B：数据 0x0A0B。

接收方会接收到发送方的全部数据，同时会在最后增加来源地址（两个字节），然后通过串口向上位机提交，所以上位机接收到的数据格式如图 3-11 所示。

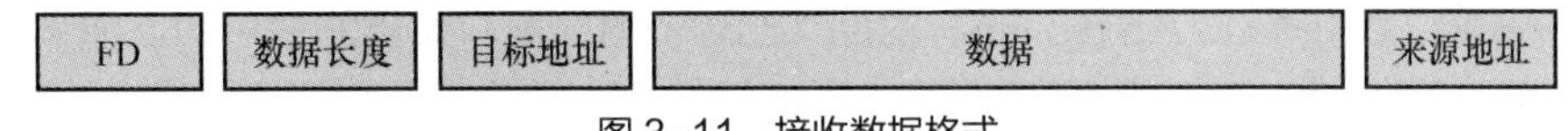

图 3-11　接收数据格式

由图 3-10 可以看出接收到的数据就是原始发送指令再加来源地址（就是发送方地址）。

地址为 0x143E（短地址）的接收方接收到的数据为：FD 02 14 3E 0A 0B 50 F5。

指令中各个字段含义分别如下所示。

FD：数据传输指令。

02：数据区数据长度，共 2 个字节。

14 3E：发送方的目标地址，接收方本身地址。

0A 0B：数据。

50 F5：发送方的地址，即数据来源地址。

点对点数据传输的特点包括以下几个方面：

① 即使协调器断电，也可在路由器之间通过点对点指令传输数据；

② 路由器加入网络后，长地址不会发生改变；

③ 数据长度一定要等于数据区的数据长度，否则数据传输出错，当成透明传输，会发送给协调器；

④ 数据区的数据长度最多为 32B，否则数据传输出错。即数据长度大于 32B 时，数据将会以透明传输方式发送给协调器；

⑤ 目标地址为 0xFFFF 时，则数据将广播发送，会发送至网络内所有节点；

⑥目标地址为 0x0000 时，则数据将发送给协调器。

表 3.4 列出了在上位机采用串口调试助手 SSCOM3.2 情况下，在室温、实验室条件下，模块间距离 2m，信号良好，串口波特率为 38 400baud，连续发送、接收 100KB，无误码，连续测试 10 次时测得的点对点数据传输性能。

表 3.4　点对点数据传输性能

数据传输方向	数据包长度/B	最低时间间隔/ms
路由器→路由器	32	40
协调器→路由器	32	40
路由器→协调器	32	40

3.7 BHZ-CC2530-PA 模块的指令系统

BHZ-CC2530-PA 模块组网配置和数据发送都是通过指令方式进行的，所以使用该系列模块必须要熟悉相关指令，具体指令如下所述。

1. 模块 PAN ID 值读取指令

（1）指令格式：FC 00 91 03 A3 B3 E6。

（2）指令执行返回：XX XX（模块 PAN ID）。

（3）是否需要重启：不需要。

（4）举例：FC 00 91 03 A3 B3 E6，返回 12 34（返回模块设置的 PAN ID 值）。

2. 模块的 PAN ID 配置指令

（1）指令格式：FC 02 91 01 X1 X2 XY。

（2）注意事项如下。

指令中 X1 X2 为所设定的 PAN ID，XY 为前 6 个字节的和的低 8 位值（下同）。

将模块的 PAN ID 设定为 FF FF 时，如果模块是协调器，则重启后自动产生一个新的 PAN ID。如果模块是路由器，重启后自动寻找新的任意网络加入。

重设 PAN ID 后，如果是协调器，会清除已加入网络的节点；如果是路由器，会清除已加入的网络，重新寻找并加入网络。如果模块为协调器，当以同样的值重设 PAN ID 后，则模块拒绝重新设定，并返回 FA 16 17 18 19 1A 72。

（3）指令执行结果如下。

如果配置的是协调器，则返回设定值。

如果配置的是路由器，并且模块加入了网络，则返回模块的 PAN ID 值 X1 X2，如果模块还没有加入网络，则返回值的 PAN ID 值为 0xFF FE。

（4）是否需要重启：是。

3. 读取模块的短地址

（1）指令：FC 00 91 04 C4 D4 29。

（2）指令执行结果如下。

读取的是模块在网络内的短地址，如果路由器模块还没有加入网络，读取的值为 FF FE。如果模块是协调器，则读取的值一直是 0x00 00。

（3）是否需要重启：否。

4. 设置模块的串口波特率

（1）指令格式：FC 01 91 06 XX F6 XY。

（2）注意事项：XX 设置、对应波特率设置与返回值如表 3.5 所示。

表 3.5　XX 设置波特率设置与返回值

XX 设置	波特率设置	指令执行成功返回值
01	9 600	00 00 09 06 00 00
02	19 200	00 01 09 02 00 00
03	38 400	00 03 08 04 00 00
04	57 600	00 05 07 06 00 00
05	115 200	01 01 05 02 00 00
06	4 800	00 00 04 08 00 00
07	2 400	00 00 02 04 00 00
其他	配置错误	无

若指令执行错误，则无返回值。

（3）是否需要重启：是。

5. 测试串口波特率

（1）指令：FC 00 91 07 97 A7 D2。

（2）指令执行结果如下。

如果串口波特率正确，返回 01 02 03 04 05 FF X1 X2。X1 X2 代表软件的版本号，如 X1=05、X2=02，表示软件版本为 v5.2。如果串口波特率错误，无返回。

（3）是否需要重启：否。

6. 读取模块的 MAC 地址

（1）指令：FC 00 91 08 A8 B8 F5。

（2）指令执行返回 8 个字节的 MAC 地址。

（3）举例：如向模块发送该指令后，将返回模块 64 位 MAC 地址 00 12 4B FF 56 78 FE FF。

（4）是否重启有效：否。

7. 将模块设定为协调器

（1）指令：FC 00 91 09 A9 C9 08。

（2）指令执行结果如下。

指令执行后，PAN ID 将被改为默认值，即 19 9B。

（3）指令执行返回如下。

如果设定正确，返回 43 6F 6F 72 64 3B 00 19。

（4）是否需要重启：是。

8. 将模块设定为路由器

（1）指令：FC 00 91 0A BA DA 2B。

（2）指令执行结果如下。

指令执行后，PAN ID 被改为默认值，即 19 9B。

若设定正确，返回 52 6F 75 74 65 3B 00 19。

（3）是否需要重启：是。

9. 读取模块的节点类型

（1）指令：FC 00 91 0B CB EB 4E。

（2）指令执行结果如下。

若是协调器，返回 43 6F 6F 72 64 69。

若是路由器，返回 52 6F 75 74 65 72。

（3）是否需要重启：否。

10. 设定模块的数据传输方式

（1）指令格式：FC 01 91 64 58 XX XY。

（2）XX 取值及对应传输方式如下。

若 XX=00，透明传输，含包头、包尾。

若 XX=01，透明传输，含包头、包尾。

若 XX=02，短地址，含包头、包尾。

若 XX=03，MAC 地址，含包头、包尾。

若 XX=04，保留。

若 XX=05，自定义地址，含包头、包尾。

若 XX=06，透明传输，不含包头、包尾（ZigBee 短地址）。

若 XX=07，透明传输，不含包头、包尾（用户定义地址）。

若 XX=08，可靠透明传输。

（3）指令执行返回如下。

XX：00～08 共 9 个值，超出范围则当成透明数据传输。

指令正确，返回 06 07 08 09 0A XX。

如果写入不成功，返回 16 17 18 19 1A FF。

在模式 02～08 及所有点对点传输中数据包最大为 32B，超出可能出错。

（4）是否需要重启：是。

11. 设置模块的无线信道

（1）指令格式：FC 01 91 0C XX 1A XY。

（2）XX 取值及指令执行返回值如下。

无线信道 XX 设置和指令返回值如表 3.6 所示。

表 3.6　无线信道 XX 设置和指令返回值

XX 设置	对应通信频道	对应通信频率/MHz	指令执行成功返回值
0B	Channel 11	2 405	00 08 00 00 0B
0C	Channel 12	2 410	00 10 00 00 0C

续表

XX 设置	对应通信频道	对应通信频率/MHz	指令执行成功返回值
0D	Channel 13	2 415	00 20 00 00 0D
0E	Channel 14	2 420	00 40 00 00 0E
0F	Channel 15	2 425	00 80 00 00 0F
10	Channel 16	2 430	00 00 01 00 10
11	Channel 17	2 435	00 00 02 00 11
12	Channel 18	2 440	00 00 04 00 12
13	Channel 19	2 445	00 00 08 00 13
14	Channel 20	2 450	00 00 10 00 14
15	Channel 21	2 455	00 00 20 00 15
16	Channel 22	2 460	00 00 40 00 16
17	Channel 23	2 465	00 00 80 00 17
18	Channel 24	2 470	00 00 00 01 18
19	Channel 25	2 475	00 00 00 02 19
1A	Channel 26	2 480	00 00 00 04 1A
其他	配置无效	无	无

若指令执行错误，则无返回。

（3）是否需要重启：是。

12. 读取模块的无线信道

（1）指令：FC 00 91 0D 34 2B F9。

（2）指令执行返回值如下。

指令返回值和所对应的通信信道、通信频率及信道号如表 3.7 所示。

表 3.7　指令返回值和所对应的通信信道、通信频率及信道号

指令返回值	通信信道	通信频率/MHz	信道号
00 08 00 00 0B	Channel 11	2 405	0B
00 10 00 00 0C	Channel 12	2 410	0C
00 20 00 00 0D	Channel 13	2 415	0D
00 40 00 00 0E	Channel 14	2 420	0E
00 80 00 00 0F	Channel 15	2 425	0F
00 00 01 00 10	Channel 16	2 430	10

续表

指令返回值	通信信道	通信频率/MHz	信道号
00 00 02 00 11	Channel 17	2 435	11
00 00 04 00 12	Channel 18	2 440	12
00 00 08 00 13	Channel 19	2 445	13
00 00 10 00 14	Channel 20	2 450	14
00 00 20 00 15	Channel 21	2 455	15
00 00 40 00 16	Channel 22	2 460	16
00 00 80 00 17	Channel 23	2 465	17
00 00 00 01 18	Channel 24	2 470	18
00 00 00 02 19	Channel 25	2 475	19
00 00 00 04 1A	Channel 26	2 480	1A
无	配置错误或指令执行失败		

（3）是否需要重启：否。

13. 模块软件重启

（1）指令：FC 00 91 87 6A 35 B3。

（2）启动时间：1s 后系统重启成功。

14. 设定路由器地址（用户自定义地址）

（1）指令格式：FC 32 C3 X1 X2 01 XY。

（2）X1 X2 取值如下。

X1、X2 可取 0001～FF00。不可设定为 0000（0000 是协调器的地址），这条指令只可以设定路由器的地址，协调器的地址永远是 0000。这个地址是用户自己设定的地址，与 ZigBee 系统的短地址无关。

（3）指令执行返回如下。

若设定成功，返回 X1 X2。

若设定不成功，无返回。

（4）是否需要重启：否。

15. 读取路由器地址（用户自定义地址）

（1）指令：FC 33 D4 A1 A2 01 47。

（2）注意事项如下。

只读取路由器地址。这个地址是用户自己设定的地址，与 ZigBee 系统的短地址无关。

（3）指令执行返回：X1 X2。

（4）是否重启有效：否。

16. 设定串口校验格式

（1）指令格式：FC 01 91 9E 46 XX XY。

（2）XX 取值如下。

若 XX=0：无校验（None）。

若 XX=1：奇校验（Odd）。

若 XX=2：偶校验（Even）。

（3）指令执行返回如下。

若设定成功，返回 06 07 08 09 0A XX。

若设定不成功，返回 16 17 18 19 1A FF，或无返回。

（4）是否需要重启：是。

17. 查询网络状态及信号强度

（1）指令：FC 00 92 A1 B3 7D 5F。

（2）指令执行返回如下。

查询成功，返回 FB 04 XX XY。XX 表示 0～100 的相对信号强度。

查询失败，返回 FB AA BB XY，或无返回。

（3）是否需要重启：否。

18. 设置拒绝新模块加入网络

（1）指令格式：FC 01 91 8A 9D XX XY。

（2）XX 取值如下。

若 XX=01，设置当前这个模块拒绝新模块加入网络。

若 XX=02，设置整个网络拒绝新模块加入网络，可对任何一个在网络中的模块进行设置，这个模块会通知所有的模块，禁止新模块加入网络。

若 XX=F1，设置当前模块允许新模块加入网络。

若 XX=F2，设置整个网络允许新模块加入网络，可对任何一个在网络中的模块进行设置，这个模块会通知所有的模块，允许新模块加入网络。

若 XX=A1，读取状态。

（3）指令执行返回如下。

若设定（读取）成功，返回 06 07 08 09 0A XX。

若设定（读取）不成功，返回 16 17 18 19 1A FF，或无返回。

若设置 XX=02（F2），指令执行成功即表示该模块设置成功，又表示向全网发送拒绝（允许）新模块加入网络的消息成功。

（4）是否需要重启：否。

【任务实施】

3.8 ZigBee 应用模块配置

ZigBee 应用模块配置方法有 3 种，第一种是利用模块配套的应用配置软件进行配置，第二种是利用串口调试器进行配置，第三种是利用程序代码进行配置。这里重点介绍使用配套的应用配置软件配置方法和串口调试器配置方法。

无论采用何种配置方法，在配置之前，都需要用一根串口线将模块串口和上位机串口连接起来。可以采用图 3-12 所示的 DB9 RS-232 转 TTL 模块将 BHZ-CC2530-PA 模块和带串口的台式计算机连接。其中 DB9 公头与计算机 DB9 母头连接，TTL 端线与 BHZ-CC2530-PA 模块可用的 4 根杜邦线进行连接，具体线路连接如图 3-13 所示。连接的时候要注意收发双方接收发送端要交叉连接，同时要记住模块供电电压为 3.3V，如果电压不符合要求，则需要额外的供电模块。

图 3-12　DB9 RS-232 转 TTL 模块

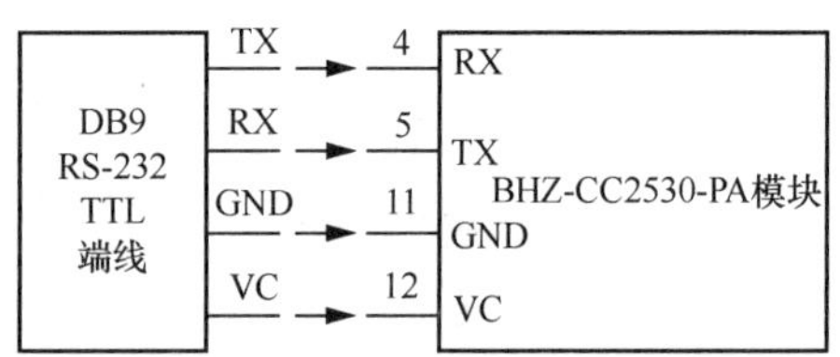

图 3-13　DB9 RS-232 转 TTL 模块与 BHZ-CC2530-PA 模块连接

也可以利用如图 3-14 所示的 USB 转 TTL 串口线连接。USB 转 TTL 串口线内置 USB 转 TTL 模块，所以在使用之前需要安装相应的驱动程序，驱动程序安装可参照驱动软件说明进行。连接时将 USB 口插入计算机 USB 口，TTL 端线与 BHZ-CC2530-PA 连接的方法可参照图 3-13，即连接方法与 DB9 RS-232 转 TTL 模块的 TTL 端线连接方法相同，TTL 端线用不同颜色区分端线功能。

图 3-14　USB 转 TTL 串口线

3.8.1　应用配置软件配置

利用串口调试器进行配置是通过串口调试器向模块发送配置指令进行配置，指令配置相对较为麻烦，一般很少选择这种方法进行配置。而相对简单的配置方法是用厂家提供的应用配置软件进行配置的。这两种配置方法都需要人工配置，适用于模块功能固定的场合。实践中应用较多的是采用程序代码配置。这 3 种配置方法都是通过发送配置指令进行配置。本小节主要介绍使用应用配置软件进行配置的方法。

苏州博宏物联网有限公司提供的应用配置软件名为“BHZigBee 配置软件”。该软件无须安装，双击程序图标启动配置程序，将出现图 3-15 所示的软件主界面。

单击图 3-15 所示软件主界面中的“ZigBee 模块配置”，弹出图 3-16 所示的 BHZ-CC2530-PA 软件配置界面。

软件配置界面分为 3 个部分，即连接模块、读取参数和写入参数。

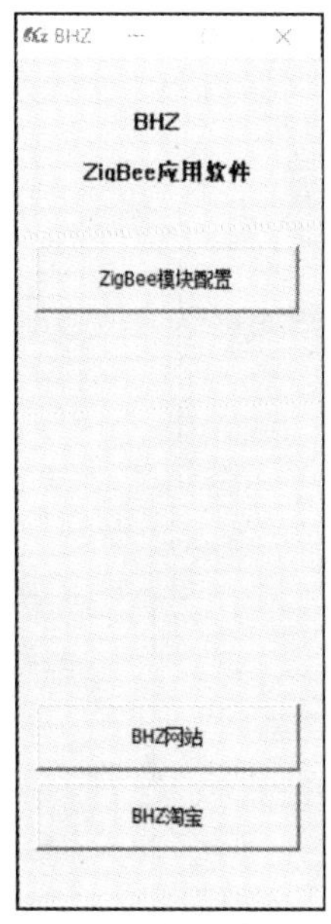

图 3-15　软件主界面

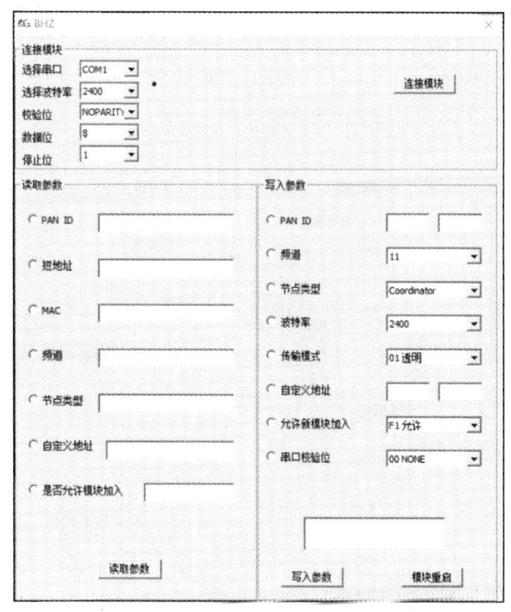

图 3-16　BHZ-CC2530-PA 软件配置界面

使用应用配置软件进行模块组网参数配置，首先要在应用配置软件和 BHZ-CC2530-PA 模块之间建立串行通信链路。如果 BHZ-CC2530-PA 模块所连接的串口为 COM3，则在“选择串口”对应的选择框中选择“COM3”（具体串口号选择要根据实际连接来决定，如果采用 USB 转串口，可在计算机设备管理器→端口中查看所连接的端口号）。初次配置时，由于 BHZ-CC2530-PA 模块出厂时默认波特率为 38 400baud，因此在“选择波特率”所对应的选择框中选择“38400”。其他校验位、数据位、停止位配置保持不变。单击“连接模块”按钮，应用配置软件开始和 BHZ-CC2530-PA 模块建立串行通信联系，成功后配置界面如图 3-17 所示。在图中将会显示串行通信配置参数。同时原先“连接模块”按钮更改为“断开连接”。单击“断开连接”按钮将会断开应用配置软件和模块之间的通信连接。

在“读取参数”模块，单击选择需要读取的参数所对应的单选按钮后，单击“读取参数”按钮，将在所对应的参数显示框中显示配置参数。如选择“PAN ID”单选按钮，单击“读取参数”按钮后，PAN ID 参数就会显示在对话框中。然后可以单击“短地址”单选按钮，然后单击“读取参数”按钮，依次如此操作，直至读取“是否允许模块加入”参数配置，最终所有参数读取如图 3-18 所示。

在“写入参数”模块，单击选择需要配置的参数所对应的单选按钮，在对应的下拉列表框或文本框中选择或输入设定的参数后，单击“写入参数”按钮就可以完成相应参数配置，如图 3-19 所示。需要注意的是，有些参数配置需要将模块重启才能生效，因此有些参数配置完成后还需要单击“模块重启”按钮，等模块重启后才能真正完成参数配置（哪些配置需要重启模块，可参照状态框中的提示）。

以波特率设置为例，将模块波特率由 38 400baud 改为 9 600baud，先单击选择单选按钮“波特率”，在相应的下拉列表框中选择“9600”，单击“写入参数”按钮，软件将进行波特率配置，配置成功后相应的界面如图 3-19 所示。图 3-19 所示的界面中的命令执行状态文本框中显示“设定波特率 9600 成功，需重启生效”。单击“模块重启”按钮，模块重启。等待 3s，模块完成重启，原先的通信连接断开。这时需要注意再次建立连接时，连接模块中的连接波特率应该设为“9600”才能使应用配置软件和模块建立正确的串行通信连接。

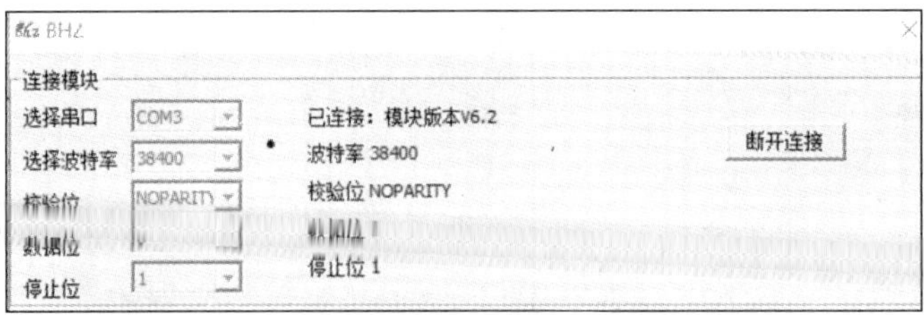

图 3-17　应用配置软件通信连接显示

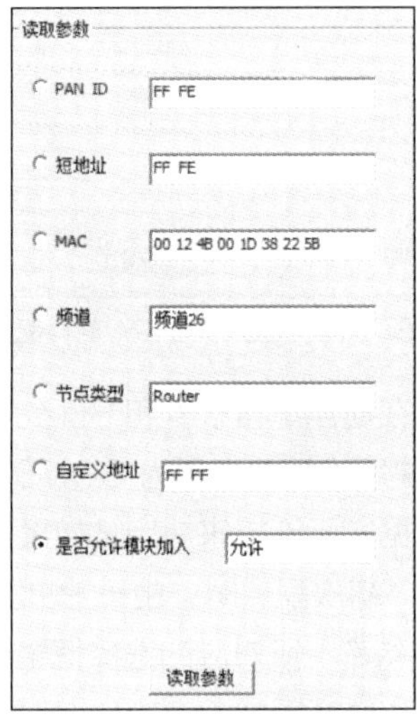

图 3-18　参数读取显示

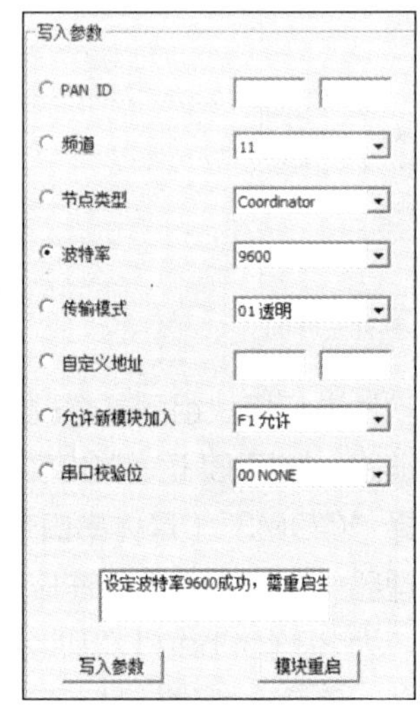

图 3-19　波特率配置

为验证参数配置是否成功，可以通过应用配置软件的参数读取功能进行参数查看。在今后的程序配置中，可以据此来检验配置代码运行是否正确。

由于 51 单片机最稳定的波特率为 9 600baud，为保证数据传输的可靠性，在后面的程序配置中，单片机串口通信波特率设为 9 600baud。因此模块的波特率也要设置为 9 600baud。通过应用配置软件可以按此方式很方便地将模块出厂默认的 38 400baud 更改为 9 600baud，这样可以降低代码配置波特率的复杂性。

3.8.2　串口调试器进行配置

除了可以用厂家提供的应用配置软件进行配置外，还可以通过串口调试器进行配置。下面以 SSCOM 串口调试器为例进行配置说明。

打开 SSCOM 串口调试器，将出现图 3-20 所示的界面。

配置之前，首先要在图 3-20 中的标注 2 所指方框中的“串口号”下拉列表中选择模块所连接的串口号。然后在标注 3 处所指方框中的“波特率”下拉列表中选择模块所使用的波特率。然后就可以在标注 4 所指方框中的“字符串输入框”中输入配置命令进行模块配置。如要将 ZigBee 应用模块设置为协调器，查找 3.7 节所述的指令，可知需要发送指令“FC 00 91 09 A9 C9 XY”，打开计算机自带的计算器，选择程序员模式，选择十六进制，将数据“0xFC、0x00、0x91、0x09、0xA9、0xC9”累加，获得累加结果为 0x308，根据指令说明，XY 为前 6 个字节累加后的低 8 位，则 XY 为 08。在“字符串输入框”中输入“FC 00 91 09 A9 C9 08”，单击图中标注 5 所指方框中的“发送”按钮，将会把命令发送给模块，模块执行后，将会返回“43 6F 6F 72 64 3B 00 19”，该结果会显示在串口调试器中标注 1 所指方框中的输出框中，返回该结果表示将该节点设置为协调器操作成功。其他配置可参照此例。

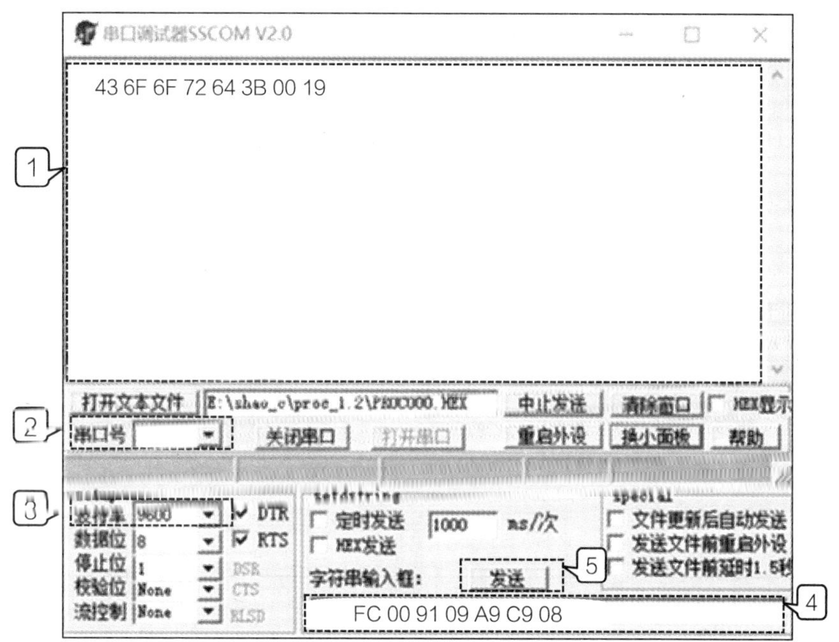

图 3-20　SSCOM 串口调试器界面

3.8.3　程序代码配置

最后一种就是程序代码配置，也就是在串口软件设计中编写配置指令发送代码进行配置。相比于前面两种方法，程序代码配置更方便灵活，不需要特别标记每个模块的配置参数，因此是应用最多的配置方法，也是集成开发中所用的配置方法。

【实施记录】

对照任务实施步骤，根据实际情况选用可用的方式将 ZigBee 应用模块与上位机连接，然后进行以下操作，并将操作过程和结果记录在表 3.8 中。

表 3.8　ZigBee 应用模块测试记录

实施项目	实施内容
线路连接	

续表

实施项目	实施内容
USB 转 TTL 驱动程序安装	
配置软件启动	
参数读取	
波特率配置为 9 600baud	
模块重启	
配置软件通信参数修改与重连	
波特率读取	

【任务小结】

本任务主要是熟悉基于 CC2530 芯片的 ZigBee 应用模块电气和机械特性、接口特点、组网和数据传输特点、操作指令和配置方法。在使用过程中，需要注意 BHZ-CC2530-PA ZigBee 应用模块工作电压为 3.3V，串口电平逻辑为 TTL 电平。模块内置经二次封装的 Z-Stack 协议栈，开发者可以通过预置的指令进行参数配置和数据发送；模块具有出厂默认配置，不仅可以配置为协调器，还可以配置为路由器，能很方便地组建网状网络，支持点对点和透明传输数据传输模式。开发者可以使用配套的应用配置软件，也可以使用串口调试器对模块进行功能测试和配置。此外还可以用程序进行配置和测试。这些方法本质上都是通过发送相关指令来实现配置的。

【知识巩固】

一、填空题

1. BHZ-CC2530-PA ZigBee 应用模块支持两种传输模式，分别为________和________。
2. BHZ-CC2530-PA ZigBee 应用模块只能配置为两种节点类型，分别为________和________。
3. BHZ-CC2530-PA ZigBee 应用模块支持两种网络拓扑结构，分别为________和________。
4. BHZ-CC2530-PA ZigBee 应用模块出厂默认节点类型是________，默认信道号是________，默认网络号是________。

5. BHZ-CC2530-PA ZigBee 应用模块组建树形网络时，网络最大深度是________，每个父节点的子节点数量不超过________。

6. BHZ-CC2530-PA ZigBee 应用模块组建网络时，协调器和路由器上电顺序依次是________。

二、选择题

1. 下列说法不正确的是（　　）。
   A. BHZ-CC2530-PA ZigBee 应用模块和 DRF1605 系列产品操作指令相同
   B. BHZ-CC2530-PA ZigBee 应用模块内置 ZigBee 2007/Pro 协议
   C. BHZ-CC2530-PA ZigBee 应用模块只能通过串口和上位机进行通信
   D. BHZ-CC2530-PA ZigBee 应用模块使用时需要在 Z-Stack 协议栈上进行二次开发

2. BHZ-CC2530-PA ZigBee 应用模块不具有的特点是（　　）。
   A. 自动组网
   B. 节点类型可配置
   C. 工作频段为 868MHz
   D. 串口电平逻辑为 TTL 电平

3. 关于 BHZ-CC2530-PA ZigBee 应用模块，下列说法错误的是（　　）。
   A. 工作电压 3.3V
   B. 可直接驱动 RS-485 芯片
   C. 可直接驱动 RS-232 芯片
   D. 可直接驱动 USB 转 RS-232 芯片

4. 下列关于 BHZ-CC2530-PA ZigBee 应用模块和 MCU 连接的说法正确的是（　　）。
   A. 可与任何有串口的 MCU 连接
   B. BHZ-CC2530-PA ZigBee 应用模块的 TX、RX 数据线要和 MCU 的 TX、RX 口线交叉连接
   C. BHZ-CC2530-PA ZigBee 应用模块的 TX、RX 数据线要和 MCU 的 TX、RX 口线对应连接
   D. 可与任何有 USB 口的 MCU 连接

5. 关于 BHZ-CC2530-PA ZigBee 应用模块的组网，下列说法正确的是（　　）。
   A. 可以组建星形网络
   B. 可以组建任意规模的树形网络
   C. 可以组建网状网络
   D. 可以组建具有终端节点的任意网络

6. 关于 BHZ-CC2530-PA ZigBee 应用模块支持的节点类型，下列说法错误的是（　　）。
   A. 只支持协调器节点类型
   B. 只支持路由器节点类型
   C. 只支持终端节点类型
   D. 支持协调器和路由器节点类型

7. 关于 BHZ-CC2530-PA ZigBee 应用模块的数据传输，下列说法错误的是（　　）。
   A. 在透明传输模式中，协调器从串口接收到的数据会自动发送给所有的节点
   B. 在透明传输模式中，某个节点从串口接收到的数据会自动发送到协调器
   C. 点对点通信传输需要指明接收方地址
   D. 点对点通信只适用于协调器和路由器之间
8. 下列指令执行后，不需要重启的是（　　）。
   A. 模块 PAN ID 值读取指令
   B. 模块的 PAN ID 设定指令
   C. 设置模块的串口波特率
   D. 将模块设定为协调器

【知识拓展】

系统集成开发概述

系统集成开发在不同的领域有不同的含义，在电子信息系统开发中，系统集成开发是指在系统设计中，以已有成熟模块为基础，通过这些功能模块的综合和整合进行系统设计的开发方法。在集成设计中，开发者只需要掌握已有成熟模块的使用，不需要深入了解模块内部实现方法，因此所涉及的理论内容相对较少，对开发者的理论素养要求不高，还能加快开发进度，提高系统设计的成功率。

【技能拓展】

网络搜索下载亿佰特 ZigBee 应用模块用户手册，通过阅读了解该产品和 BHZ-CC2530-PA 应用模块的异同。

工作进程4 Keil C51软件开发平台使用

【任务概述】

小王在工作进程4中的任务是掌握Keil软件开发平台的安装，了解软件开发平台主要菜单项和常用工具按钮的使用，掌握单文档软件工程项目的建立、配置、调试、编译。

【学习目标】

价值目标	1. 通过组内合作，树立团队意识 2. 通过组间竞赛，培养勇争第一的工作精神
知识目标	1. 了解 Keil C51 软件操作界面 2. 了解主要菜单项内容 3. 了解单文档软件工程项目构建过程 4. 了解模块化工程文件组织方法
技能目标	1. 会安装 Keil C51 软件 2. 会建立 Keil C51 工程和配置工程项目 3. 会进行代码编译和基本调试

【知识准备】

软件开发一般需要在一定的集成开发平台上进行。51 单片机软件开发平台有多种，较为常用的是 Keil C51 软件开发平台。该平台提供了工程构建、代码编辑和编译等功能。因此在进行实际开发之前有必要掌握该软件的使用方法。

4.1 Keil C51 软件安装

Keil C51 的安装文件可以在 Keil 的官网上下载。下面以 Keil C51 v9.01 为例说明软件安装和使用方法，其他版本的安装方法类似。Keil C51 v9.01，作为免费版本，编译后的软件总大小不能超过 2KB。如果需要编译 2KB 以上的软件，则需要另外购买授权软件。

下面介绍软件安装操作步骤。

4.1.1 启动安装程序

双击 C51 v9.01 应用程序，启动安装程序，安装程序启动以后，首先弹出图 4-1 所示的软件安装说明界面。

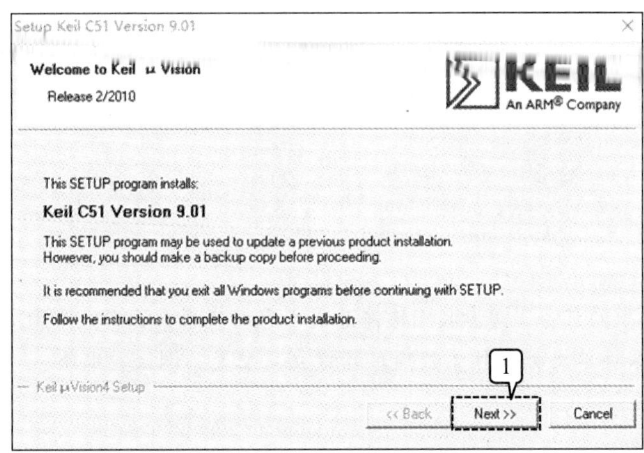

图 4-1　Keil C51 v9.01 软件安装说明界面

单击图 4-1 中的标注 1 所指方框内的“Next”按钮。进入软件用户许可协议界面。

4.1.2 软件用户许可协议勾选

用户可以拖动软件用户许可协议界面中的竖直滑动块，阅读软件安装许可说明。最开始，图 4-2 中标注 2 所指方框中的“Next”按钮处于灰色不可用状态，要想继续安装软件，必须要勾选图 4-2 中标注 1 所指方框中的复选框。

勾选图 4-2 中标注 1 处方框中的复选框，同意用户安装许可协议。这时，图 4-2 中标注 2 所指方框中的“Next”按钮变成黑色可用状态，单击该按钮，弹出软件安装目录选择界面。

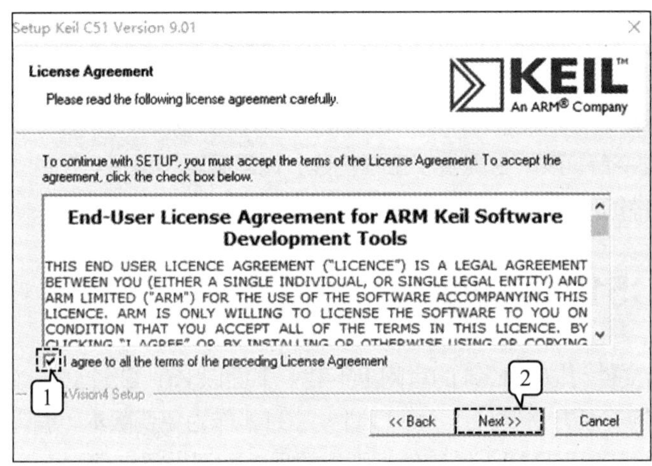

图 4-2　Keil C51 v9.01 软件许可协议

4.1.3 安装目录选择

软件默认的安装文件夹为“C:\Keil_v5”。如果想安装到其他目录下，可以单击图 4-3 所示软件安装目录选择界面中标注 1 所指方框内的“Browse”按钮，然后在弹出的目录选择对话框中选择其他想要的安装目录。一般情况下，安装目录中不要包含中文或者特殊字符，否则会出现很多奇怪的错误，并且难以查找。此外不要将 Keil 5 软件和其他版本的 Keil 软件安装在同一个文件夹内，以免引起混淆。推荐使用默认的安装目录“C:\Keil_v5”，单击图 4-3 中标注 2 所指方框内的“Next”按钮，弹出用户信息输入界面。

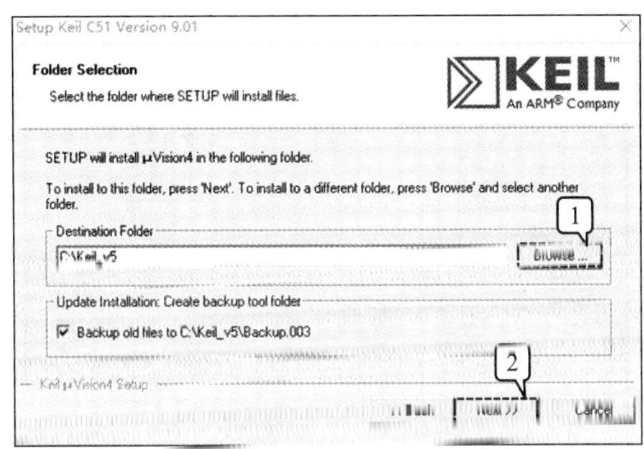

图 4-3　Keil C51 v9.01 安装目录选择界面

4.1.4 填写用户信息

最开始，图 4-4 所示用户信息输入界面中标注 4 所指的“Next”按钮为灰色不可用状态。在图 4-4 中的标注 1、标注 2、标注 3 所指方框内的文本框中依次分别填入名字、姓氏、所在公司名称，并填入电子邮箱地址。“First Name”“Last Name”和“E-mail”对应的文本框中可以用任意字符进行填写。填写完全部用户信息后，图 4-4 中标注 4 所指的“Next”按钮变成黑色可用状态，单击该按钮，弹出图 4-5 所示的安装界面，程序开始执行安装任务。

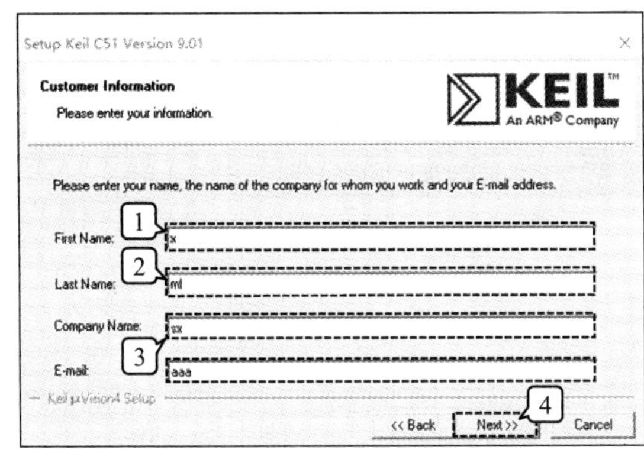

图 4-4　Keil C51 v9.01 安装用户信息输入界面

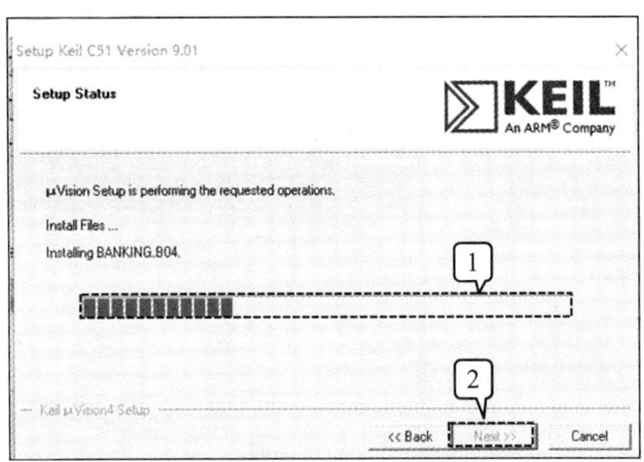

图 4-5　Keil C51 v9.01 安装界面

4.1.5 正式安装

程序进入正式安装状态后，安装进度由图 4-5 中标注 1 所指方框内的进度条进行显示。安装过程中，图 4-5 中的“Next”按钮始终处于灰色不可用状态，说明 Keil C51 软件正在安装，等待一段时间，安装完成以后，该按钮变为黑色可用状态。单击该按钮，弹出图 4-6 所示的安装结束界面。

取消选中如图 4-6 中标注 1 和标注 2 所指方框内的两个复选框，安装完成后将不显示软件发布说明，不在项目列表里添加样例工程。然后单击图 4-6 中标注 3 所指的“Finish”按钮，关闭安装结束界面，完成 Keil C51 软件的安装。同时 Keil C51 安装程序将在计算机桌面上添加一个名为“Keil μVision4”的快捷方式。

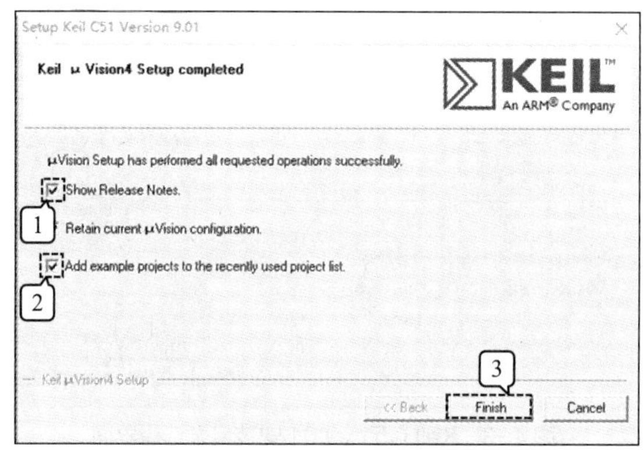

图 4-6　Keil C51 v9.01 安装结束界面

4.2 Keil C51 软件界面

启动 Keil C51 软件后，在未打开任何工程时的初始模式下，其主界面如图 4-7 所示。

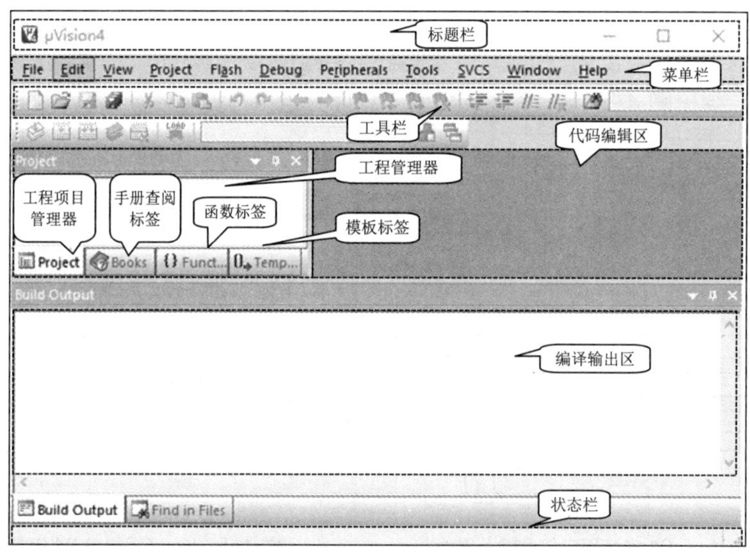

图 4-7　Keil C51 主界面

和许多开发平台类似，图 4-7 所示的主界面由标题栏、菜单栏、工具栏、工程项目管理器、手册查阅标签、函数标签和模板标签、代码编辑区、编译输出区和状态栏构成。其中工程项目管理器可以查看工程项目各个文档之间的逻辑关系，同时提供文件或逻辑组的添加、删除等右键快捷菜单操作，具体内容将在工程构建过程中进行介绍。而手册查阅标签、函数标签和模板标签可以分别查看帮助手册、函数代码和相关模板。代码编辑区为软件代码显示编辑区域，编译输出区显示编译状态和结果，状态栏显示相关操作状态。下面仅就标题栏、菜单栏、工具栏进行介绍。

4.2.1 标题栏

标题栏和其他常用软件的一样，用于显示软件名称，提供主程序窗口最大化、窗口最小化和程序关闭操作按钮。

4.2.2 菜单栏

菜单栏为用户操作提供功能入口。其中包含 File（文件）、Edit（编辑）、View（视图）、Project（项目）、Flash（闪存）、Debug（调试）、Peripherals（外围器件）、Tools（工具）、SVCS（软件版本控制系统）、Window（窗口）、Help（帮助）。一般开发者常用的菜单包括 File、Edit、View、Project、Debug。下面仅对这几个菜单进行说明。其余的可参见知识拓展部分。需要指出的是，开发平台有 3 种模式，即编辑模式、调试模式和初始模式，在不同的模式下，下拉菜单中的有些命令会有所不同，其中灰色显示表示在该模式下不可用，黑色显示表示可用。

以“...”结尾的命令表明该命令可能是一个二级菜单，即单击后会弹出命令选项，也可能会弹出一个操作向导对话框，用户可在向导指导下进行后续操作。

有的命令后面会提供组合键操作方式说明。如“Ctrl+O”为文件打开命令的键盘快捷操作组合键。

1. File 菜单

单击“File”，弹出图 4-8 所示的下拉菜单。

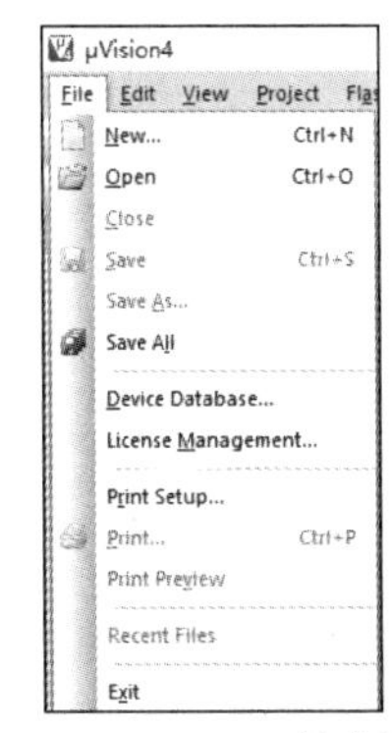

图 4-8　File 下拉菜单

“New...”为新建文件命令。

“Open”用于打开一个文件，选择后将打开一个文件对话框，用于选择需要打开的文件。“Ctrl+O”为该命令的键盘快捷操作组合键。

“Close”用于关闭当前文件。

“Save”用于保存当前文件。“Ctrl+S”为该命令的键盘快捷操作组合键。

“Save As...”将文件另存为其他名称或类型的文件。

“Save All”用于保存所有打开的文件。

“Device Database...”命令用于器件管理，通过该命令可以添加/更新/删除器件。这些操作一般用户少有涉及，在此不赘述。

“License Management...”命令用于进行软件许可管理。

“Print Setup...”“Print...”“Print Preview”和文件输出有关。

“Recent Files”命令可以显示最近打开的文件。

“Exit”为系统退出命令。

2. Edit 菜单

单击“Edit”，弹出图 4-9 所示的下拉菜单。

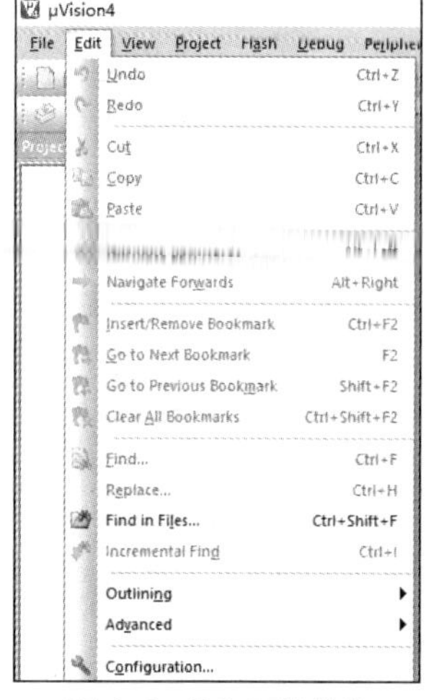

图 4-9　Edit 下拉菜单

“Undo”和“Redo”命令用于撤销上次编辑操作和恢复撤销的编辑操作。

“Cut”“Copy”“Paste”分别对应剪切、复制和粘贴编辑操作。

“Navigate Backwards”“Navigate Forwards”命令分别是前向和后向导航，用于定位上一个和后一个搜索内容。

“Insert/Remove Bookmark”“Go to Next Bookmark”“Go to Previous Bookmark”“Clear All Bookmarks”分别是书签插入/移除、定位到下一个和上一个书签、清除所有书签命令。

“Find...”“Replace...”“Find in Files...”“Incremental Find”提供了当前文件中查找、替换、多个文件中查找、增量查找命令。

“Outlining”提供了用于代码大纲显示相关的操作命令，单击该命令，将弹出图 4-10 所示的子菜单，其中“Collapse Selection”“Collapse All Definitions”“Collapse Current Block”“Collapse Current Procedure”4 个命令分别对应折叠所选内容、折叠所有定义代码段、折叠当前代码段、折叠当前程序这 4 个操作。后面的“Stop Current Outlining”“Stop All Outlining”“Start All Outlining”为停止当前大纲显示、停止所有大纲显示、开始所有大纲显示命令。

单击“Advanced”，将弹出图 4-11 所示的子菜单。

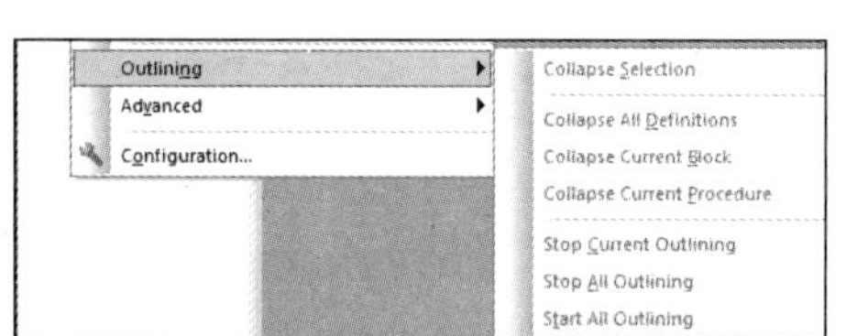

图 4-10　Outlining 子菜单

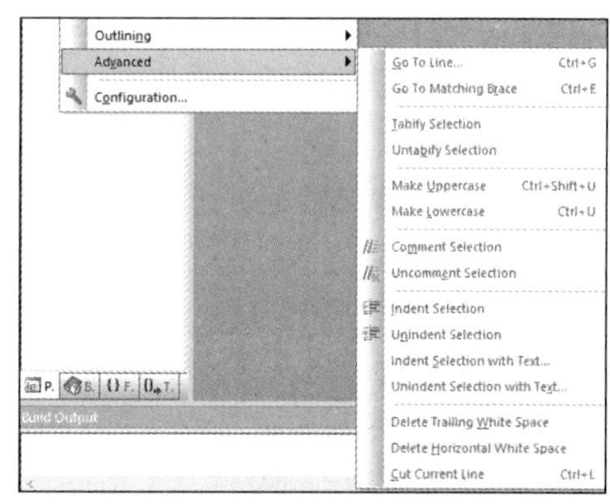

图 4-11　Advanced 子菜单

其中“Go To Line...”“Go To Matching Brace”用于将当前焦点定位到所选定的行和所匹配的花括号，即“{”或“}”命令。

“Tabify Selection”“Untabify Selection”分别用于将所选文档中的空格替换为制表符、将所选文档中的制表符替换为空格。

“Make Uppercase”和“Make Lowercase”用于进行大小写替换操作。

“Comment Selection”和“Uncomment Selection”用于给所选内容添加注释，即逐行添加注释符号“//”，或者将所选内容注释符号去掉，这两个命令一般用于代码分段调试。

“Indent Selection”“Unindent Selection”“Indent Selection with Text...”“Unindent Selection with Text...”分别为将所选内容缩进一个制表符位置、撤销所选内容缩进、按照所选择的文本距离缩进，撤销按照所选文本距离缩进。

3. View 菜单

单击“View”，弹出图 4-12 所示的下拉菜单。

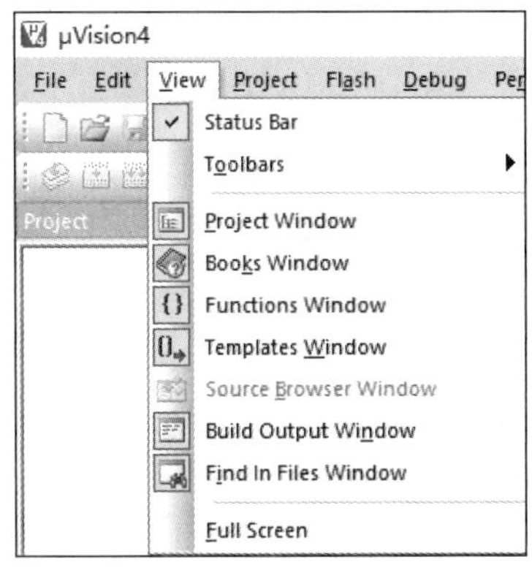

图 4-12　View 下拉菜单

除“Toolbars”，每一项对应一个子窗口显示命令。图 4-12 中“Status Bar”“Project Window”“Books Window”“Functions Window”“Templates Window”“Build Output Window”“Find in Files Window”以黑色显示时，表明窗口中显示了这些子窗口，即显示了状态栏、项目子窗口、书籍子窗口、函数子窗口、模板子窗口、编译输出子窗口、文件查找子窗口。单击其中的任意一个，对应的子窗口将不会显示，对应的命令图标也不会以黑色显示，再次单击该命令，对应的子窗口恢复显示，同时命令图标也恢复以黑色显示。

“Full Screen”为全屏显示命令，“Source Browser Window”为源代码浏览窗口命令，这两个命令一般以灰色显示，是因为软件不处于代码编辑状态，代码编辑区不显示。但如果打开一个工程文件，将出现代码编辑区，“Full Screen”则以黑色显示，单击后，相应的窗口将会最大化显示。

4. Project 菜单

单击“Project”，弹出图 4-13 所示的下拉菜单。

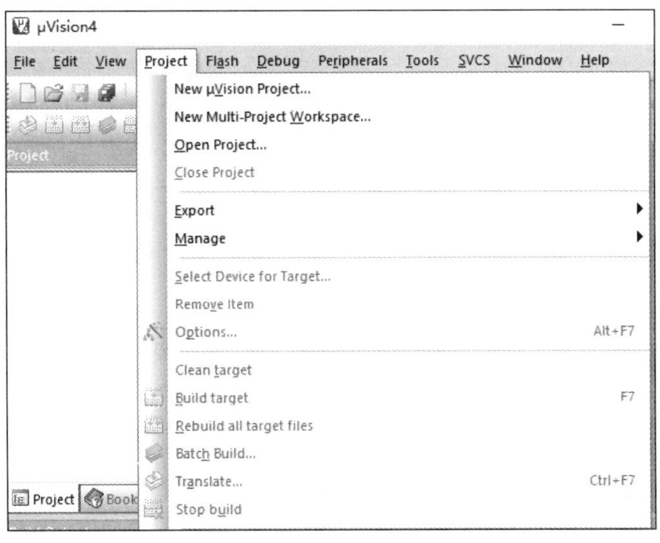

图 4-13　Project 下拉菜单

“New µVision Project...”“New Multi-Project Workspace...”“Open Project...”“Close Project”分别为新建工程、新建多项目工作区、打开项目、关闭项目命令。

“Export”将工程导出为 Keil µVision4 版本格式、“Manage”用于管理工程中的组件、环境等资源和多项目管理。

“Select Device for Target...”涉及器件目标板器件选择，“Remove Item”用于删除条目，“Options...”涉及工程配置。

“Clean target”用于清除工程，“Build target”“Rebuild all target files”“Batch Build”分别用于编译工程、重新编译工程、批量编译多个指定的工程。而“Translate...”和“Stop build”用于编译指定文件和停止编译操作。

5. Flash 菜单项

单击“Flash”，弹出图 4-14 所示的下拉菜单。其中：“Download”为代码下载命令；“Erase”为存储器擦除命令；“Configure Flash Tools...”为 Flash 工具配置命令。

需要注意的是，代码下载时可以直接采用第三方提供的软件。

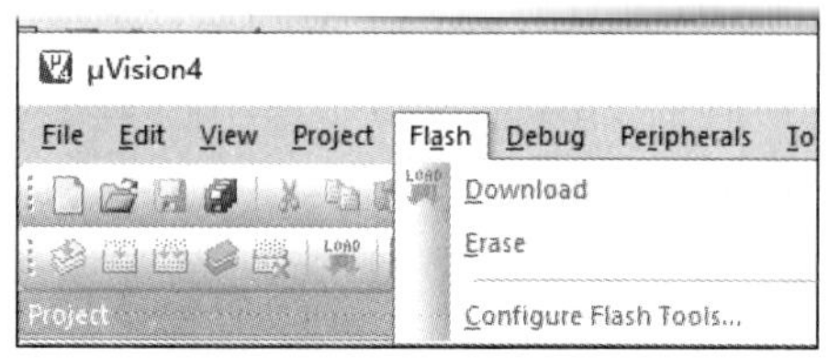

图 4-14 Flash 下拉菜单

6. Debug 菜单项

“Debug”菜单和软件调试有关，单击“Debug”，弹出图 4-15 所示的下拉菜单。

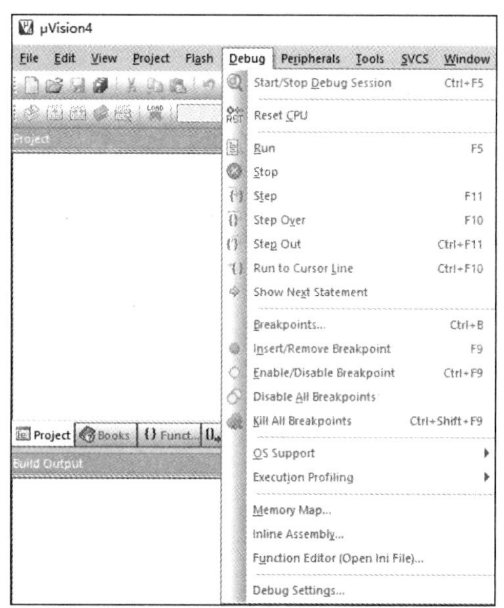

图 4-15 Debug 下拉菜单

其中：

“Start/Stop Debug Session”用于启动或停止调试；

“Reset MCU”用于 MCU 复位；

“Run”指定程序全速运行；

“Stop”用于停止程序运行；

“Step”为单步调试（进入函数）；

“Step Over”为逐步调试（跳过函数）；

“Step Out”为跳出调试（跳出函数）；

“Run to Cursor Line”要求程序运行到光标处；

“Show Next Statement”显示正在执行的代码行；

“Breakpoints...”用于查看工程中所有的断点；

“Insert/Remove Breakpoint”用于插入/移除断点；

“Enable/Disable Breakpoint”用于使能/失能断点；

“Disable All Breakpoints”用于使所有断点失效；

“Kill All Breakpoints”用于取消所有断点；

“OS Support”表示系统支持（打开子菜单访问事件查看器、RTX 任务和系统信息）；

“Execution Profiling”用于执行分析；

“Memory Map...”用于内存映射；

“Inline Assembly...”用于内联汇编；

“Function Editor(Open Ini File)...”用于函数编辑；

“Debug Settings...”用于调试设置。

4.2.3 工具栏

工具栏将菜单中常用的操作命令以图标的形式显示，方便用户操作。将鼠标指针停留在工具栏各个操作图标上，将会显示工具名称，根据名称就可以了解操作图标所代表的操作命令。Keil C51 开发环境中有两个工具栏，分别是文件工具栏（File Toolbar）和编译工具栏（Build Toolbar）。

文件工具栏按钮按照功能可以分为以下几类。

1. 文件操作类按钮

文件操作类按钮如图 4-16 所示，从左到右依次是新建文件、打开文件夹、保存当前文件、保存所有文件、剪切、复制、粘贴按钮。

图 4-16 文件操作类按钮

2. 文件编辑跳转类按钮

文件编辑跳转类按钮如图 4-17 所示，从左到右依次是撤销编辑、恢复编辑、跳转到上一步、跳转到下一步。

图 4-17 文件编辑跳转类按钮

3. 书签类按钮

书签类按钮的作用主要是标记位置，方便查看。

书签类按钮如图 4-18 所示，从左到右依次是添加书签、跳转到上一个书签、跳转到下一个书签、清空所有书签。

图 4-18 书签类按钮

4. 选中行操作类按钮

选中行操作类按钮的作用主要就是使选中行缩进、注释。

选中行操作类按钮如图 4-19 所示，从左到右依次是插入缩进（Tab）、取消缩进（Tab）、确定注释、取消注释。

图 4-19　选中行操作类按钮

5. 查找文本类按钮

查找文本的意思就是搜索，比较简单，也比较常用。

查找文本类按钮如图 4-20 所示，从左到右依次是查找所有文本、查找文本输入框、查找单个文本、增加搜索。

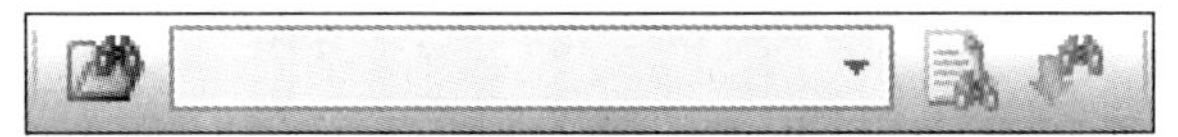

图 4-20　查找文本类按钮

6. 编译类按钮

编译类按钮有以下几类。

（1）仿真类按钮

这些按钮在仿真时，对文本进行标记操作。

仿真类按钮如图 4-21 所示，从左到右依次是打开/关闭调试、插入断点、失能单个断点、失能所有断点、取消所有断点。

图 4-21　仿真类按钮

（2）窗口配置类按钮

窗口配置类按钮如图 4-22 所示，从左到右依次是窗口和配置按钮。

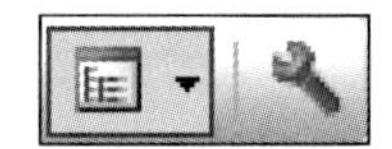

图 4-22　窗口配置类按钮

（3）编译和代码加载类按钮

编译和代码加载类按钮使用频率较高。编译和代码加载类按钮如图 4-23 所示，从左到右依次是编译当前文件（单个）、编译目标文件（修改过的）、编译所有目标文件（重新编译）、编译多个工程文件（多工程）、停止编译、代码下载。经常使用的是第二个按钮，其对应的键盘操作快捷键为“F7”，即按下键盘上的“F7”键，系统开始对代码进行编译操作。

图 4-23　编译和代码加载类按钮

（4）工程选项类按钮

工程选项类按钮如图 4-24 所示，从左到右依次是工程目标选择框、工程目标选项（配置）。

一个工程下面可以建立多个目标，工程目标选择框在选择工程目标时使用。工程目标中重要的配置参数（如输出 Hex、选择 ST-Link 等）都在工程目标选项（配置）中。通常对于初学者的工程来说，一个工程下一般只有一个目标。因此，初学者通常在工程目标选项下拉列表中只看到一个目标。

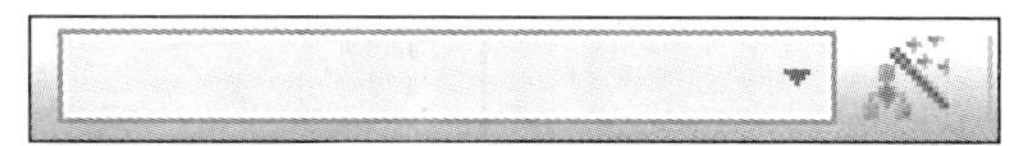

图 4-24　工程选项类按钮

（5）工程项目管理类按钮

工程项目管理类按钮如图 4-25 所示，从左到右依次是组件环境手册管理和多工程管理。对于初学者来说，项目一般都是单工程项目，主要使用第一个按钮，其他按钮基本上不使用。组件环境手册管理主要涉及项目程序文件分组、开发工具和技术文档管理。

图 4-25　工程项目管理类按钮

【任务实施】

4.3 Keil C51 工程构建

创建 51 单片机工程一般包括新建工程，指定工程名称、芯片类型和存储位置等相关配置，然后在工程文件夹中新建工程文件，或者将已有工程文件复制到该工程文件夹中，接着将工程文件添加到工程中。下面通过一个具体实例来说明新建工程的详细操作流程。

新建工程之前，一是要确定工程存放位置，二是要确定工程名称。这里首先在桌面上新建一个名为“template”的文件夹，作为存放所有工程文件的工程文件夹，确定工程的名字为“template”。需要提醒的是，工程文件夹名和工程名都要尽量使用英文，因为 Keil C51 不支持中文，否则容易出现乱码，另外名称选择最好能够顾名思义，方便日后管理。

4.3.1　工程名和存储位置设定

打开 Keil C51 软件，在图 4-26 所示的主界面中，单击菜单栏中标注 1 所指方框中的“Project”，在其弹出的下拉菜单中单击标注 2 所指方框中的“New μVision Project...”，弹出图 4-27 所示的新建工程对话框。

在图 4-27 中标注 1 所指方框位置确定工程存储位置为工程文件夹“template”，在标注 2 所指方框处填写工程名“template”，标注 3 所指方框处选择保存类型为“Project Files（*.uvproj）”。单击图 4-27 中标注 4 所指方框中的“保存”按钮完成工程名和存储位置设定。然后将弹出单片机型号选择对话框。

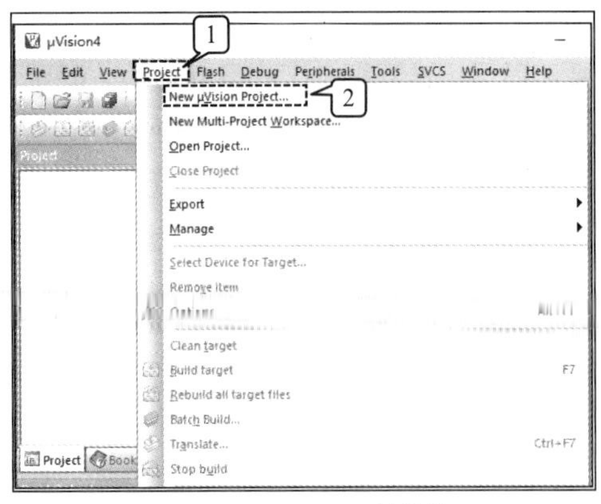
图 4-26　Project 下拉菜单

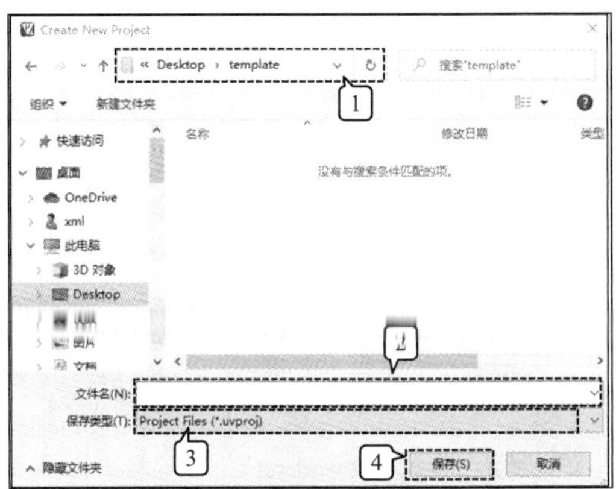
图 4-27　新建工程对话框

4.3.2　选择单片机型号

单片机型号需要根据使用的 MCU 的具体型号来确定，如选用的是 STC89C52 芯片。该芯片的生产厂商为 Atmel 公司。拖动图 4-28 中标注 1 所指方框中的滑动块，找到 Atmel 字样，然后单击图 4-28 中标注 2 所指方框中的 Atmel 字样前的“+”符号，则打开 Atmel 芯片组，出现图 4-29 所示的具体芯片选择对话框。

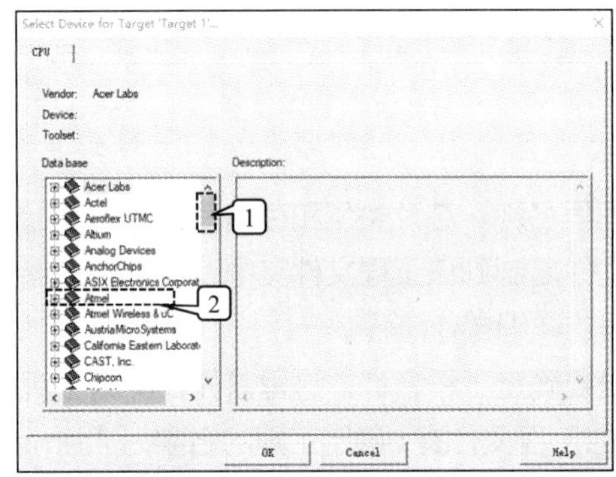
图 4-28　单片机型号选择对话框

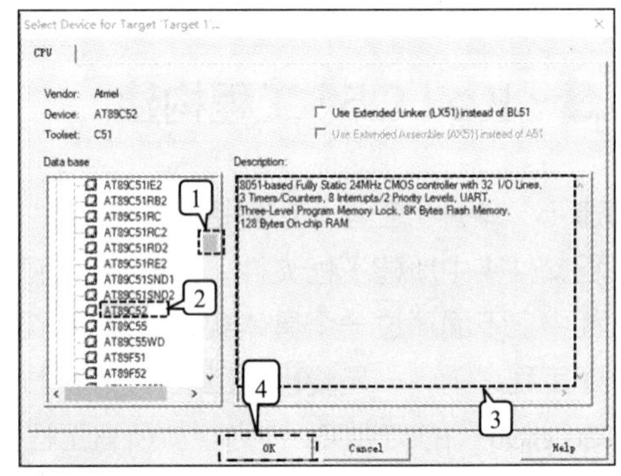
图 4-29　具体芯片选择对话框

拖动图 4-29 中标注 1 所指方框中的滑动块，直至找到 AT89C52，单击标注 2 所指方框中的“AT89C52”（选择 AT89C51 也可以，两种芯片的内核都是 51 内核，因此软件代码兼容），标注 3 所指方框中将会显示芯片主要特性。单击图 4-29 中标注 4 所指方框中的“OK”按钮，弹出图 4-30 所示的对话框。

图 4-30　启动代码选择对话框

该对话框内容提示我们是否要将 8051 启动文件添加到工程中，由于 Keil C51 已经帮我们完成了启动代码的添加，只需要编写应用程序即可，因此不需要添加启动文件。

单击图 4-30 中标注 1 所指方框中的“否”按钮，关闭该对话框，这时 Keil C51 软件主界面变成图 4-31 所示的界面。

其中工程管理器中多出了一个 Target 1 文件夹图标，单击图 4-31 中标注 1 所指方框中 Target 1 文件夹图标之前的“+”符号，可查看其下所包含的一个名为“Source Group 1”的逻辑分组（如图 4-32 所示）。新建工程时，工程会默认添加一个 Source Group 1 逻辑分组，单击图 4-32 中标注 1 所指方框中的逻辑分组，会发现里面没有任何文档显示，说明该逻辑分组为空分组，也就是说系统建立了一个不含用户代码的空项目。在这里需要说明的是，逻辑分组在物理上是不存在的，即在工程文件夹下并没有“Source Group 1”文件夹。

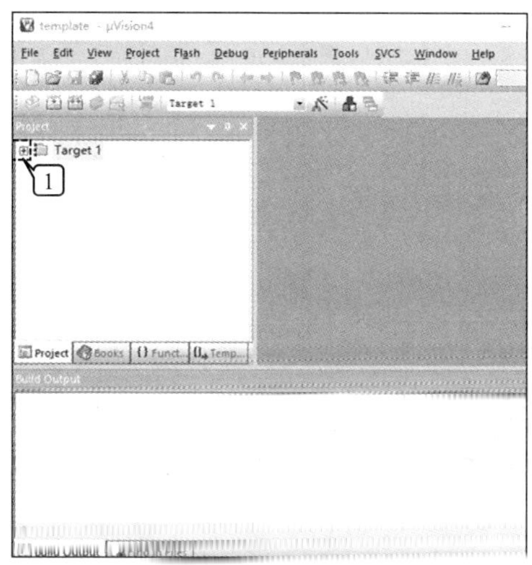

图 4-31　项目新建后界面

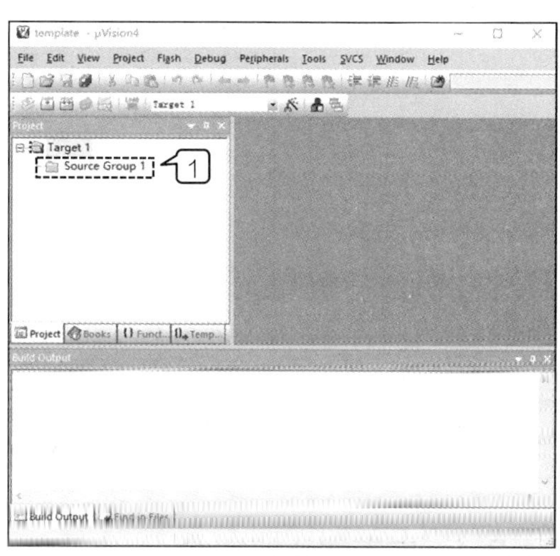

图 4-32　逻辑分组显示

4.3.3　新建文件

如图 4-33 所示，单击 Keil C51 主界面中标注 1 所指方框中的“File”，在弹出的下拉菜单中单击标注 2 所指方框中的“New...”，或者单击工具栏上的图标，这时将在主界面编辑区出现一个图 4-34 中标注 2 所指方框中名为“Text1”的新文件。

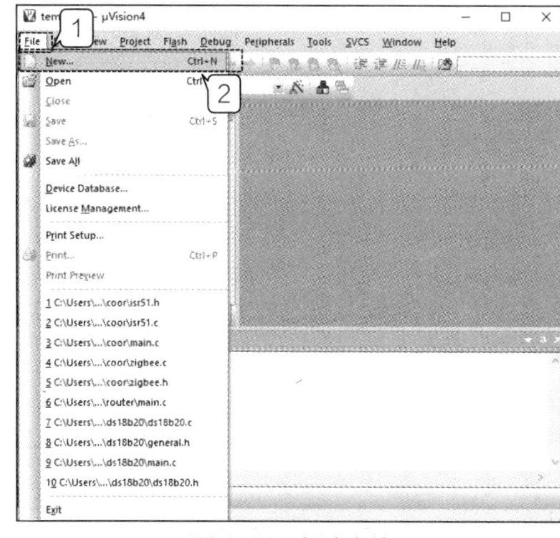

图 4-33　新建文件

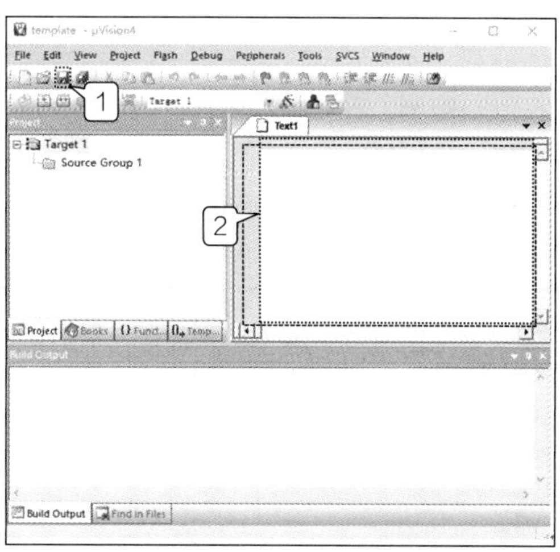

图 4-34　名为“Text1”的新文件

单击图 4-34 中工具栏上标注 1 所指方框中的文件保存图标，弹出如图 4-35 所示的保存文件对话框。系统会自动定位到先前选择的工程文件夹中，只需要在图 4-35 中标注 1 所指的“文件名”文本框中输入新建的文件名即可。和 C 语言一样，一个 51 单片机工程必须含有且仅有一个 main 函数，所以在“文件名”文本框中输入“main.c”，然后单击图 4-35 中标注 2 所指方框中的“保存”按钮完成新建文件保存。默认保存在工程文件夹中，这样方便工程管理。

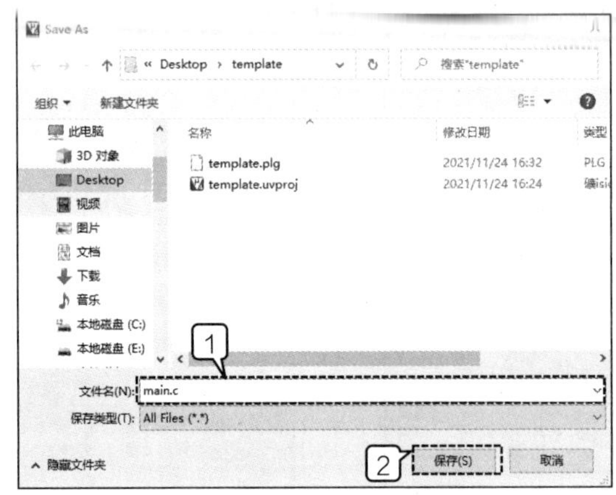

图 4-35　保存文件对话框

4.3.4　向工程添加文件

打开工程文件夹“template”，内容如图 4-36 所示。发现里面有图 4-35 标注 1 所指方框中的 main.c 文件。

再次单击 Keil 工程项目中的 Target 1 文件夹图标，如图 4-37 所示，发现其并没有包含 main.c 文件。同时 Source Group 1 前面没有出现“+”号，表明逻辑分组下没有任何文件。因此需要将该文件加入项目中。

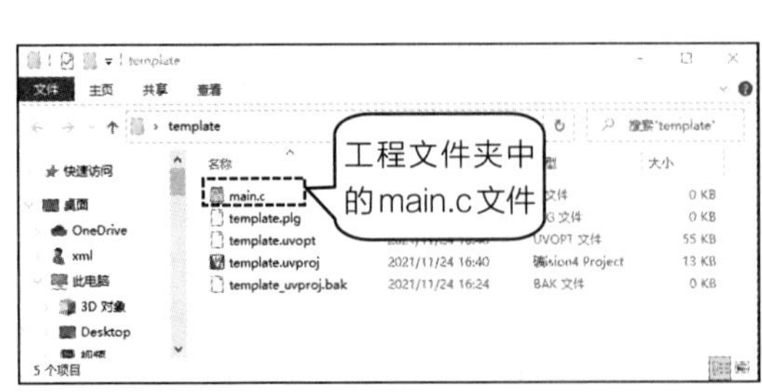

图 4-36　工程文件夹内容

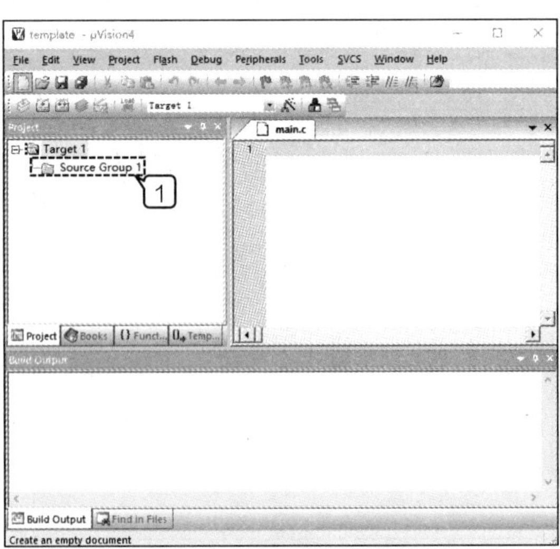

图 4-37　新建文件后项目窗口

将新建的 main.c 文件添加到工程中的操作顺序如下所示。

1. 打开文件加入对话框

如图 4-38 所示，右击 Keil C51 主界面中标注 1 所指方框中的工程组“Source Group 1”，在弹出的快捷菜单中单击标注 2 所指方框中的“Add Files to Group ‘Source Group 1’ ...”，打开图 4-39 所示的文件加入对话框。

2. 选择文件，完成文件加入

在图 4-39 所示的对话框中单击标注 1 所指方框中的要加入的文件 main.c(也可以按住鼠标左键拖曳选中多个文件进行添加)，然后单击标注 2 所指方框中的“Add”按钮，完成 main.c 文件添加 (可以重复操作，完成多个文件添加)。最后单击标注 3 所指方框中的“Close”按钮，退出文件加入对话框。

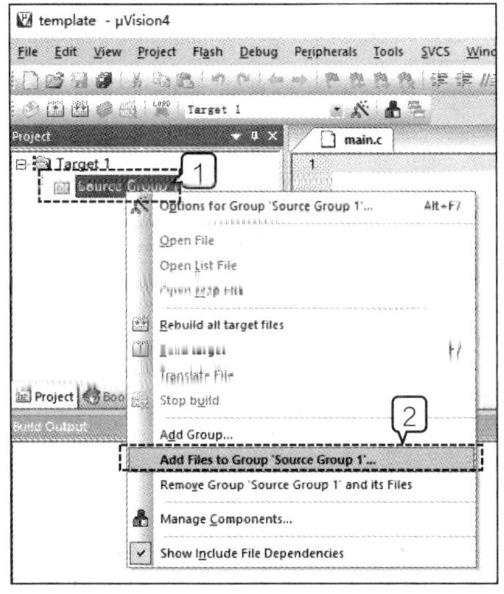

图 4-38 主界面

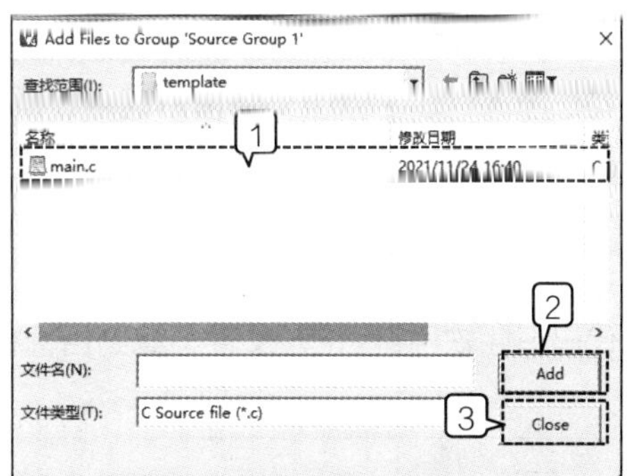

图 4-39 文件加入对话框

这时工程中的逻辑分组 Source Group 1 前面出现了“+”符号。单击该“+”符号，在逻辑分组 Source Group 1 下出现刚才加入的文件 main.c (如图 4-40 所示)，表明文件添加成功。

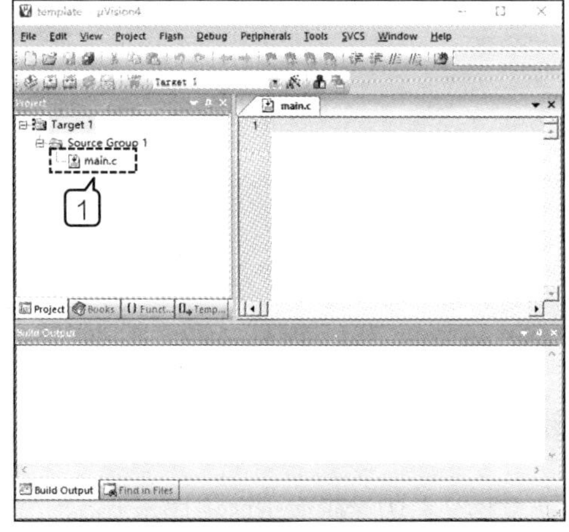

图 4-40 逻辑分组中所包含的文件

4.3.5 工程配置

单片机程序开发和 PC 程序开发有所不同，PC 程序开发所使用的开发平台和开发出的软件都是运行在同一个平台上的，而单片机程序开发所用的开发平台是运行在 PC 上的，开发出的软件不是运行在 PC 上的，而是运行在单片机上的，因此在 Keil 平台上开发的软件的可执行代码需要移植到单片机中才能运行。由于开发平台提供了仿真运行环境，因此不需要产生可执行代码。如果需要编译产生单片机可执行代码，需要对工程进行一些配置。

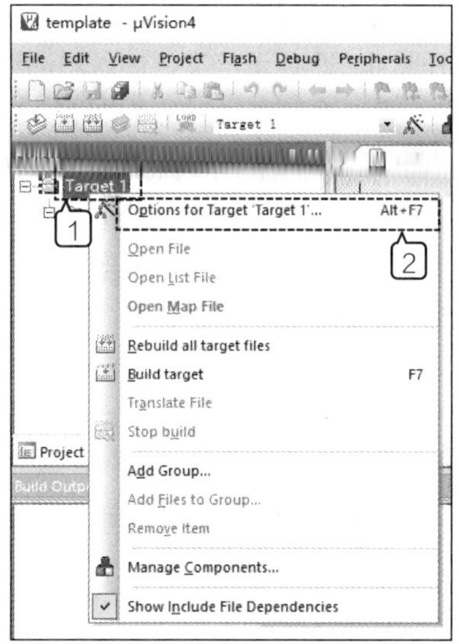

图 4-41　Target 1 快捷菜单

配置过程如下。首先右击图 4-41 中标注 1 所指方框中的“Target 1”，在弹出的快捷菜单中单击标注 2 所指方框中的“Options for Target 'Target1'...”，弹出图 4-42 所示的工程配置对话框。

单击图 4-42 中标注 1 所指方框中的“Output”标签，出现图 4-43 所示的 Output 选项卡配置对话框。

勾选图 4-43 中标注 1 所指方框中的“Create HEX File”复选框。其他保持默认配置。然后再单击标注 2 所指方框中的“OK”按钮，完成工程配置，这样编译以后将会在工程文件夹下产生 HEX 文件。借助下载器和 Keil 开发平台中的“Flash”菜单下的“Download”就可以将代码下载到目标机中，也可以借助其他可用的代码下载软件将 HEX 文件下载到目标机中。

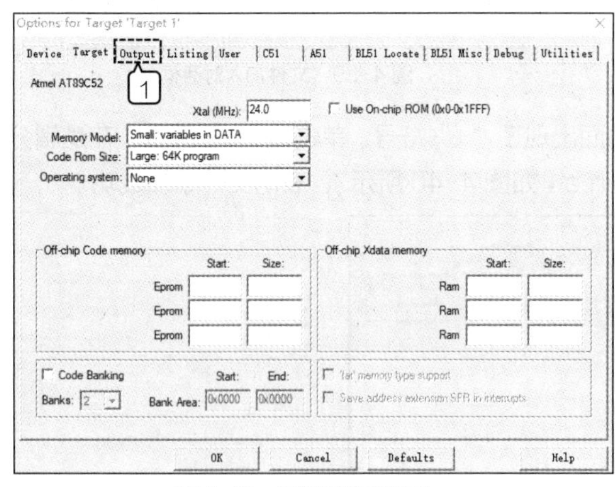

图 4-42　工程配置对话框

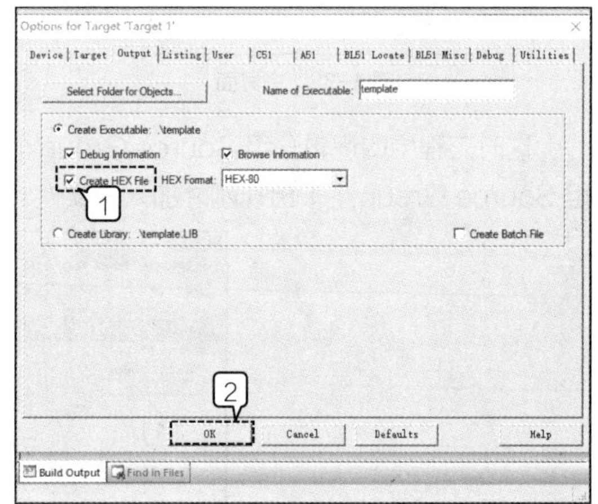

图 4-43　Output 选项卡配置对话框

4.3.6 程序代码编辑

单击工程窗口中的 main.c 文件，右边代码编辑区将显示 main.c 文件内容，在里面就可以进行代码编辑。

在 main.c 文件中输入以下内容。

```
/********************蜂鸣器发声*****************************/
#include“reg52.h”                //此文件中定义了单片机的一些特殊功能寄存器

sbit beep=P2^5;

/* delay 为时延函数，i=1 时，大约时延为 10μs */
void delay（unsigned int i）
{
    while（i--）;
}

/* main 函数 */
void main（）
{
    while（1）
    {
        beep=~beep;
        delay（100）; //时延大约为 1ms，通过修改此时延达到不同的发声效果
    }
}
```

需要注意的是，代码编辑时，输入法一定要是英文输入法。

单击工具栏上的图标（如图 4-44 中标注 1 所指方框中的图标）后，编译输出区显示内容如图 4-44 中标注 3 所指方框中所示，即 0 个错误和 0 个警告，表明我们创建的 51 单片机工程正确无误。如果有错，纠错后再次编译即可。

编译后，会发现“main.c”前面多了一个“+”符号（如图 4-44 中标注 2 所指方框中所示），单击该“+”符号，这时工程管理窗口内容显示如图 4-45 所示，可以发现“main.c”下多出了一个“reg52.h”文件（如图 4-45 中标注 1 所指方框中所示），而该文件正是 main.c 文件中文件包含语句“#include "reg52.h"”对应的文件。可以看出，编译以后，工程管理窗口会显示出文件之间的包含关系。

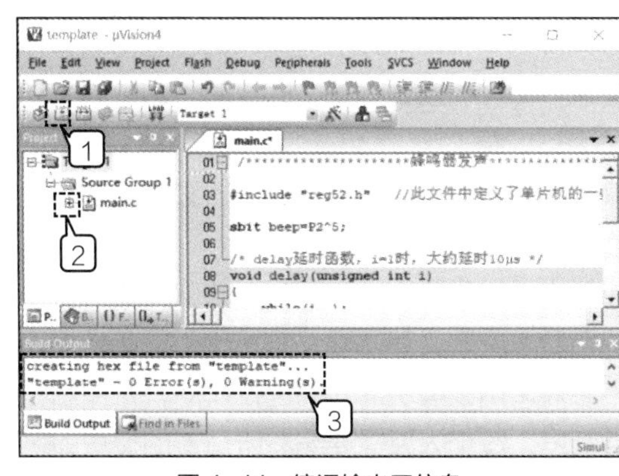

图 4-44　编译输出区信息

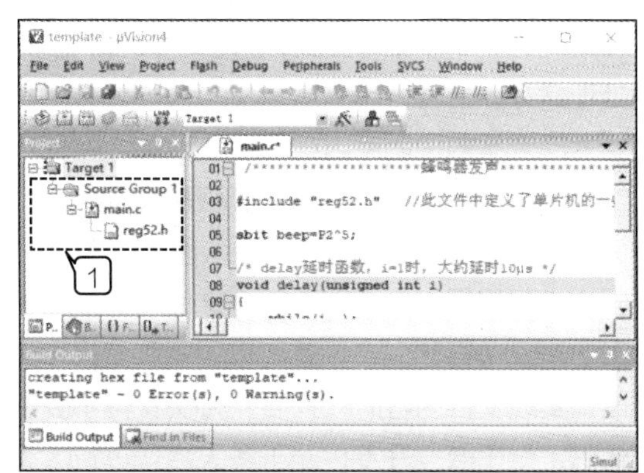

图 4-45　编译后工程管理窗口

打开工程文件夹“template”，就可以看见多了一个“template.hex”文件（如图 4-46 中标

注 1 所指方框中所示），这就是需要下载到单片机的可执行程序文件。

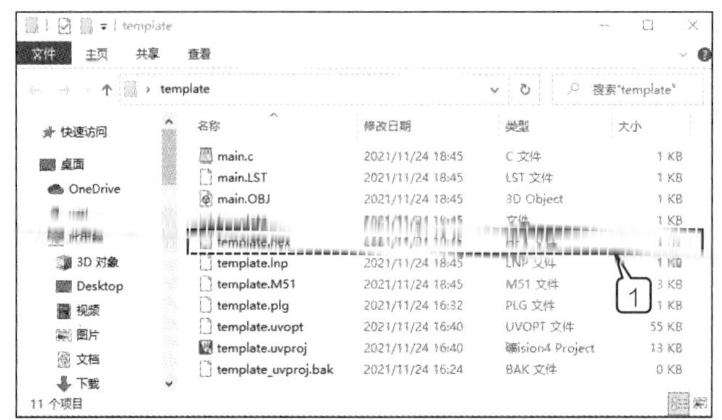

图 4-46　编译后的 HEX 文件

4.4 模块化工程文件组织和多文档工程项目创建

模块化工程文件组织有利于代码重用，也方便代码的维护和修改，因此在实践中得到普遍使用。所以有必要掌握模块化工程文件组织方式，了解与之相关的多文档工程项目创建方法。

4.4.1　模块化工程文件组织

以往大家在学习 C 语言程序设计或者在学习单片机的过程中，所有代码都在一个文件中编写，即采用单个程序文件来存储程序代码，使用这样的文件组织方式的项目一般被称为单文档工程项目。这种单文档工程项目在代码规模较小的情况下还具有较好的可读性和可维护性；但如果代码规模较大，则可读性和可维护性将非常不好，此外单文档工程项目非常不方便代码重用，也不适合多人协同编程。

为提高代码的可维护性、可重用性和可读性，一般采用多文档方式组织项目代码。多文档方式一般按照功能模块来组织文件，一个功能模块所对应的代码由头文件和程序文件组成。

头文件就是扩展名为“.h”的文件，有时将其称为.h 头文件、接口文件。.h 头文件一般只包含不生成代码、不涉及存储空间分配的语句，因此.h 头文件只会有诸如标准库头文件和其他头文件的预处理命令，各种公用的宏定义，各种公共的类型定义，结构、联合、枚举的声明，函数原型的声明，外部变量的说明等内容。

而程序文件有时也被称为源程序文件或者实现文件，也就是扩展名为“.c”的文件，有时将其称为.c 文件，主要包含函数实现、变量定义等内容。

将代码组织为头文件和程序文件的好处很多，如能方便代码重用，在编写其他软件时，将头文件用 include 语句包含，就可以调用头文件中声明的函数、宏定义等内容；方便代码更新维护，在修改、实现文件内容时，只要保持头文件不变，就不必对调用该模块的代码进行改动；方便隐藏实现代码，便于商业开发；便于多人合作进行大型软件开发，每个人只需要编写所负责的模块即可；方便代码调试，将代码分布在不同文件中，使得工程结构清晰，调试定位方便。

功能模块的.h 头文件和.c 文件的主文件名要一致。例如，“串口通信”功能模块，就对应了

usart51.c 和 usart51.h。同样，如“键盘”“LED”“液晶显示”等功能模块，它们都各自对应两个文件，即.h 头文件和.c 文件。

嵌入式系统中，程序执行入口总是 main 函数，main 函数可以调用其他功能模块实现预定的软件功能，而不会被其他模块调用，因此 main 函数模块一般只有 main.c 文件，不必有头文件。

在嵌入式代码执行流程中，还有一个特殊的模块，即中断模块。在 main.c 程序执行过程中，如果遇到中断请求，main.c 代码将暂停执行，转而执行中断处理程序；中断处理结束，则返回主程序继续执行。中断程序也可以组织为中断模块，即由 isr51.h 文件和 isr51.c 文件构成。

4.4.2 多文档工程项目创建

按照功能模块来组织工程文件，可以很方便地进行代码重用，便于代码维护和更新。对应的多文档工程项目创建和单文档工程项目创建有少许差别，差别主要在于多个文件添加。

多文档工程项目创建前期步骤和单文档工程项目创建相同，创建好单文档工程项目之后，后面需要进行功能模块组的添加、新建头文件、新建程序文件、文件添加等操作。

具体多文档工程项目的添加，将在后面的内容中结合具体软件模块设计进行说明。

【实施记录】

对照任务实施步骤，完成 Keil C51 软件安装，然后完成工程项目新建、配置、代码编辑、调试和编译，并将操作过程和结果记录在表 4.1 中。

表 4.1 Keil C51 软件安装和工程项目构建记录

实施项目	实施内容要点
软件安装	
工程项目新建	
工程项目配置	

续表

实施项目	实施内容要点
源程序文件新建和添加	
样例代码编辑	
软件调试和编译	

【任务小结】

本任务主要介绍了 Keil C51 软件安装、软件主要菜单和工具命令、单文档工程项目构建操作步骤，尤其是工程编译选项的配置。此外还介绍了软件模块化设计中的工程文件组织方式，这种文件组织方式非常符合实际工作中软件重用和多人协同设计工作需要，也是企业实践中通行的做法，读者应该掌握和采用这种做法。

【知识巩固】

一、填空题

1. 如果 Keil C51 开发平台工程管理窗口或其他窗口不显示，可以在________菜单中进行恢复操作。

2. 新建的程序文件必须通过________操作才能在工程管理器中可见。

3. Keil C51 免费版本支持的代码容量最大为________，要想编辑更大容量的代码，需要进行________。

4. 为方便工程管理，新建的程序文件应保存在________。

5. 工程管理器中的逻辑分组在工程文件夹中是________。

6. 工程配置最主要的是指示编译器输出所需要的________。

7. 创建 51 单片机工程一般包括新建工程，________、________和存储位置等相关配置，然后将新建或复制的程序________到工程中。

8．工程文件夹和工程名都要尽量使用________，避免出现乱码，另外名称选择最好能够________，方便日后管理。

二、选择题

1. 在 Keil C51 工程中，新建的程序文件最好存放在（　　）。

A. 桌面　　　　B. Keil C51 安装目录中

C. C 盘根目录下　　　　D. 工程文件夹中

2. 下列叙述错误的是（　　）。

A. 所有代码都在一个文件中编写比较方便

B. 单文档工程项目方式非常不方便代码重用

C. 单文档工程项目方式非常不适合多人协同编程

D. 工程文件夹中单文档工程项目代码规模小的情况下还可以有较好的可读性和可维护性

3. 下列叙述错误的是（　　）。

A. 多文档方式一般按照代码大小来组织文件

B. 软件模块化设计时，一个功能模块所对应的代码由头文件和程序文件组成

C. 头文件就是扩展名为“.h”的文件

D. 程序文件有时也被称为源程序文件或者实现文件，也就是扩展名为“.c”的文件

4. 下列有关模块化编程的论述中，错误的是（　　）。

A. 能方便代码重用

B. 方便代码更新维护

C. 方便隐藏实现代码

D. 方便代码设计

5. 下列论述错误的是（　　）。

A. .h 头文件一般只包含不生成代码、不涉及存储空间分配的语句

B. .c 文件主要包含函数实现、变量定义等内容

C. 功能模块中的.h 头文件和.c 文件的主文件名可以不相同

D. .h 头文件只会有诸如标准库头文件和其他头文件的预处理命令，各种公用的宏定义，各种公共的类型定义，结构、联合、枚举的声明，函数原型的声明，外部变量的说明

6. 下列论述错误的是（　　）。

A. main 函数模块一般只有 main.c 文件，不必有头文件

B. 中断程序也可以组织为中断模块，即由 isr51.h 文件和 isr51.c 文件构成。

C. 中断程序不可以组织为中断模块

D. main 函数模块调用其他模块时，需要用 include 语句将调用模块的头文件包含到本模块中

【知识拓展】

Keil 其他菜单项功能

（1）Peripherals 菜单

“Peripherals”菜单如图 4-47 所示，其下拉菜单与器件外设有关，只在调试模式下有用，可

以显示寄存器值，在非调试模式下显示“Not debugging...”。

图4-47　Peripherals下拉菜单

（2）Tools菜单

Tools下拉菜单如图4-48所示。“Tools”菜单和工具菜单配置及PC-Lint应用有关，一般用户基本不使用。其中PC-Lint为代码静态分析工具，它能有效地发现程序语法错误、潜在的错误隐患、不合理的编程习惯等。

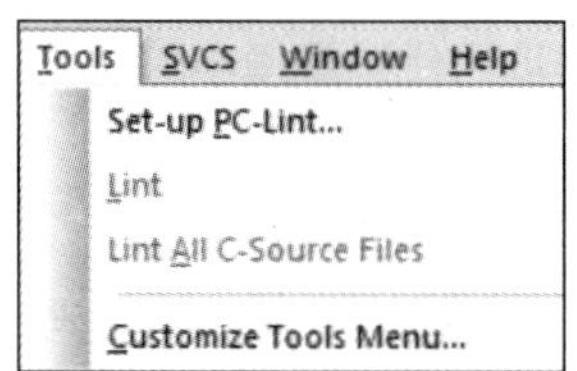

图4-48　Tools下拉菜单

单击“Set-up PC-Lint...”将会弹出PC-Lint配置对话框，一般需要预先安装PC-Lint应用。

单击“Lint”则在当前源程序文件上运行PC-Lint。

单击“Lint All C-Source Files”则在所有的C语言源文件中运行PC-Lint。

单击“Customize Tools Menu...”弹出自新建自定义菜单项。

（3）SVCS菜单

SVCS下拉菜单和软件版本控制有关，使用时需要安装相应的版本控制软件。单击该菜单，弹出如图4-49所示的下拉菜单，单击“Configure Software Version Control...”，将会弹出版本控制配置对话框，用户可在该对话框中填写版本控制相关信息。初学者可不用关注版本控制，此外版本管理软件一般推荐使用性能更好的“TortoiseSVN”或“Git”。

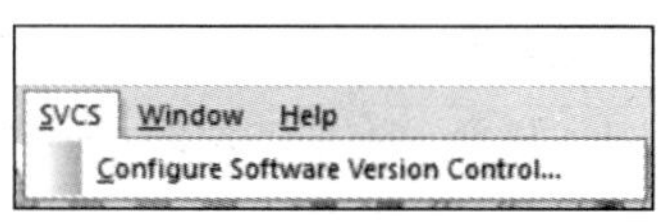

图4-49　SVCS下拉菜单

（4）Window菜单

Window下拉菜单如图4-50所示，涉及子窗口显示和排列。

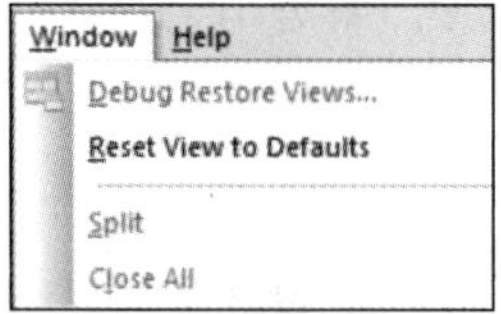

图4-50　Window下拉菜单

“Debug Restore Views...”只在调试模式下可用，用于调试子窗口管理，具体应用将在后面的任务中结合软件调试进行说明。

单击“Reset View to Defaults”将在默认方式下显示和重置窗口布局（μVision 默认的 Look & Feel）。

单击“Split”将活动编辑器文件分割成两个水平或垂直窗格。

单击“Close All”将关闭所有打开的编辑器。

（5）Help 菜单

Help 下拉菜单内容如图 4-51 所示，主要与开发平台使用说明有关，用户可以在其中检索到所需要的文档。

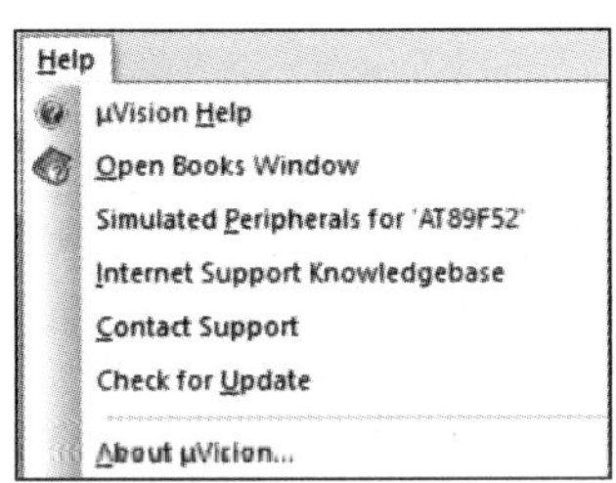

图 4-51　Help 下拉菜单

单击“μVision Help”将打开帮助文档。

单击“Open Books Window”将打开帮助书籍。

单击“Simulated Peripherals for <Device>”将在线访问外设仿真信息。

单击“Internet Support Knowledgebase”将访问在线支持知识库。

单击“Contact Support”提供在线支持。

单击“AboutμVision”弹出软件版本和注册等信息。

工作进程5 控制器模块使用指南

【任务概述】

小王在工作进程5的主要任务是熟悉控制器模块相关硬件组成结构、电路设计原理，为后续相关硬件模块软件设计做好知识储备，同时掌握控制器模块驱动程序的安装和程序下载软件的使用。

【学习目标】

价值目标	1. 通过硬件集成，体会劳动分工的意义，培养岗位成才志向 2. 培养理论联系实际的学风 3. 培养踏实、细致的工作作风
知识目标	1. 进一步熟悉 51 单片机最小系统结构 2. 熟悉开发板结构和功能模块组成 3. 了解 USB 转串口模块工作原理
技能目标	1. 会安装开发板驱动程序 2. 会使用程序下载软件进行程序下载 3. 会结合开发板硬件设计理解开发板配套程序编写原理

【知识准备】

由前述知识可知，无线传感器节点由传感器模块、控制器模块、无线通信模块和电源模块 4 部分组成。无线测温系统在硬件上采用集成设计方法，即直接采用成熟的控制器模块进行设计方案验证。该控制器模块提供温度检测、串口通信、程序下载、液晶显示等功能模块，设计之前有必要熟悉这些集成模块，掌握硬件开发平台的组成结构、电路设计等相关知识，学会程序下载软件的使用方法。

5.1 控制器模块结构

控制器模块就是人们所说的单片机开发板，它将单片机和常用的外围器件集成到一块电路板上组成一个开发系统。学习者可以在控制器模块上通过写入程序来控制周围的器件实现相应的功能，以此达到学习使用控制器和功能部件的目的。开发者可以借助控制器和外围器件进行产品验证性开发，验证设计的合理性和可行性，开发成功后再按照验证系统进行产品的量产设计。

无线测温系统依托普中 51-单核-A3&A4 开发板进行验证开发，主要原因在于小王具备一定的单片机开发基础，进而可提高开发速度和成功率。该开发板实物图如图 5-1 所示。开发板板载许多模块，这里只需要了解和熟悉与本任务相关的模块，暂时不必关注其他无关的模块。

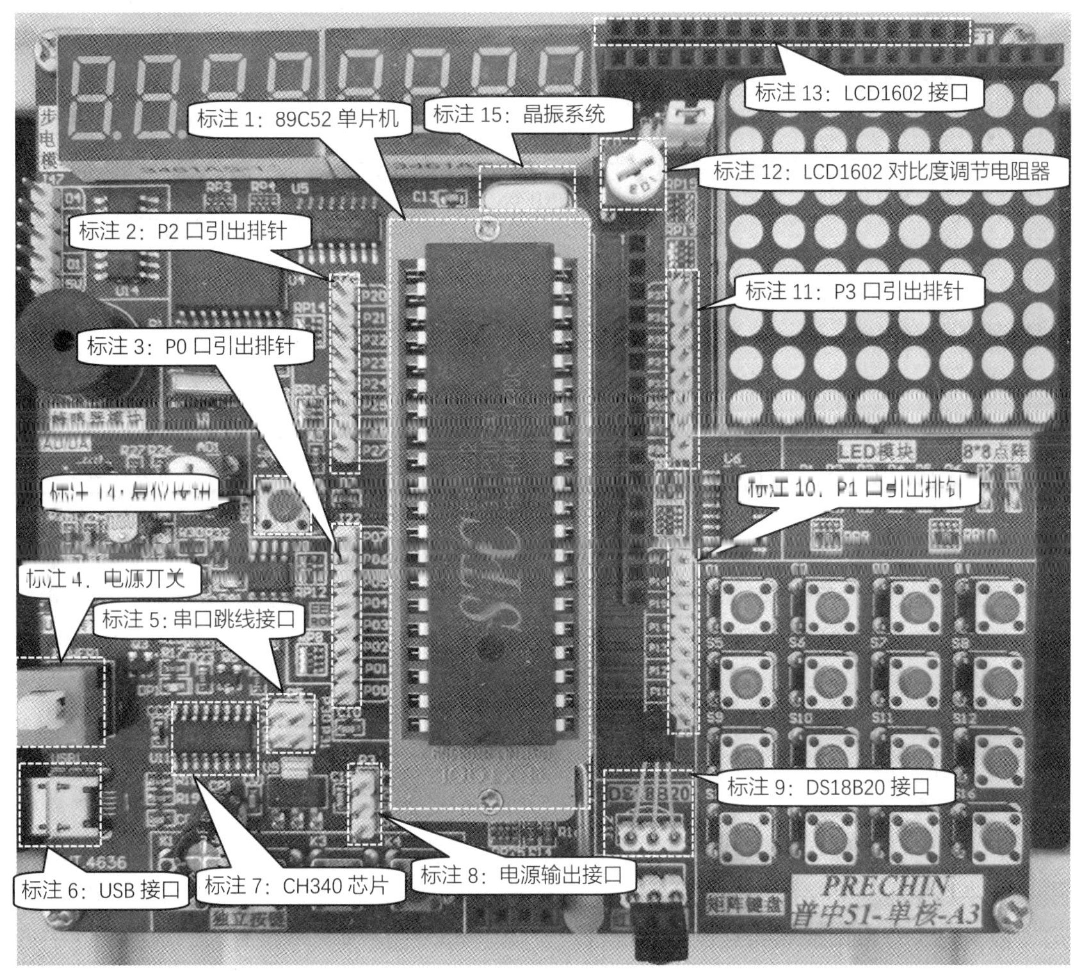

图 5-1　普中 51-单核-A3&A4 开发板实物图

1. 控制器模块

图 5-1 中标注 1 所指方框中的模块为 89C52 单片机。普中 51-单核-A3&A4 开发板采用的是单 MCU 设计，89C52 单片机是 STC 公司推出的新一代超强抗干扰/高速/低功耗的 51 内核单片机。该芯片指令程序和引脚完全兼容传统的 8051 单片机，最高工作时钟频率为 80MHz，片内含 4KB 的可反复擦写 10 000 次的 Flash 只读程序存储器，芯片内集成了通用 8 位 MCU 和在线系统可编程（In-System Programming，ISP）Flash 存储单元，具有 ISP 特性，配合 PC 端的控制程序即可将用户的程序下载进单片机内部，不必再另外购买通用编程器，开发成本更低，而且下载速度更快。

为方便外接模块接入，开发板将单片机 4 个输入输出口用排针引出，这 4 个排针位置可参看

图 5-1 中标注 2、标注 3、标注 10、标注 11 所指方框中的模块。

图 5-1 中标注 15 所指方框中的模块为单片机正常工作所需晶振系统，其上标注的数值为 11.059 2MHz。标注 14 所指方框中的按钮为单片机复位按钮。

2. 电源模块

图 5-1 中标注 4 所指方框中的模块是电源开关，开发板供电是通过图 5-1 中标注 6 所指方框中的 USB 接口进行供电的，接口类型是 Mini USB 接口。此外，为便于外接模块供电，开发板上还提供了如图 5-1 中标注 8 所指方框中的 5V 和 3.3V 两路电源输出。

3. 液晶显示模块

图 5-1 中标注 13 所指方框中的模块为 LCD1602 液晶显示模块连接接口，标注 12 所指方框中的模块为 LCD1602 对比度调节电阻器。

4. 温度检测模块

图 5-1 中标注 9 所指方框中的模块为 DS18B20 接口。

5. 程序下载模块

STC89C52 单片机具有 ISP 特性，程序下载都是通过串口进行的。开发板没有配置 9 针串口，但配置有如图 5-1 中标注 5 所指方框中的串口跳线接口模块、标注 6 所指方框中的 USB 接口模块、标注 7 所指方框中的 USB 转串口芯片（即 CH340 芯片）模块，这 3 个模块共同构成程序下载模块。标注 5 所指方框中的串口跳线接口模块是为单片机串口外接模块提供方便的。当用短路帽将跳线短接时，单片机串口和开发板上的 USB 转串口模块连接，上位机就可以通过 USB 口进行程序下载。移除短路帽之后，单片机串口和开发板上的 USB 转串口模块之间的连接断开，这时可将单片机串口用于和其他外接模块进行连接，通过串口进行通信。

5.2 控制器模块电路设计原理

除了要熟悉实物图中相关功能部件外，还应熟悉相关的电路设计原理。只有熟悉了原理，才可以了解单片机和板载模块、外接模块之间的电气连接，才能知道在软件设计时应该通过哪些引脚来控制相应的外接模块、板载模块，实现预定的功能。下面仅就单片机最小系统电路设计原理和 USB 转串口模块电路设计原理进行说明，其他相关模块将在后续的软件设计中进行说明。

5.2.1 单片机最小系统电路设计原理图

普中 51-单核-A3&A4 最小系统电路设计原理图如图 5-2 所示，单片机最小系统由电源、复位系统和晶振系统构成。从图 5-2 中可以看出，单片机大多数口线都外接了上拉电阻器，上拉电阻器的阻值为 10kΩ。并且 P0、P1、P2、P3 这 4 个输入输出口均由 J20、J22、J25、J29 排针引出，P0、P1 和 P2 口部分引脚预留了液晶显示模块连接接口。图 5-2 中显示的晶振系统中的晶振频率为 12MHz，但需要注意的是实物图中晶振频率为 11.059 2MHz，电容 C12 和 C13 为起振电容。复位系统由按键 RSTK1、电阻器 R9、电容 C14 构成，按下 RSTK1 按键就可以进行单片机复位重启。按键 RSTK1 即图 5-1 中标注 14 所指按钮。

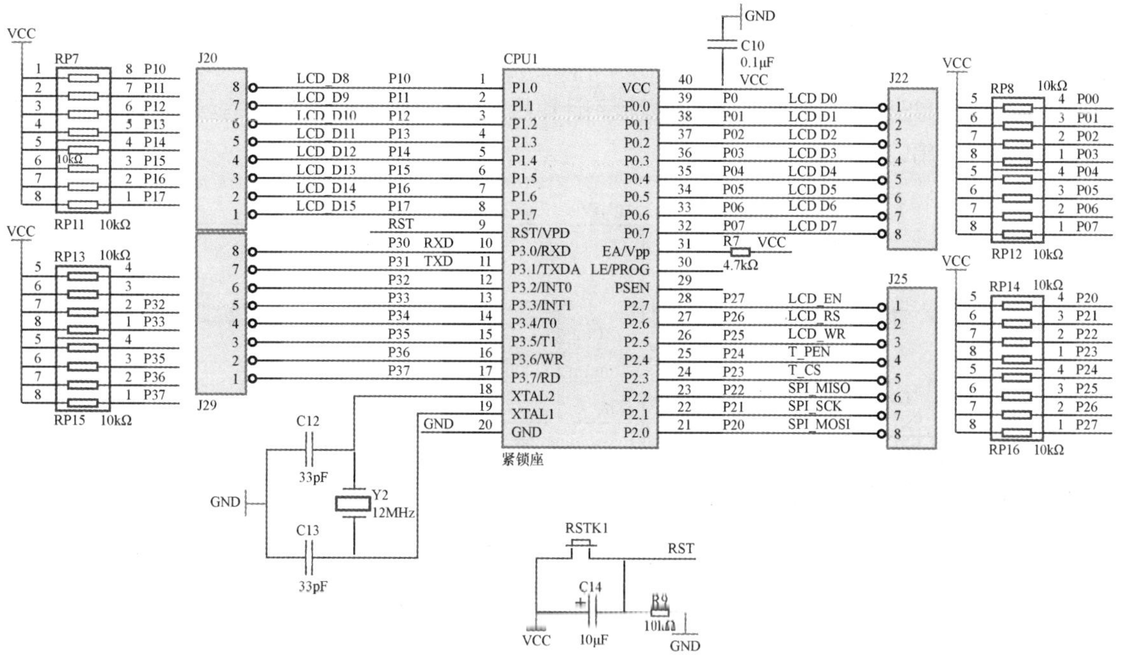

图 5-2　普中 51-单核-A3&A4 最小系统电路设计原理图

5.2.2　USB 转串口模块电路设计原理图

STC89C52 单片机具有 ISP 特性，即利用 PC 端的控制程序就可以将用户的程序下载到目标机中，用户不用再单独购买通用编程器。

对于 51 系列单片机来说，程序下载和调试都是通过单片机串口来实现的。STC89C52 单片机内部驻留了一段程序，复位后，单片机首先执行该段程序，该段程序执行时首先对串口进行监听，如果有程序下载命令，则进行程序下载，如果没有程序下载命令，则转而执行用户程序。

串口现在使用较多的是 9 针串口，台式计算机一般都有配置，由于 9 针串口体积较大，而笔记本电脑出于携带的便捷性考虑，基本都不配置 9 针串口。为能在笔记本电脑上进行串口通信，人们引入了 USB 转串口模块，该模块通过软硬件协同，能够把 USB 口当作串口使用。

普中 51 开发板没有提供 9 针串口，不过提供了 USB 转串口模块，通过 USB 转串口模块实现上位机程序下载。图 5-1 中标注 7 所指的芯片就是 CH340 芯片，该芯片能够实现 USB 总线和串行总线的转接。

USB 转串口模块的电路设计原理图如图 5-3 所示。从图 5-3 中可以看出 CH340 芯片第 2、3 引脚分别为 RXD 引脚、TXD 引脚，对应的网络标号为 RXD-U、TXD-U，此外在图 5-3 中还可以找到跳线接口 P5，其左端 1 和 3 脚分别对应网络标号 RXD-U、TXD-U，右端 2 和 4 脚网络标号分别为 RXD、TXD。CH340 芯片的 5 脚 UD+和 6 脚 UD-网络标号分别为 D+和 D-，对应的网络标号出现在 USB1 接口的 2 脚和 3 脚上，USB1 接口就是图 5-1 标注 6 所指的 USB 接口。直接通过 P5 接口 2 和 4 脚外接与外部串口通信模块连接进行通信。从图 5-3 中可以看出，如果用短路帽分别将跳线接口 P5 的 1 脚和 2 脚短接，3 脚和 4 脚短接，则单片机串口 TXD 和 RXD 就连接到 CH340 芯片的 RXD、TXD 引脚，单片机串口和 USB 转串口模块连接，经过 CH340 芯片转换，对应到 CH340 芯片的 UD+和 UD-引脚，然后通过 USB1 接口就实现了串口和 USB 口的相互转换，这样用 USB 数据线就可以将开发板和计算机 USB 口连接，配合相关驱动程序和软件，进行程序下载或与串口调试器通信。

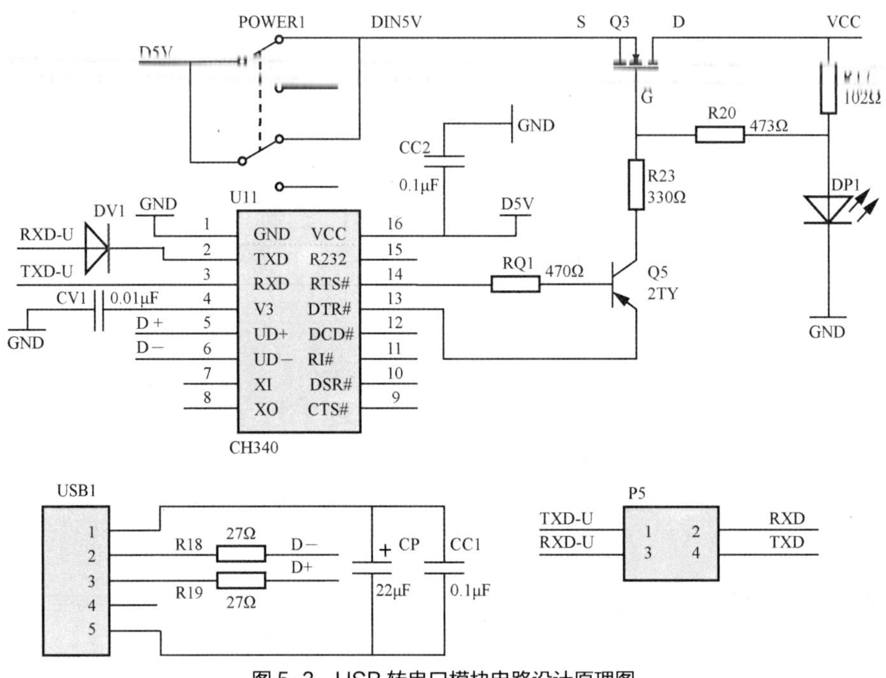

图 5-3　USB 转串口模块电路设计原理图

图 5-3 中 POWER1 为电源开关，对应图 5-1 中的标注 4 所指电源开关，DP1 为电源工作指示灯，对其他内容有兴趣的读者可以参考 CH340 芯片用户手册进行学习了解。

如果使用其他类型的 51 控制器模块，也需要预先熟悉和了解控制器模块的最小系统模块、液晶显示模块、串口下载模块、输入输出口和 3.3V 供电模块。

【任务实施】

5.3 控制器模块驱动程序安装

开发板驱动程序安装是指 USB 转串口 CH340 驱动程序的安装，USB 和串口转换不仅需要硬件支持，还需要上位机相关软件的支持。CH340 转换芯片实现 USB 信号和串口信号的物理转换，上位机需要专门的软件即驱动程序将 USB 口接收的 USB 标准的数据格式转换为串口标准的数据格式。

在使用 USB 转串口功能之前，必须要先安装相应的驱动程序。安装操作步骤如下所示。

步骤 1：找到安装程序。

USB 转串口 CH340 驱动程序文件夹所在目录为“普中 51-单核 A3&&A4 开发板资料\3--开

发工具\2.开发板驱动”，该文件夹下所含文件如图 5-4 所示（也可以在网络上搜索下载 CH340 驱动程序）。

图 5-4　CH340 驱动程序文件夹内容

步骤 2：驱动程序安装。

双击图 5-4 中标注 1 所指方框中的 CH341SER 程序，将会出现图 5-5 所示的主界面。

单击图 5-5 中标注 1 所指方框中的“安装”按钮，开始执行安装程序，安装完成后弹出图 5-6 所示的对话框。

单击图 5-6 中标注 1 所指方框中的“确定”按钮，退出上述对话框，完成驱动程序安装。

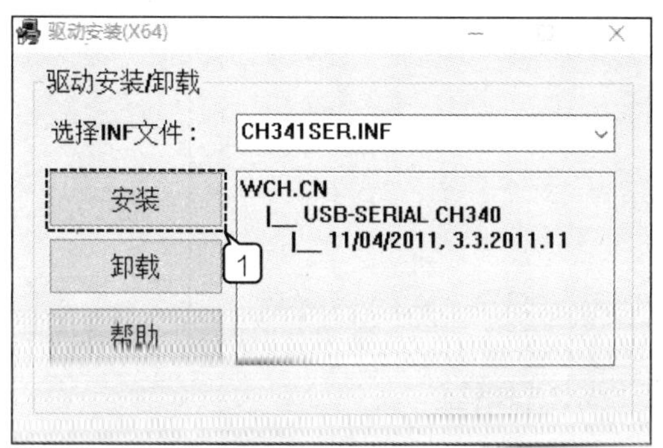

图 5-5　USB 转串口驱动程序安装主界面

图 5-6　驱动程序预安装成功

步骤 3：安装验证。

用 USB 数据线分别将两块开发板的 USB 接口和计算机的两个 USB 接口相连。右击桌面上的计算机图标（如图 5-7 中标注 1 所指方框中的图标），弹出图 5-7 所示的快捷菜单。

在快捷菜单上单击如图 5-7 中标注 2 所指方框中的“属性”命令，弹出图 5-8 所示的界面。单击图 5-8 中标注 1 所指方框中的“设备管理器”，弹出图 5-9 所示的界面。

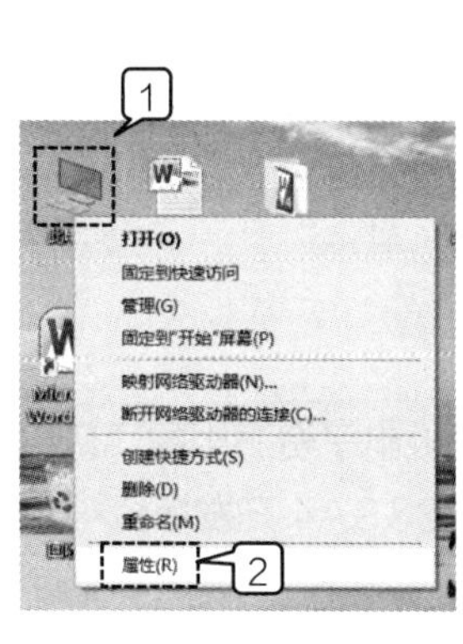

图 5-7　此电脑快捷菜单

图 5-8　计算机属性界面

单击图 5-9 中标注 1 所指方框中的“端口（COM 和 LPT）”，可以看到有两个端口（如图 5-10 所示），一个是 USB-SERIAL CH340（COM3），另外一个是 USB-SERIAL CH340（COM4）。这里之所以有两个端口，是因为计算机的两个 USB 口各自和一个普中单片机开发板 USB 转串口连接。前述两个端口是系统自动添加的，驱动程序检测到某个 USB 口用线缆连接到 USB 转串口模块，则会自动添加一个端口，拔除后会自动删除该端口。在程序下载时，应核对好要下载的目标机所对应的 COM 口，以免将程序下载到别的单片机中。

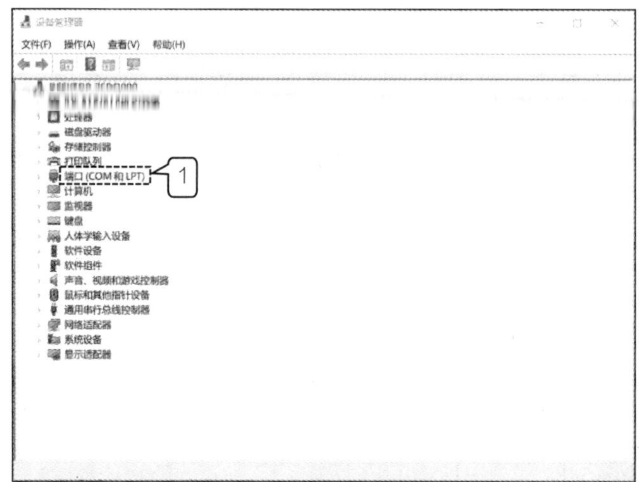

图 5-9　设备管理器界面

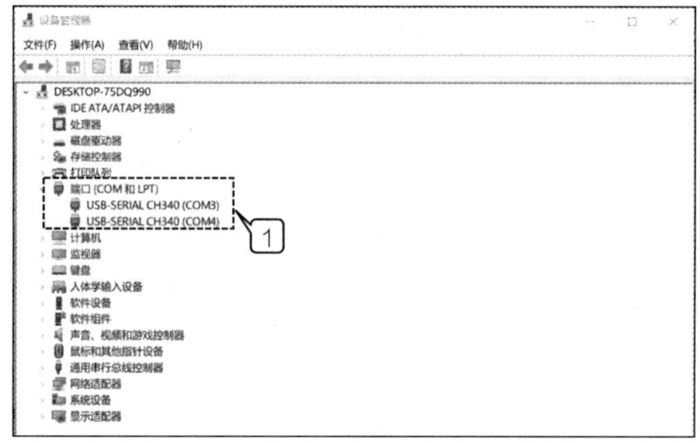

图 5-10　设备管理器端口显示

5.4 程序下载方法

程序下载（有时也称为程序烧入）软件可以通过普中单片机开发板电子资源中的“普中自动下载软件 1.86.exe”程序进行下载。文件所在目录为“普中 51-单核 A3&&A4 开发板资料\3--开发工具\3. 程序烧入软件”。

程序下载软件文件夹下的文件如图 5-11 所示。

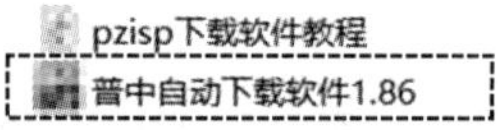

pzisp下载软件教程
普中自动下载软件1.86

图 5-11　程序下载软件文件夹

下载操作步骤如下。

步骤 1：双击该软件，弹出图 5-12 所示的界面。单击标注 1 所指方框中的“芯片类型”下拉按钮，下拉列表中的列表项如图 5-13 所示。在下拉列表中选择开发板芯片“STC89Cxx（New）”。

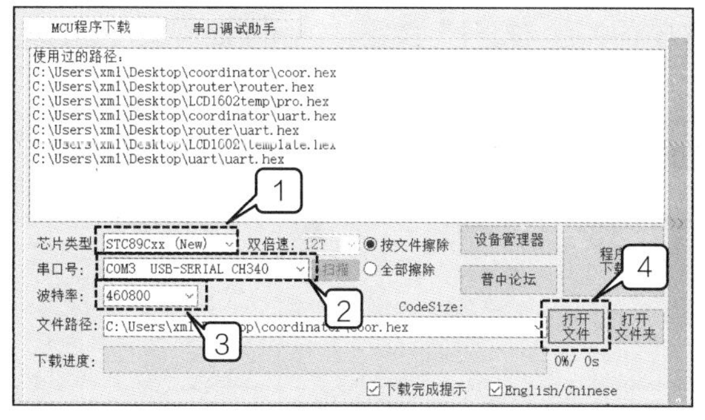

图 5-12　普中程序下载软件运行主界面

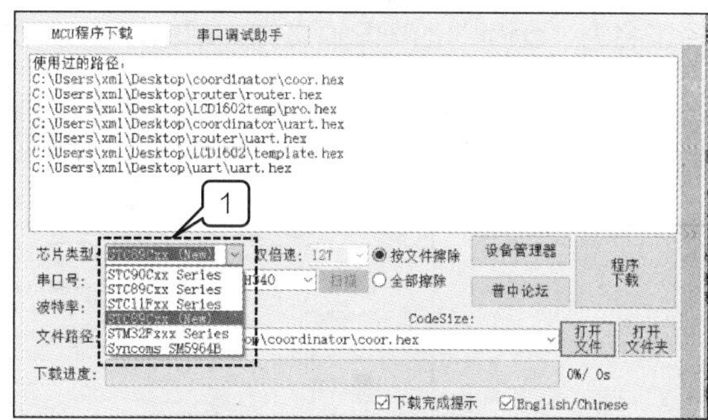

图 5-13　芯片类型选择

步骤 2：串口选择。单击图 5-12 中标注 2 所指方框中的“串口号”下拉按钮，弹出图 5-14 中标注 1 所指方框中的串口选择列表。串口选择列表将会列出所有连接有设备的 USB 口。如果有多个 USB 口连接有设备，那么可以将目标机连接的 USB 线缆拔除，这个时候对应的串口号将不再显示在下拉列表里面，再将 USB 线缆插入 USB 口，那么新增的 COM 端口号就是所连接的 COM 端口号。然后选择目标机所对应的 COM 端口号即可。图 5-14 所示的下拉列表有两个 COM 端口号，分别是 COM3 和 COM4，其中目标机所连接的端口为 COM4，所以选择 COM4 端口。

步骤 3：波特率设置。单击图 5-12 中标注 3 所指方框中的“波特率”下拉按钮，将会弹出图 5-15 中标注 1 所指方框中的所有可用的波特率。在下拉列表中选择所需要的波特率即可完成波特率配置。图 5-15 所示波特率选择为“9600”。波特率越高下载速度越快。但是如果波特率选择过高，有可能会导致下载失败，这个时候就要重新进行波特率配置，选择一个能稳定下载的波特率。

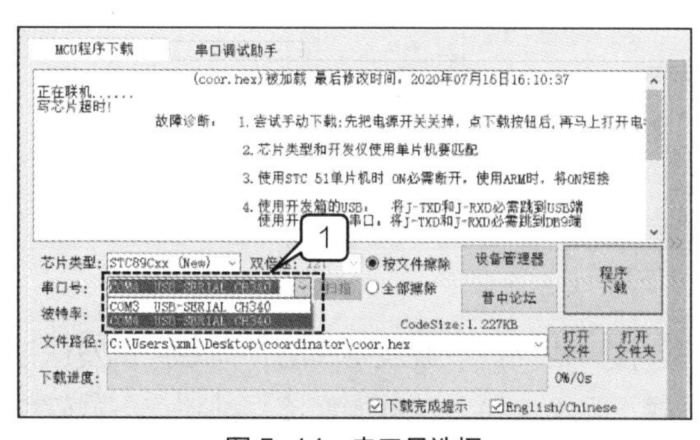

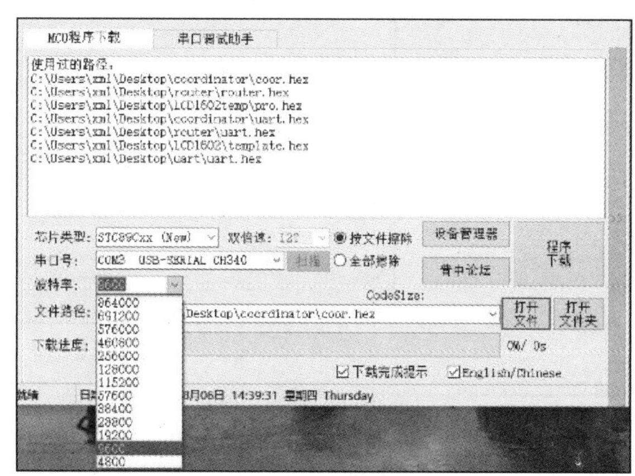

图 5-14　串口号选择

图 5-15　波特率选择

其他的选项保持默认设置。

步骤 4：选择需要下载的 HEX 文件。单击图 5-12 中标注 4 所指方框中的“打开文件”按钮，将弹出图 5-16 所示的 HEX 文件选择对话框。

步骤 5：选定需要下载的 HEX 文件。如图 5-16 所示，通过标注 1 所指方框中的文件定位操作，找到 HEX 文件所在文件夹，选中需要下载的 HEX 文件，如图 5-16 中标注 2 所示的文件，选择了名为“coor”的 HEX 文件。单击标注 3 所指方框中的“打开”按钮，关闭 HEX 文件选择对话框，完成 HEX 文件选择。

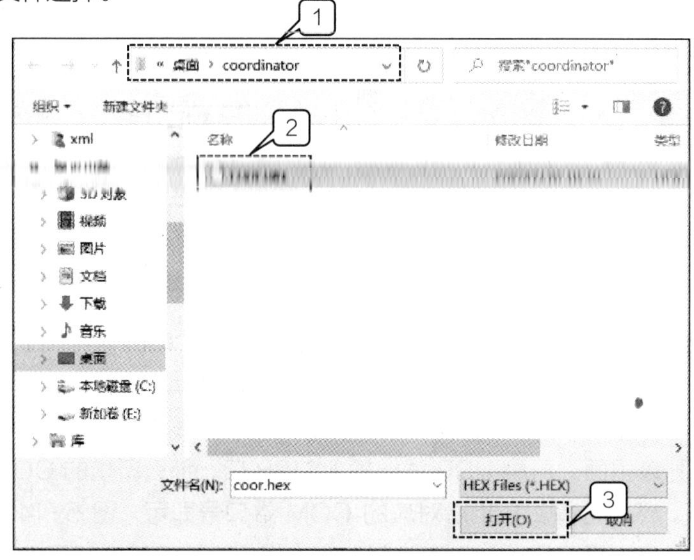

图 5-16　HEX 文件选择对话框

步骤 6：单击图 5-17 中标注 1 所指方框中的“程序下载”按钮（选择好 HEX 文件后，程序下载按钮变成黑色），下载软件尝试进行 HEX 文件下载。

图 5-17　程序下载

下载程序先尝试通过串口和目标板开始建立通信连接，协商好下载波特率后，向单片机发送控制信息，完成单片机用户程序区信息擦除后，开始下载 HEX 文件。这些操作流程都将在下载软件的文本框中进行显示，具体显示内容如图 5-18 中标注 1 所指方框中所示。程序下载进度以标注 2 所指方框中的变化显示，同时还显示下载所用时间。

下载进度达到 100%，表示程序下载完成，下载完成界面如图 5-19 所示，其中标注 1 所指方框中显示下载所用耗时和下载完毕提示。图 5-19 中标注 2 所指方框也会显示下载进度达到 100% 和所耗费的时间。关闭下载完成界面，结束程序下载操作。

图 5-18　HEX 文件下载过程

图 5-19　HEX 文件下载完成界面

有时在单击“程序下载”按钮后，有可能出现下载程序联机失败，下载程序状态显示框中会给出相关提示，这时只需要按照指示进行操作后再次单击“程序下载”按钮进行下载，直至下载成功。下载前，要检查 USB 数据线是否正确连接、串口端口号是否正确、波特率是否选择过高。如果这些都正确无误，还出现联机失败，可以先按下开发板上的电源开关，关闭电源，然后单击“程序下载”按钮，再立刻打开开发板上的电源开关，即可下载成功。

软件下载完成，目标机就会立即执行用户程序。如果要让程序重新执行，可以按下图 5-1 中标注 14 所指方框中的复位按钮。

【实施记录】

对照任务实施步骤，熟悉开发板上相关功能部件后，完成开发板驱动程序安装，将 5.3 节中的样例工程的 HEX 文件下载到单片机中，观察程序运行情况，并将操作过程和结果记录在表 5.1 中。

表 5.1　控制器模块驱动程序安装和程序下载软件使用实施记录表

实施项目	实施内容
开发板驱动程序安装	
线路连接	
程序下载	
程序运行现象	

【任务小结】

控制器模块上载有开发需要的液晶显示模块接口、温度检测模块接口、程序下载接口和串口。液晶显示模块和温度检测模块在接入时要对照电路设计原理图接入，后续模块软件开发也要对应原理图定义相关接口。程序下载通过串口进行，相应的程序下载软件在使用时，要确认好相应的串口号、波特率，同时还要注意跳线设置是否正确。后续串口既要外接 ZigBee 应用模块，还要用于程序下载，因此要注意两种情况下的串口连接方式。

【知识巩固】

一、填空题

1. 可以借助开发板进行________开发，验证设计的________和________。
2. 单片机最小系统由________、________和________构成。
3. CH340 芯片能够实现________和________的转接。
4. USB 转串口所对应的串口号可在________中查看。
5. 下载程序下载软件时需要先选择________，再确定________，然后要配置好________，最后再选择好要下载的 HEX 文件。
6. 程序下载完成后，单片机会________执行该程序。

二、选择题

1. 关于控制器模块，下列说法错误的是（　　）。
   A. 最小系统是单片机能正常工作所应有的最基本的条件
   B. 最小系统一般由电源、复位系统和晶振系统构成
   C. 最小系统一般由电源、复位系统、程序下载系统和晶振系统构成
   D. 最小系统是系统能够正常工作所需要的最少元器件
2. 关于 USB 转串口，下列说法错误的是（　　）。
   A. USB 转串口需要软硬件结合才能进行
   B. USB 转串口在使用时需要安装驱动程序
   C. USB 转串口芯片目前只有 CH340 系列
   D. USB 转串口之后的串口号可在设备管理器中查看
3. 程序下载软件在使用时，以下叙述是错误的是（　　）。
   A. 需要指定端口号　　B. 需要指定波特率
   C. 需要指定下载文件　　D. 波特率可以设置为推荐的最高值
4. 程序下载时出现联机失败提示，可能的原因不包括（　　）。
   A. 串口线接错　　B. 电源未接通
   C. HEX 文件选择错误　　D. 波特率设置过高
5. 以下程序下载操作步骤中有错误的是（　　）。
   A. 用数据线将控制器模块和计算机连接
   B. 打开控制器电源
   C. 打开程序下载软件，配置好端口号、波特率，不需要考虑芯片类型
   D. 确定下载程序下载软件，而后就可以进行程序下载

【知识拓展】

程序下载原理概述

程序下载就是将用户程序写入单片机内部的 Flash 中，单片机下载程序常用的方法有 3 种，分别是 JTAG、ISP 和 IAP。对于 51 单片机来说，一般采用 ISP 方法。采用该方法的单片机内部 Flash 中预先驻留了一段程序。当单片机复位后，单片机将先执行这段驻留的程序，如果驻留程序检测到串口下载请求，将执行程序下载操作；否则将跳转到用户程序区执行用户程序。这段驻留的程序是单片机出厂自带的，它在出厂后就不能修改或擦除。

【技能拓展】

如果手头有其他单片机开发板，请按照开发板说明书，熟悉相关模块接口和电路设计原理，学会所需要的驱动程序安装，掌握程序下载方法。

工作进程6 串口模块设计与测试

06

【任务概述】

小王在工作进程6的主要任务是完成无线测温系统中单片机串行通信模块的软硬件设计，并构建测试项目对其进行功能测试，以验证设计的有效性和正确性。

【学习目标】

价值目标	1. 通过理论指导实践，掌握马克思主义意识与物质之间的辩证关系 2. 结合意识的能动作用，了解并认识理论学习的重要性 3. 培养调查研究的工作作风
知识目标	1. 了解串行通信格式和相关参数 2. 了解 51 系列单片机串行通信相关配置寄存器 3. 了解中断处理函数特点 4. 了解多文档工程项目文件组织方式 5. 理解并读懂串口驱动程序
技能目标	1. 会构建模块化程序文件 2. 会重用串口驱动程序 3. 会构建多文档工程项目 4. 会编写中断处理函数 5. 会使用串口调试器对串口软件功能进行测试

【知识准备】

串行通信具有协议简单、成本低的优点，因此在嵌入式系统中应用非常广泛。目前，基本上所有微控制器都集成了串口模块，串口模块不但用于微控制器和外接模块进行数据通信，有的还可以通过串口将程序执行信息输出到上位机，方便开发者了解程序执行情况。因此学习、掌握串口模块的使用非常有必要。

6.1 串行通信基础知识

串行通信有时简称 SCI（Serial Communication Interface）通信，其特点是数据以字节为单位，按位的顺序（一般低位优先）从一条传输线上发送出去（另外还需要一根地线）。“位”（bit）是单个二进制数字的简称，是可以拥有两种状态的最小二进制值，这两种状态分别用“0”和“1”表示。在计算机中，通常一个信息单位用 8 位二进制表示，称为一个字节（Byte）。

6.1.1 串行通信的波特率

位长（Bit Length），即位的持续时间（Bit Duration），其倒数就是单位时间内所传送的位的个数。单位时间内传送位的个数为波特率（Baud Rate）。波特率的单位是 baud。在串行通信中，1baud 为 1bit/s。

6.1.2 异步串行通信的数据格式

异步串行通信通常采用的是 NRZ 数据格式，英文全称是“Non-return-to-zero”，即“不归零编码”。“不归零”格式是对归零编码（Return-to-zero，RZ）格式的改进。

在 RZ 中，正电平代表逻辑“1”，负电平代表逻辑“0”，每传输完一位数据，信号返回到零电平。以传输“101001010011”为例，信号线上电平波形如图 6-1 所示。

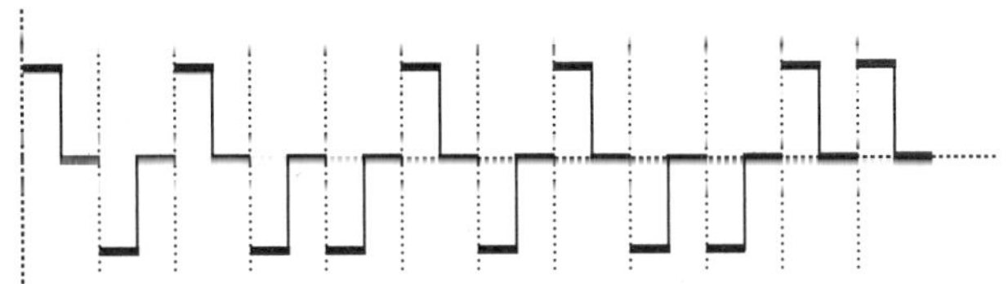

图 6-1 数据 101001010011 的 RZ 编码波形

从图 6-1 中可以看出信号线上会出现 3 种电平，分别是正电平、负电平和零电平。可以看出，因为每位信号对应电平传输之后都要归零，所以信号接收者只要在信号归零时启动采样就可以正确无误地进行信号采样，这样就不再需要单独的时钟信号。实际上，RZ 就相当于把时钟信号编码在了数据之内。这样的信号也叫作自同步（Self-Clocking）信号。

在 RZ 中，信号传输时间中的部分时间的信号都是零电平，没有用来传输有效信号，因此数据传输率低，为此出现了 NRZ 传输。在 NRZ 中，依然用正电平表示一种二进制值，负电平表示另一种二进制值，不再使用零电平。同样以传输二进制数据“101001010011”为例，NRZ 传输时，信号线上电平波形如图 6-2 所示。

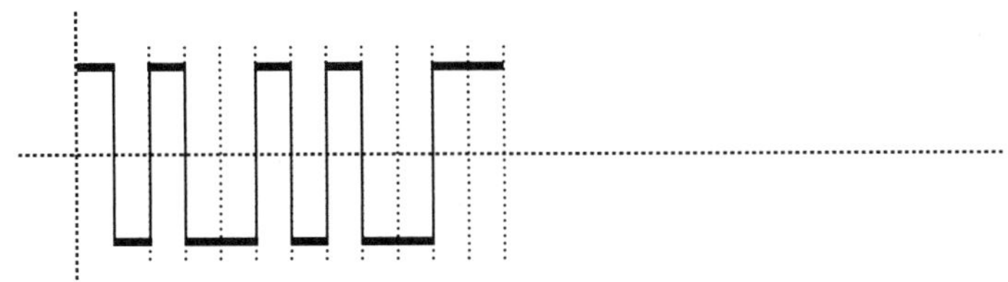

图 6-2 数据 101001010011 的 NRZ 波形

从图 6-2 中可以看出，由于去掉了归零步骤，NRZ 传输时间利用率高，不过也丢失了用于启动接收端采样的同步信号。由此可见，这也是异步串行通信名称的由来。虽然丢失了同步信号，但是如果收发波特率一致，或者有少许误差，在较小的时间段内，仍然可以正确采样接收信号，保证接收到的数据的准确性。

如果使用一种电平表示一种二进制，用零电平表示另外一种二进制，RZ 和 NRZ 将会造成电平累积，最终影响数据的正确传输。当然也有其他编码方式能够解决这一问题，如曼彻斯特编码等，有兴趣的读者可以自行搜集相关资料进行了解。

为避免异步通信方式下随时间增长而不断增加的采样累积误差，异步通信都是采用数据帧的形式进行数据收发，帧一般由起始位、数据位、校验位（可以没有）、停止位构成。帧与帧之间采用强制同步，而帧内信号无须同步，以这种方式避免收发双方因异步收发方式所产生的误差。

下面以一个 7 位有效数据、1 位偶校验情况为例说明帧的结构。图 6-3 给出了该 7 位数据传输的数据格式。

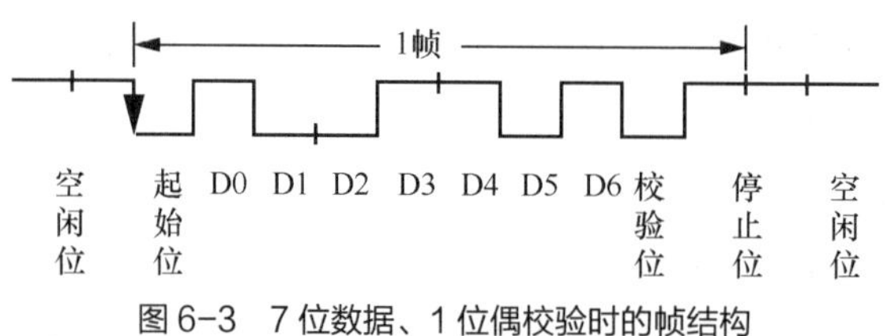

图 6-3　7 位数据、1 位偶校验时的帧结构

串行通信以两线方式进行数据传输，两线中一根线是数据线，另外一根线是地线。数据线相对于地线的电平只有两种，要么是高电平，要么是低电平。在无数据传输时，数据线相对于地线是高电平，对应的数据状态均称为空闲位，即高电平的空闲位表示串行通信数据线未被占用，处于空闲状态。

当发送方需要发送数据时，会先把总线的空闲位高电平拉低为低电平，即输出一个起始位，该起始位通知接收方将要进行数据传输，接收方在起始位后启动数据采样。这个起始位是收发双方的一次同步，即帧同步，表示一次通信的开始。

起始位后就是有效的数据位，高电平为 1，低电平为 0，则对应的 7 个数据位 D0 D1 D2 D3 D4 D5 D6 为“1001101”。

数据发送完毕后，有时为提高数据通信可靠性，在数据位后增加一位校验位，便于接收方判断接收到的数据是否有误，异步串行通信中一般采用奇偶校验。此例中采用偶校验，即数据位 D0 D1 D2 D3 D4 D5 D6 和校验位中“1”的个数要为偶数，因此校验位为“0”。

校验位之后为停止位，表示一次通信结束，停止位也由高电平构成。

停止位之后，数据线返回到空闲状态。

为保证接收方对信号的正确采样，串行通信以字符为传送单位，用起始位和停止位标识每个字符的开始和结束字符，字符之间的间隔不固定，字符内无位同步信号，但字符发送之初有强制同步信号。

6.1.3　奇偶校验

在异步串行通信中，为保证接收方能够检测到数据传输是否正确，会在数据中加入检错纠错手段。最简单也最常见的方法是增加一个校验位（奇偶校验位），供错误检测使用。奇偶校验位用来为每个字符增加一个额外位使字符中“1”的个数为奇数或偶数，这样就可以检测 1 位（或者说其他奇数个数据位）错误。

奇数或偶数依据使用的是“奇校验检查”还是“偶校验检查”而定。当使用“奇校验检查”时，如果字符数据位中“1”的数目是偶数，校验位应为“1”；如果“1”的数目是奇数，校验位应为“0”。当使用“偶校验检查”时，如果字符数据位中“1”的数目是偶数，则校验位应为“0”；如果是奇数则为“1”。这里列举奇偶校验检查的一个实例，ASCII 字符“R”，其位构成是 1010010。由于字符“R”中有 3 个位为“1”，若使用奇校验检查，则校验位为 0；如果使用偶校验检查，则校验位为 1。在传输过程中，若有 1 位（或奇数个数据位）发生错误，使用奇偶校验检查，可以知道发生传输错误；若有 2 位（或偶数个数据位）发生错误，使用奇偶校验检查，就不能知道已经发生了传输错误。但是奇偶校验检查方法简单、使用方便，并且发生 1 位错误的概率远大于发生 2 位错误的概率，所以奇偶校验检查还是最为常用的校验方法。几乎所有 MCU 的串行异步通信模块都提供这种功能。不过在短距离通信场合，发生错误的概率极低，可以不考虑采用错误校验手段。

6.1.4 串行通信的传输方式

在串行通信中，经常用到“单工”“双工”“半双工”等术语。它们是串行通信的不同传输方式。

（1）单工（Simplex）：数据传输是单向的，一端为发送端，另一端为接收端。这种传输方式中，除了地线之外，只要一根数据线就可以了。有线广播就是单工的。单工工作方式如图 6-4 所示。

（2）全双工（Full-duplex）：数据传输是双向的，且可以同时接收与发送数据。这种传输方式中，除了地线之外，需要两根数据线，站在任何一端的角度看，都是一根为发送线，另一根为接收线。一般情况下，MCU 的异步串口均是全双工的。全双工工作方式如图 6-5 所示。

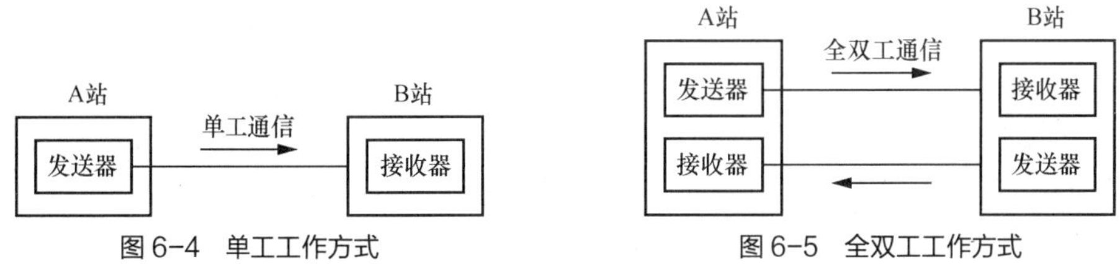

图 6-4　单工工作方式　　　图 6-5　全双工工作方式

（3）半双工（Half-duplex）：数据传输也是双向的，但是在这种传输方式中，除地线之外，一般只有一根数据线。任何时刻，只能由一方发送数据，另一方接收数据，不能同时收发。半双工工作方式如图 6-6 所示。

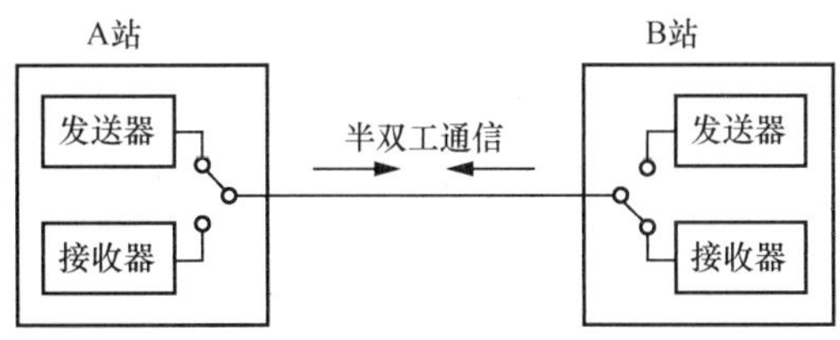

图 6-6　半双工工作方式

6.1.5 RS-232 总线标准

MCU 引脚输入输出一般使用 TTL 电平，即晶体管-晶体管逻辑电平。而 TTL 电平的“1”和“0”的特征电压分别为 2.4V 和 0.4V（目前使用 3V 供电的 MCU 中，该特征值有所变动），即大于 2.4V 则识别为“1”，小于 0.4V 则识别为“0”。它适用于板内数据传输。若用 TTL 电平，则有效传输距离约为 5m。

为使信号传输得更远，美国电子工业协会（Electronic Industry Association，EIA）制定了串行物理接口标准 RS-232C，以下简称 RS-232。RS-232 采用负逻辑，-15～-3V 为逻辑“1”，+3～+15V 为逻辑“0”。RS-232 最大的传输距离约为 30m，通信速率一般低于 20kbit/s。

RS-232 总线标准最初是为远程数据通信制定的，但目前主要用于几米到几十米范围内的近距离通信。一般的台式计算机会带有 1~2 个串行通信接口，称之为 RS-232 接口，简称“串口”，它主要用于连接具有同样接口的室内设备。早期的标准串口是 25 芯插头，但是现在 25 芯线中的大部分已不使用，逐渐改为使用 9 芯串口。

图 6-7 给出了 9 芯串口引脚的排列位置，相应引脚含义如表 6.1 所示。在 RS-232 通信中，常常使用精简的 RS-232 通信，通信时仅使用 3 根线：RXD（接收数据线）、TXD（发送数据线）和 GND（地线）。其他可在进行远程传输时接调制解调器时使用，有的也可作为硬件握手信号（如 RTS 信号与 CTS 信号）。

图 6-7　9 芯串口引脚排列位置

表 6.1　9 芯串口引脚含义

引脚号	功能	引脚号	功能
1	接收线信号检测（DCD）	6	数据通信设备准备就绪（DSR）
2	接收数据线（RXD）	7	请求发送（RTS）
3	发送数据线（TXD）	8	允许发送（CTS）
4	数据终端准备就绪（DTR）	9	振铃指示
5	地线（GND）		

在 MCU 中，若根据 RS-232 总线标准进行串行通信，则需外接电路实现电平转换。在发送端，需要用驱动电路将 TTL 电平转换成 RS-232 电平；在接收端，需要用接收电路将 RS-232 电平转换为 TTL 电平。目前广泛使用 MAX232 芯片，它是专门为 RS-232 标准设计的串口电路，对具体内容有兴趣的读者可以参阅相关资料。

6.1.6　USB 转串口

在进行嵌入式系统开发时，有时使用笔记本电脑，而由于 RS-232 串口体积较大，现在笔记本电脑一般没有 RS-232 串口。不过可以利用笔记本电脑上的 USB 接口，通过 USB 转串口模块来解决这一问题。

USB 转串口模块一般采用 CH340G 芯片。通过该芯片搭建的 USB 转串口电路符合 USB 1.1 通信协议，CH340G 芯片的工作频率为 12MHz，可以直接将 USB 信号转换成串口信号。波特率从 75baud 到 1 228 800baud，有 22 种波特率可以选择，同时支持 5、6、7、8、16 共 5 种数据比特位。

6.2　51 系列单片机串行通信开发指南

51 系列单片机串行通信主要涉及 6 个寄存器，即串口控制 SCON 寄存器、电源控制 PCON

寄存器、串口数据缓冲器 SBUF、定时器工作模式 TMOD 寄存器、中断允许（Interrupt Enable，IE）寄存器、中断优先级（Interrupt Priority，IP）寄存器。

6.2.1 SCON 寄存器

SCON 寄存器的位定义如表 6.2 所示。

表 6.2 SCON 寄存器位定义

位	D7	D6	D5	D4	D3	D2	D1	D0
功能	SM0	SM1	SM2	REN	TB8	RB8	TI	RI

和本任务相关的位如下。

RI：接收中断标志位，数据接收结束时，标志位会自动置 1，需要通过程序将其置 0。

TI：发送中断标志位，数据发送结束时，标志位会自动置 1，需要通过程序将其置 0。

REN：串行接收允许位，为 0 表示允许串行接收，为 1 表示禁止串行接收。

SM1、SM0：串行工作方式选择位。SM1、SM0 位取值和对应的串口工作方式如表 6.3 所示。

表 6.3 串口工作方式

SM0	SM1	工作方式	说明	波特率
0	0	0	移位寄存器	$f_{osc}/12$
0	1	1	10 位异步收发器（8 位数据）	（$2^{SMOD}/32$）×T1 定时器溢出率
1	0	2	11 位异步收发器（9 位数据）	$f_{osc}/64$ 或 $f_{osc}/32$
1	1	3	11 位异步收发器（9 位数据）	（$2^{SMOD}/32$）×T1 定时器溢出率

在串口通信中，一般选用工作方式 1，则波特率和定时器 T1 的溢出率相关。因此在使用串口时，要将定时器配置为工作状态，并且是连续不间断计时状态。

SM2：多机通信控制位。在工作方式 0 时，SM2 一定要等于 0。在工作方式 1 中，当 SM2=1 时则只有接收到有效停止位时，RI 才置 1。在工作方式 2 或工作方式 3 中，当 SM2=1 且接收到的第九位数据 RB8=0 时，RI 才置 1。

本任务中串口工作方式配置为工作方式 1，因此需要将 SM0 置 0，SM1 置 1。由于需要中断接收数据，因此需要将 REN 置 1，即允许接收。

6.2.2 PCON 寄存器

寄存器 PCON 的位定义如表 6.4 所示。

表 6.4 PCON 寄存器位定义

位	D7	D6	D5	D4	D3	D2	D1	D0
功能	SMOD	—	—	—	—	—	—	—

PCON 中只有一个有效位，即 SMOD 位。其他位读写无效。

SOMD：波特率是否加倍选择位，为 0 表示波特率不加倍，为 1 表示波特率加倍。

本任务不需要波特率加倍，因此采用默认值。程序中无须配置。

6.2.3 串口数据缓冲器 SBUF

SBUF 的位定义如表 6.5 所示。

表 6.5 SBUF 位定义

位	D7	D6	D5	D4	D3	D2	D1	D0
功能		—	—	—	—	—	—	—

51 系列单片机 SBUF 位长为 8，接收的数据将存放在该缓冲器中，需要发送的数据也是要先送到此缓冲器中。

6.2.4 TMOD 寄存器

TMOD 寄存器的位定义如表 6.6 所示。

表 6.6 TMOD 寄存器位定义

位	D7	D6	D5	D4	D3	D2	D1	D0
功能	GATE	C/T	M1	M0	GATE	C/T	M1	M0

TMOD 的高四位为定时器/计数器 1 的设置，低四位为定时器/计数器 0 的设置，串口通信波特率设置占用定时器/计数器 1。

C/T：定时器/计数器选择位，其值为 0 表示为定时器，为 1 表示为计数器。由于定时器要处于计时工作状态，因此将 C/T 位设置为 1。

M1 和 M0 位是定时器工作方式选择位。具体设置和工作方式如表 6.7 所示。

由于定时器一直处于重复计时状态，因此一般选择工作方式 2，即 8 位初值自动重装定时器，同时还要禁止定时器 1 的中断。

表 6.7 定时器工作方式选择

M1	M0	工作方式
0	0	工作方式 0：为 13 位定时器/计数器
0	1	工作方式 1：为 16 位定时器/计数器
1	0	工作方式 2：8 位初值自动重装定时器/计数器
1	1	工作方式 3：仅适用于 T0，分成两个 8 位计数器，T1 停止计数

当串口工作在工作方式 2 时，定时器初值 TH1 和波特率 BAUD_RATE 的关系如下所示：

$$TH1=256-\frac{2^{SMOD}\times f_{OSC}}{BAUD\_RATE\times 32\times 12}$$

由于单片机主频为 11.059 2MHz，同时为保证数据传输的可靠性，因此选定波特率为 9 600baud，当 SMOD=0 时，则定时器初值 $TH1=256-(2^0\times 11.0592\times 10^6)/(9600\times 32\times 12)=0xFD$。

6.2.5 IE 寄存器

IE 寄存器的位定义如表 6.8 所示。

表 6.8 IE 寄存器的位定义

位	D7	D6	D5	D4	D3	D2	D1	D0
功能	EA	—	—	ES	ET1	EX1	ET0	EX0

和本任务相关的位如下。

ET1：定时器/计数器 1 中断允许位。其值为 1 表示允许中断，为 0 表示禁止产生中断。

ES：串口中断允许位。其值为 1 表示允许串口中断，为 0 表示禁止串口中断。

EA：总开关。其值为 1 表示允许 MCU 中断，为 0 表示禁止 MCU 中断。

由于串口在数据发送时，一般采用查询发送、中断接收，因此需要将 EA 置 1，ES 置 1，即打开总开关和串口中断。同时将 ET1 清零（由于该位初始值默认为 0，因此代码中无须另外清零）。

6.2.6 IP 寄存器

IP 寄存器的位定义如表 6.9 所示。

表 6.9 IP 寄存器的位定义

位	D7	D6	D5	D4	D3	D2	D1	D0
功能	—	—	—	PS	PT1	PX1	PT0	PX0

和本任务相关的位如下。

PT1：定时器/计数器 1 中断。

PS：串口中断。

由于本任务中只涉及串口中断，因此不必考虑中断优先级。

【任务实施】

6.3 任务 1 控制器模块串口硬件电路设计

本任务的主要目标是进行单片机串口模块驱动程序设计。由于单片机资源有限，没有 PC 那样的显示器和键盘等人机交互设备，因此可以借助 PC 上的这些人机交互设备和辅助软件进行辅助开发。为验证单片机串口收发软件模块功能，依托开发板和 PC 上的串口调试器软件进行串行通信项目验证，开发板上电复位后先通过串口向 PC 发送字符串“HELLO WORLD!”，然后将串口接收端接收到的数据再通过串口发送端发送出去。PC 上运行串口调试器软件来接收、显示 PC 接收到的数据，同时用户也可以通过串口调试器软件向开发板发送数据。

由于通信涉及收、发两个方面，为验证通信模块设计的正确性，将控制器模块作为数据收发的一方，将 PC 作为数据收发另外一方。所构成的串行通信系统构成如图 6-8 所示，两者之间通过开发板上的 USB 转串口模块、P5 跳线模块和 USB 数据线连接。

PC 上运行串口调试器，通过串口调试器，用户可以向单片机发送数据，还可以接收单片机发送过来的数据，发送和接收的数据均可以在串口调试器中进行显示。

P5 跳线模块原理图如图 5-3 所示，其在电路板上的位置如图 5-1 标注 5 所指。需要注意的是，在进行串口模块设计时，需要用跳线帽将 P5 接口的 1 脚和 2 脚、3 脚和 4 脚分别短路。然后用 USB 数据线将开发板上的 Mini-USB 口和计算机 USB 口连接。

跳线帽是一个可以活动的部件，外层是绝缘塑料，内层是导电材料，可以插在相邻的两个跳线针上面，将两根跳线针连接起来。通过跳线帽可以改变部件连接，改变硬件设置，其实物图如图 6-9 所示。

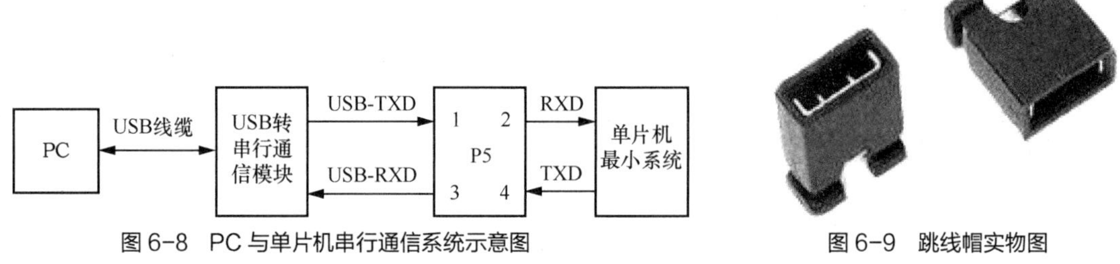

图 6-8　PC 与单片机串行通信系统示意图

图 6-9　跳线帽实物图

6.4 任务 2　串口软件模块设计

根据软件模块化设计方法，串口软件模块包括两个文件，一个是头文件，另外一个是源程序文件。为此，新建两个文本文件，将其中一个文件名更改为“usart51.h”，另外一个文件名更改为“usart51.c”。此外，在数据接收或发送中，还涉及时间处理问题，数据发送一般都是主动的，而数据接收都是被动的，换句话说数据发送一般时间是明确的，而数据接收的时间却是不确定的。因此数据发送一般采取查询方式发送，数据接收采用中断方式处理，中断对接收标志进行配置，主程序通过对接收标志的检测来调用串口模块的接收函数实现数据接收，为此还需要一个中断模块。

6.4.1 头文件代码设计

通信离不开数据的接收和发送。就数据发送来说，串口数据发送是以 ASCII 字符的形式进行的，因此串口模块就数据发送来说，首先需要提供字符发送函数。此外，通信总是基于一个完整的语句方式进行的，而语句总是由字符串构成的，因此可以基于字符发送函数编写字符串发送函数。就串口模块来说，需要设计 3 个功能模块，分别是字符发送函数、字符串发送函数和字符接收函数。除此之外还需要编写串口初始化函数，该函数主要功能包括波特率配置、中断功能配置等。

由以上分析，串口软件模块头文件 usart51.h 代码编写如下。

```
#ifndef __MSART51_H_
#define __MSART51_ H_
```

```
#include "reg52.h"

void init_usart51 ( void ) ;
void char_send_usart51 ( unsigned char ch ) ;
void string_send_usart51 ( unsigned char *p_ch ) ;
void get_char _usart51 ( unsigned char ch ) ;
#endif
```

6.4.2 源程序文件代码设计

串口初始化函数流程图如图 6-10 所示。串口初始化函数如下。

```
#include "usart51.h"
///////串口初始化函数////////
void init_usart51 ( )
{
    TMOD=0x20;          //定时器 1 工作方式 2 自动重装，用于串口设置波特率
    TH1=0xfd;           //波特率为 9 600baud，向 TH1 高 8 位写入初值
    TL1=0xfd;           //向 TL1 低 8 位写入初值
    TR1=1;              //启动定时器 T1
    REN=1;              //REN=1，允许串口接收数据
    SM0=0;
    SM1=1;              //串口工作方式 1
    EA=1;               //总中断允许
    ES=1;               //允许串口中断

}
```

字符发送函数和字符串发送函数流程图分别如图 6-11 和图 6-12 所示。

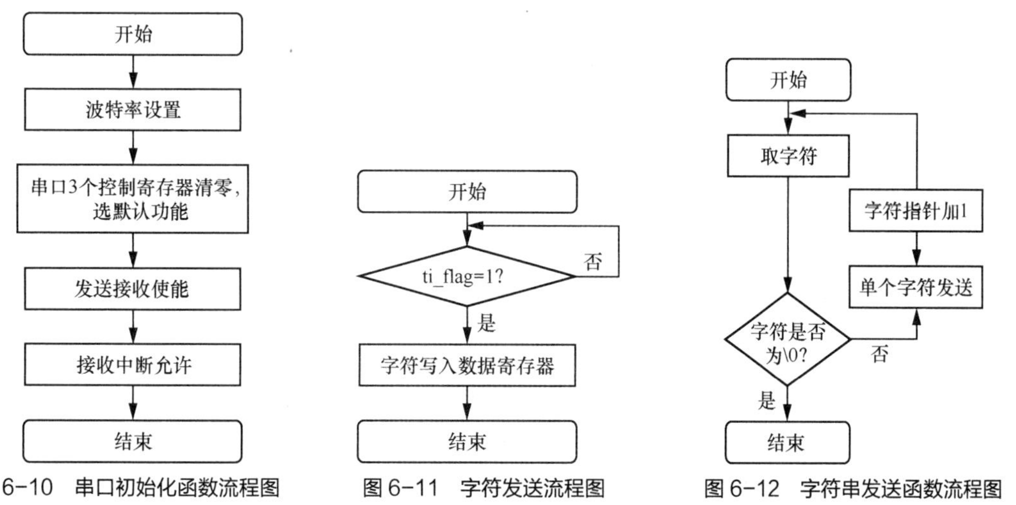

图 6-10　串口初始化函数流程图　　图 6-11　字符发送流程图　　图 6-12　字符串发送函数流程图

由此，串口字符发送函数和字符串发送函数代码编写如下。

```
///////串口字符发送函数////////
void char_send_usart51（unsigned char ch ）
{
      //检查发送缓冲区令牌 ti_flag，如果令牌为 1，表示发送缓冲区被占用，为 0 表示未被占用
      //缓冲区令牌由串行中断处理程序处理。发送完成，令牌清零，表示发送缓冲区已空
      while（ti_flag）;
      SBUF =ch;         //将数据放入发送寄存器
      ti_flag = 1;      //将发送标志置 1，表示已经在发送，待发送完成后由中断处理函数将其清零
}
///////串口字符串发送函数////////
void string_send_usart51（unsigned char *p_ch ）
{
      while（*p_ch）
      {
            char_send_usart51（*p_ch ）;
            p_ch++;
      }
}
```

串口字符接收函数非常简单，只需要直接将串口缓冲区字符赋值给相关变量即可。

```
///////串口字符接收函数////////
void get_char _usart51（unsigned char ch ）
{
      ch=SBUF;
}
```

6.5 任务 3　中断模块软件设计

中断模块软件也由头文件和源程序文件构成，头文件名称为“isr51.h”，源程序文件名称为“isr51.c”，其中头文件要包含中断处理程序中需要调用的函数所在模块的头文件、声明程序中需要访问的外部定义的全局变量。

6.5.1 中断处理函数头文件设计

“isr51.h”文件中的代码如下。

```
#ifndef __ISR51_H_
#define __ISR51_ H_

#include “reg52.h”
#include “usart51.h”
extern unsigned char ti_flag,ri_flag;        //定义在其他模块中的外部变量声明
void usart51_int（void）;
#endif
```

6.5.2 中断处理函数源程序文件设计

中断处理流程图如图 6-13 所示。主程序进入死循环后，如果主机向开发板发送字符，单片机串口收到字符后将会引起中断，MCU 暂停死循环，处理中断，中断程序依次判断是否发生了接收或发送中断，如果发生了相应中断，则将相应的中断标志清零，同时将相应的接收标志和发送标志恢复为有效值。

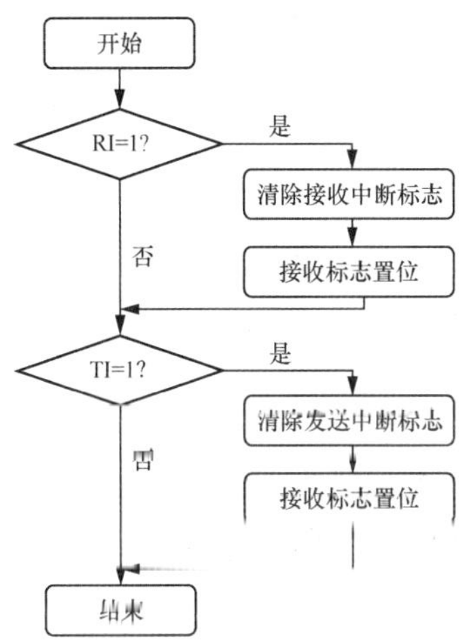

图 6-13 中断处理流程图

由中断处理流程图，中断处理函数源程序文件“isr51.c”代码编写如下。

```
//-------------------------------------------------------------
        void usart51_int (void) interrupt 4
        {
            if(RI == 1)             //如果收到
            {
                RI = 0;             //清除接收中断标志
                ri_flag=1;          //接收标志
            }
            if(TI==1)               //如果送毕
            {
                TI = 0;             //清除发送完成中断标志
                ti_flag=0;
            }
    }//-------------------------------------------------------------
```

6.6 任务 4 串口模块功能测试

为验证串行通信模块软硬件设计的正确性，构建测试项目对串口模块进行功能测试。单片机上电复位后，测试项目调用串口模块中的字符串发送函数通过串口发送端发送字符串“hello world!”，然后进入无限空循环状态。在此期间，上位机运行串口调试器，因此可以接收到控制器模块发送来的字符串“hello world!”。上位机通过串口调试器向控制器模块发送字符时，控制器串口将会产生接收中断，相应的串口中断处理函数将会执行，中断处理函数将把接收到的数据再从串口发送端发送出去。

6.6.1 多文档工程项目构建

串口模块函数由其他模块调用，为其他模块提供服务。为测试该模块是否能正常提供相关服务，需要建立一个测试项目，测试项目的主程序调用串口模块。此外，由于串口模块涉及中断，因此还需要一个中断模块。所以测试项目由 3 个模块构成，即串口模块、中断模块和主程序模块。为便于软件模块重用，需要新建一个多文档工程项目。

1. 工程项目建立

建立多文档工程项目时，先按照 4.3.1 小节~4.3.6 小节相关内容新建单工程项目，所不同的是在桌面上新建的工程文件夹名为“usart”，用作工程的存储位置，工程名称为“usart”，其他配置和操作选项不变。

2. 串口模块添加

在完成“main.c”文件新建和加入项目之后，接下来将“usart51.h”“usart51.c”两个文件复制到工程文件夹下，然后再将这两个文件仿照将“main.c”文件加入工程的操作流程加入工程中。

3. 中断模块添加

将“isr51.h”“isr51.c”文件复制到工程文件夹，同样仿照“main.c”文件新建和加入工程的流程，将这两个文件加入工程中。这样就完成了多文档工程项目的建立。

4. 逻辑分组添加

有时为逻辑上更加明确，还可以在工程项目中先建立模块的逻辑分组，再向逻辑分组中添加模块的头文件和源程序文件。不过这部分操作不是必须的，可以将这部分内容忽略。

每一个功能模块可以对应工程文件中的一个组，即 Group。现以在工程管理器中添加 usart 逻辑分组为例来说明。

如图 6-14 所示，右击标注 1 所指方框中的“Target 1”（或“Sourse Group 1”），弹出快捷菜单，在菜单上单击标注 2 所指方框中的“Add Group...”命令，这时工程管理器中多出一个如图 6-15 中标注 1 所指方框中的“New Group”逻辑分组。

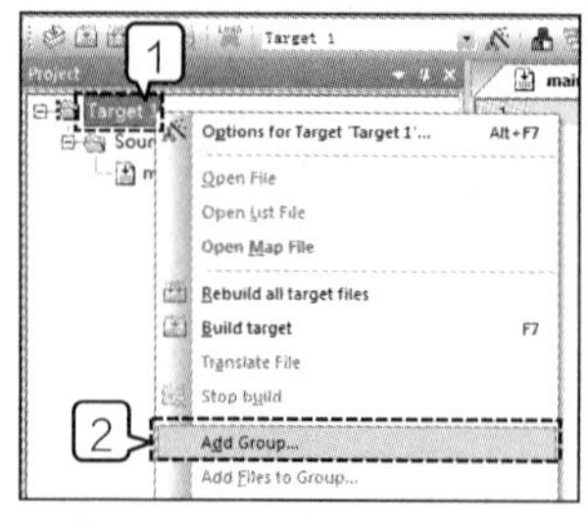

图 6-14 逻辑分组的添加

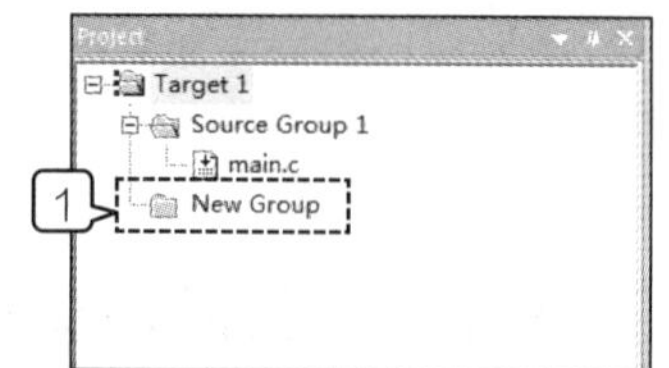

图 6-15 “New Group”逻辑分组添加

双击“New Group”就可以将其更名，名称更改为“usart”，逻辑分组添加完成。更改后的逻辑分组如图 6-16 中标注 1 所指方框中的“usart”所示。

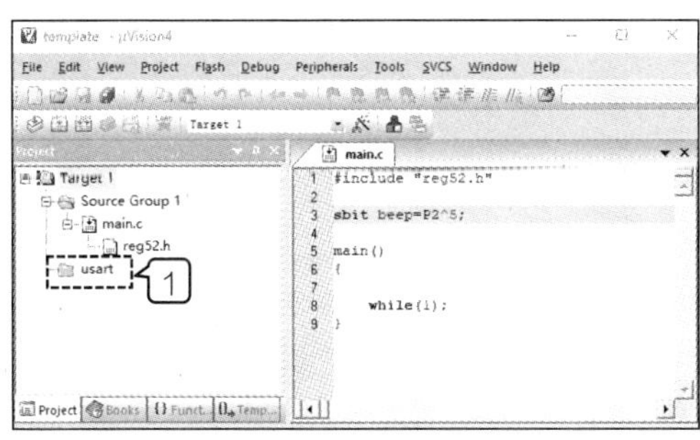

图 6-16　usart 分组添加

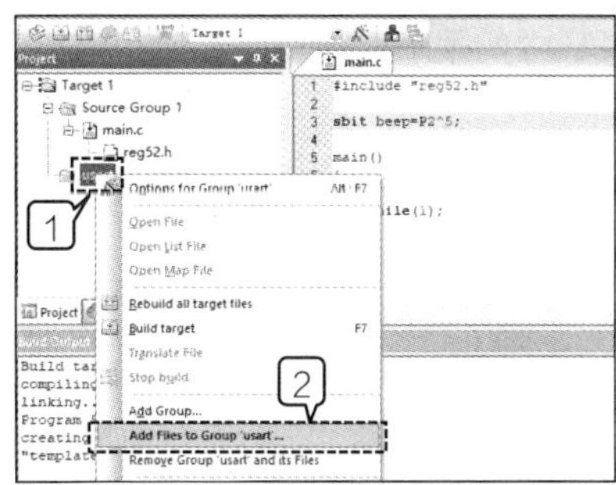

图 6-17　usart 组右键快捷菜单

一般情况下模块名称都应能望文生义，以方便管理。逻辑分组中文件的添加也非常简单，右击图 6-17 中标注 1 所指方框中的“usart”，在弹出的快捷菜单中单击如图 6-17 中标注 2 所指方框中的“Add Files to Group ‘usart’”命令，就会弹出文件添加对话框，在对话框的“文件类型”中选择“All files (*.*)”，移动文件添加对话框滑动条，使得 usart51.c 文件和 usart51.h 文件都显示在对话框中，然后拖选这两个文件，单击如图 6-18 中标注 1 所指方框中的“Add”按钮，就可以将这两个文件加入 usart 组中（如图 6-19 所示）。然后单击图 6-18 中标注 2 所指方框中的“Close”按钮，退出文件添加对话框。

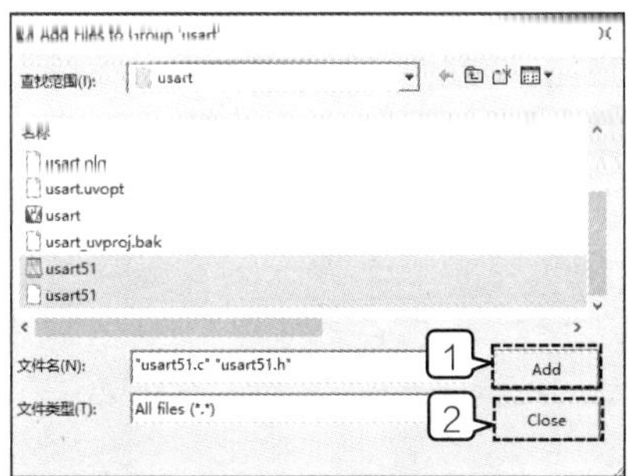

图 6-18　usart 组添加多个文件

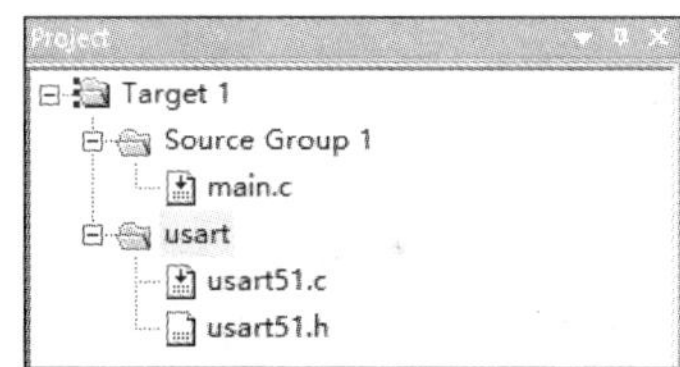

图 6-19　usart 组中的文件

需要说明的是，工程管理器列表中看到的这些文件夹实际上在物理存储器（就是磁盘或者内存）中是不存在的，也就是说工程文件夹中并不存在诸如“usart”子文件夹，它只负责逻辑区分，便于工程管理，而不具有任何实际物理意义。

如果加错了组或者文件，只需要在相应的对象上右击，在弹出的快捷菜单上会有“Remove”相关命令，单击相应的命令就可以将多余或者错误的文件或组从工程管理器中删除。还可以拖动选中的文件到其他组中。

当然，也可以不建组，直接将所需要的模块文件加入工程中，编译以后系统会自动显示各个文件之间的包含关系。

6.6.2　测试主程序设计

主程序流程图如图 6-20 所示。

主程序的主要功能是对串口模块进行测试，系统上电后，程序首先调用初始化函数完成串口初始化后，调用串口模块的字符串发送函数向主机发送预定义的初始字符串，然后进入永不退出的循环。循环中如果串口接收标志为 1，则读取串口接收缓冲区的数据，然后将接收标志清零，否则继续检测接收标志。

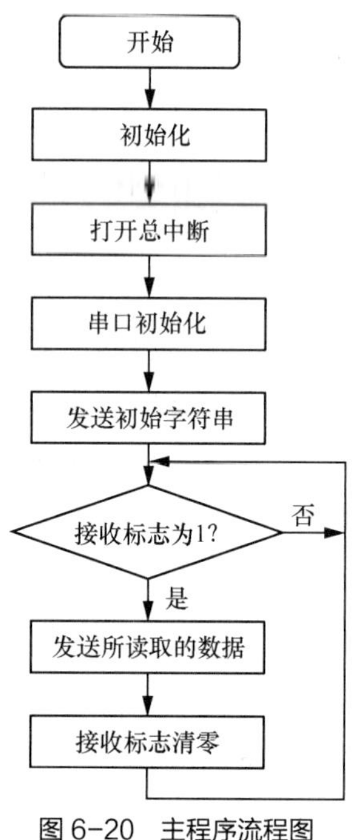

图 6-20　主程序流程图

主程序代码如下。

```
#include“reg52.h”
////主程序中调用了串口模块中的函数，所以需要用 include 语句把对应模块的头文件包含进来
#include “usart51.h”
unsigned char ti_flag,ri_flag;
//--------------------------------------------------------
void main（void）
{
      unsigned char *p_ch = “hello world! ”;
      char receive;
      init_usart51（）;
      ri_flag=0;
      string_send_usart51（p_ch）;
      while（1）
      {
            if（ri_flag）
            {
                  get_char _usart51（receive）;
                  char_send_usart51（receive）;
                  string_send_usart51（“\r\n” ）;
                  ri_flag=0;
            }
      }
}
```

测试项目软件代码编辑完成以后，单击工具栏上的编译按钮进行编译，如果编译有错，则根据编译错误提示进行更正后，再次进行编译。如此反复，直至编译无错，产生 HEX 可执行文件。

6.6.3 工程测试

将单片机开发板和计算机用 USB 数据线连接，按照 5.4 节的内容进行代码下载。

由于单片机资源有限，无法接入便捷的人机交互设备，如常用的显示设备和键盘，因此嵌入式系统应用程序调试往往因为缺乏便捷的人机交互设备，导致程序执行情况看不见摸不着而有诸多不便。不过好在可以借助串口，在单片机程序中设置一些向串口发送的运行提示信息语句，这样调试者可以通过计算机桌面上的信息了解程序运行状态，也可以通过串口将计算机键盘的输入发送到单片机，这样可以方便调试和测试。实现这一目标需要在计算机上运行一个通常叫作串口调试器的软件，通过这个软件可以配置串口通信参数，观察单片机串口输出，还可以向单片机发送 ASCII 数据，观察、了解单片机系统的运行情况。

SSCOM 串口调试器在 3.8.2 小节中进行过介绍，SSCOM 串口调试器启动之后的界面如图 6-21 所示，在图中标注 3 所指方框中的串口号选择下拉列表中选择开发板所连接的串口号，是设定的 PC 与通信对象所用的 COM 号。在图中标注 4 所指方框中的“setup”下方是串口通信参数设置区域，要将其中的波特率和开发板串口模块中的波特率保持一致，否则无法通信。数据位、停止位、校验位以及流控制也需要双方一致，保持默认设置。

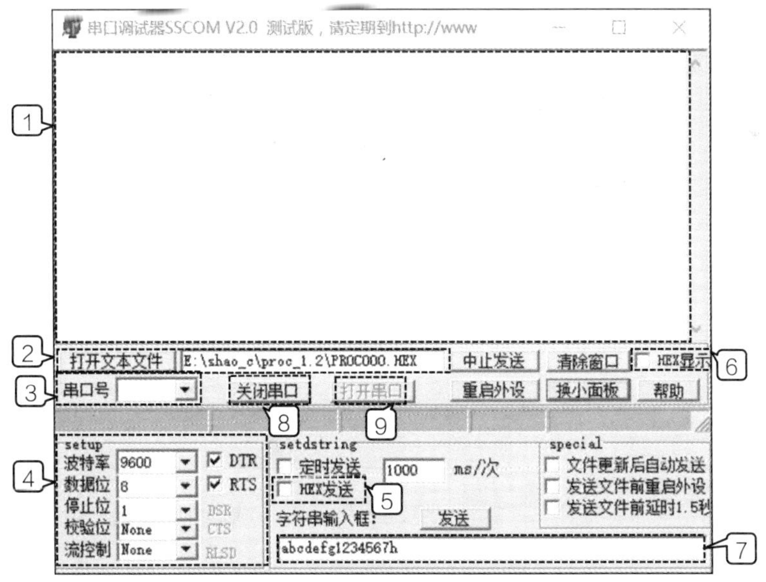

图 6-21 SSCOM 串口调试器界面

将图中标注 6 所指方框中的“HEX 显示”选中，则标注 1 所指方框中的显示区域将按照十六进制形式显示所接收的数据。将图中标注 5 所指方框中的“HEX 发送”选中，则标注 7 所指方框中的字符串输入框中的数据将按照十六进制形式进行发送。

单击标注 2 所指方框中的“打开文本文件”按钮，将会弹出打开文本选择对话框，选择好文件后，文件名就会显示在右边的文本框中，可以实现文件发送。

“setdstring”下方可以设定定时发送，定时时间可设定为多少毫秒发送一次。还可以选择是否以十六进制发送。在“字符串输入框”中可以编辑发送内容，完成编辑后，单击“发送”按钮，串口调试器会将输入框中的内容发送出去。

单击标注 8 和 9 所指方框中的“关闭串口”和“打开串口”决定是否接收和发送数据。

完成代码下载后打开串口调试器，做好串口调试器配置后，按下开发板上的复位按钮，观察串口调试器输出窗口中的内容是否有“hello world!”字样。然后在串口调试器输入框中输入字符串，观察串口调试器输出窗口是否显示所发送的字符。

如果开发板重启后，串口调试器输出窗口能正确显示“hello world!”，并且在串口调试器输入框中输入字符串，然后单击串口调试器上的“发送”按钮，串口调试器输出窗口中能显示所发送的字符串，则说明项目设计与预期一致，特别是串口发送模块和中断模块工作正常，可以在其他工程项目中进行复用。

【实施记录】

对照任务实施步骤，完成串口模块驱动程序编写和多文档工程项目构建、编译，将测试项目中的 HEX 文件下载到单片机中。打开串口调试器，配置好相关设置后，按下控制器模块上的复位按钮，观察串口调试器显示情况，然后在串口调试器输入框中输入字符，单击“发送”按钮，观察串口调试器输出窗口显示内容，将操作过程和结果记录在表 6.10 中。

表 6.10 串口通信模块软件设计和测试实施记录

实施项目	实施内容
多文档工程项目构建和配置	
串口模块、中断模块程序文件新建和添加	
串口模块软件结构	
中断处理函数设计	

续表

实施项目	实施内容
代码编译	
代码下载	
串口调试器配置	
串口收发测试	

【任务小结】

本任务主要介绍了串口通信、波特率、RZ 和 NRZ 数据格式、帧结构、奇偶校验、传输方式、RS-232 总线标准、USB 转串口、51 单片机与串口通信相关的 SCON 寄存器、PCON 寄存器、数据缓冲器 SBUF、TMOD 寄存器、IE 寄存器、IP 寄存器相关位的功能和配置。在串行通信模块设计和测试中介绍了多文档工程项目构建、串口通信硬件组成结构、串口模块及中断模块设计及主程序设计。

【知识巩固】

一、填空题

1. 波特率是指单位时间内________，波特率的单位是________。

2. 异步串行通信通常采用的是________，其优点是________。

3. 串行通信中的数据帧一般由________、________、________、________构成。

4. 串行通信以两线方式进行，其中一根线是________，另外一根线是________。

5. 总线的空闲位由高电平拉低为低电平，即输出________，该________通知接收方将要进行数据传输。

6. TTL 电平的有效传输距离约为________。而 RS-232 采用________，最大的传输距离约为 30m。

7. 使用 MAX232 芯片可实现________电平和________之间的转换。

8. 51 单片机和串口相关的寄存器包括________、________、________、________、IE 寄存器和 IP 寄存器。

9. 多文档文件组织方式中，一个功能模块由________和________两个文件组成。

10. 软件模块重用一般包括两个步骤，第一步是____，第二步是____。

二、选择题

1. 串行通信中，字节中各位的发送顺序是（　　）。

A. 低字节优先　　B. 高位优先　　C. 随机发送　　D. 中间位优先

2. 下面有关串行通信波特率的论述正确的是（　　）。

A. 收发双方波特率要严格一致

B. 收发双方波特率要大致相同，误差不能超过一定数值

C. 收发双方波特率可以不同

D. 收发双方波特率要保持整数倍关系

3. 下面有关异步串行通信数据格式的论述正确的是（　　）。

A. 异步串行通信通常采用的是 NRZ 数据格式

B. 异步串行通信通常采用的是 RZ 数据格式

C. 采用 NRZ 数据格式能够获得比 RZ 数据格式更高的通信速率

D. NRZ 数据格式包含收发双方同步信息

4. 关于串行通信帧的论述错误的是（　　）。

A. 帧必须有起始位，并且是低电平

B. 帧必须有奇偶校验位

C. 帧中的数据位可以配置

D. 帧中必须有停止位

5. 关于奇偶校验，以下论述错误的是（　　）。

A. 收发双方必须使用同一种校验方式

B. 收发双方可以使用不同的校验方式

C. 51 单片机没有奇偶校验模块，需要通过软件进行奇偶校验

D. 奇偶校验不能检测多位错误

6. 关于串口相关寄存器配置，以下叙述错误的是（　　）。

A. 51 系列单片机串口主要涉及 SCON、PCON、TMOD、IP、IE

B. TMOD 寄存器配置与波特率有关

C. PCON 配置与波特率有关

D. IP、IE 与中断无关

【知识拓展】

（1）在嵌入式系统设计中，为方便软硬件重用，一般采用模块化设计思路，根据硬件功能把硬

件分为不同的基础硬件功能模块，然后根据基础硬件功能模块编写相应的驱动程序。驱动程序一般都有硬件初始化模块，然后根据模块应该具备的功能编写相应的函数。模块的划分要相对独立，封闭性好，模块功能以函数的形式供其他模块调用。

（2）程序流程图，又称程序框图，是用统一规定的标准符号描述程序运行具体步骤的图形表示。程序流程图的设计是在处理流程图的基础上，通过对输入输出数据和处理过程的详细分析，将计算机的主要运行步骤和内容标识出来。程序流程图是进行程序设计的最基本依据，因此它的质量直接关系到程序设计的质量。同时程序流程图也是程序员表达软件设计思路和算法的重要手段，某些情况下也是软件的技术核心。程序流程图的绘制可参阅 C 语言程序设计相关教材。

（3）模块 1 调用了模块 2 中的函数，则需要在模块 1 中的源程序代码中用 include 语句把模块 2 的头文件包含进来。这一点和 C 语言中需要调用一些数学函数时，需要把“math.h”包含到主函数中是一样的。

（4）主函数一般不需要头文件。

（5）中断处理函数都是不带形参的，因此中断处理函数和其他模块传递数据都采用全局变量的方式进行。中断处理时间越短越好，所以可以引入标志量，中断处理函数对标志量进行设置，这样中断处理所占用时间较少。然后主程序根据中断标志量进行相应的处理，从而把处理转移到中断外部，减小中断丢失的可能性。

（6）全局变量会破坏模块的封闭性，所以尽可能减少全局变量的使用。

（7）头文件除了进行函数声明和变量声明外，还可以定义硬件模块的接口。嵌入式系统设计与一般程序设计的不同之处在于，嵌入式系统设计和硬件密切相关，在进行重用时，要能够根据硬件设计的不同，对头文件中的接口定义做相应的更改。

（8）程序最好边编写边调试，以及时发现问题、定位问题，从而方便修正。程序在调试阶段的最后应利用一切可能的输出界面显示程序运行情况，如有的场合一般用串口将信息输出到 PC 的串口调试器中，或者系统本身的液晶显示器中，便于了解程序运行状况。

（9）在往工程中添加文件时，如果没有将文件复制到工程文件夹下，当把工程文件夹改到其他目录时，编译将会出错，因为编译器找不到相关模块文件。

（10）在新建的模块头文件中编写代码时，建议参照已有模块编写。

（11）编辑程序时在输入标点符号时如果不注意输入法，会导致程序编辑出错，然后导致编译出错而难以发现错误所在。如中、英文输入法中的分号“;”和“；”是不同的。软件开发平台没有提供中文编程功能，所以进行代码和汉字注释时要注意输入法切换。

（12）代码编译出错而不知所措时，建议上网搜索错误代码或者向老师或同学寻求帮助，了解问题所在。平时注意提高英语阅读能力，逐步掌握常见编译错误提示。

（13）头文件和源程序文件还可以直接在工程文件夹中新建，新建方法是先在工程文件夹中新建文本文件，然后将文件名更改为所需要的名称即可。

（14）有时候文本文件的扩展名“.txt”不显示。要想显示文本文件的扩展名“.txt”，需要更改文件夹视图相关配置。

Windows 7 系统下，文件夹视图更改操作顺序如下。

① 双击桌面上的计算机图标（也可以打开任意文件夹），在弹出的界面中，单击“工具”菜单项，在其中出现的下拉列表中单击“文件夹选项(O)”（如图 6-22 所示），将出现文件夹选项界面。

② 在弹出的文件夹选项界面中，选择其中的“查看”选项卡，如图 6-23 所示。拖动其中的右侧滑块，直至出现标注 2 所指方框中的“隐藏已知文件类型的扩展名”配置项。

③ 单击取消选中图 6-23 中标注 2 所指方框中的复选框。单击“确定”按钮，完成设置操作。文本文件的扩展名“.txt”将恢复显示。

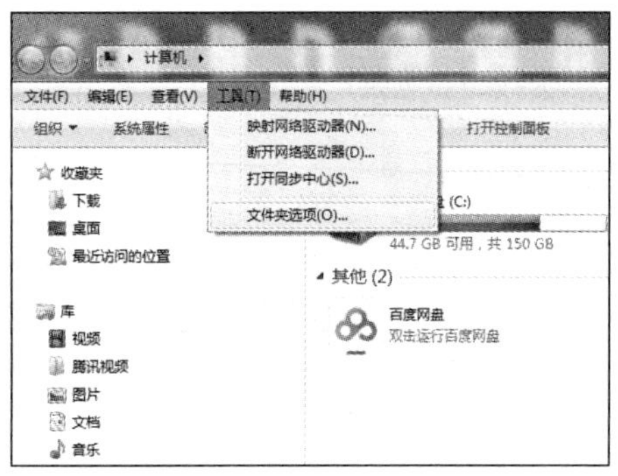

图 6-22　Windows 7“工具”下拉菜单

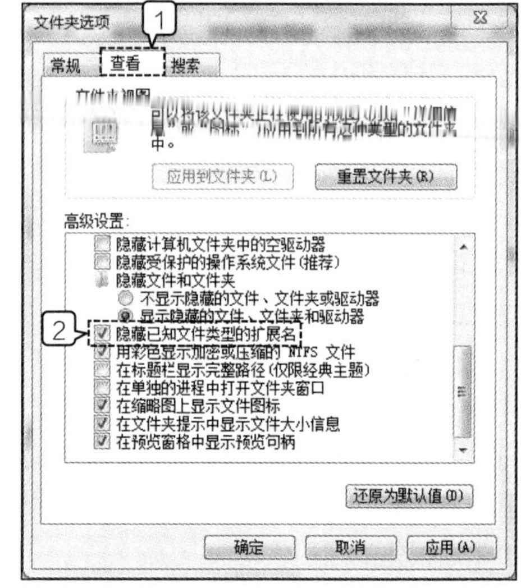

图 6-23　Windows 7 文件夹“查看”选项卡扩展名隐藏更改

在 Windows 10 操作系统下，操作顺序如下。

① 打开任意文件夹，出现如图 6-24 所示的文件夹界面。

② 单击“查看”，出现如图 6-25 所示的界面。

③ 单击取消选中图 6-25 中标注 1 所指方框中的复选框即可。

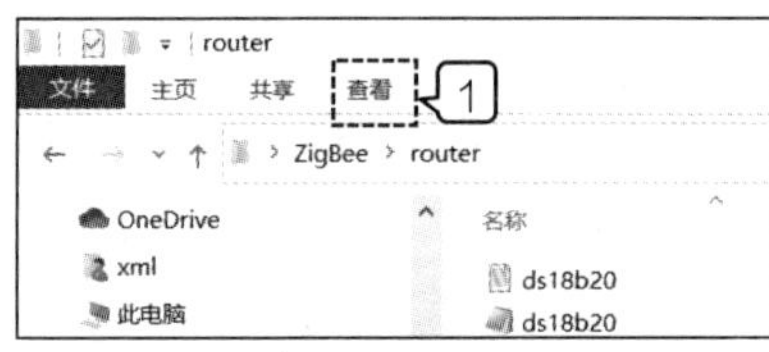

图 6-24　Windows 10 文件夹界面

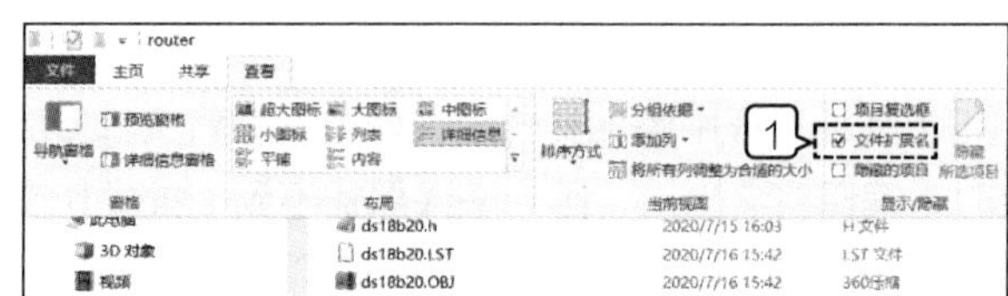

图 6-25　Windows 10 文件夹“查看”选项卡

【技能拓展】

串口初始化函数是不带参数的，如果要对中断和波特率进行配置，就需要在函数内部进行修改，这会影响函数的封装性，因此可以设计带参数的串口初始化函数，通过参数来指定波特率及是否打开串口和总中断。请按照此思路修改串口初始化函数。

工作进程7 LCD1602液晶显示模块设计与测试

【任务概述】

小王在工作进程7的主要任务是进行无线测温系统中LCD1602液晶显示模块的软硬件设计，并设计出相应的测试项目对该模块中的功能函数进行测试。

【学习目标】

价值目标	1. 通过项目设计评价，营造互鉴互学的良好氛围 2. 学习代码设计规范，养成良好的代码设计习惯 3. 通过时序阅读和代码设计，树立规则意识
知识目标	1. 了解液晶显示基本原理 2. 了解 LCD1602 电气接口 3. 了解 LCD1602 指令系统 4. 了解 LCD1602 读写时序及其意义 5. 了解器件时序在软件设计中的作用
技能目标	1. 会构建 LCD1602 模块化程序文件 2. 会重用 LCD1602 模块化程序 3. 进一步熟悉多文档工程项目构建流程 4. 能根据 LCD1602 相关说明阅读驱动程序代码 5. 会编写 LCD1602 驱动程序测试代码

【知识准备】

LCD1602 液晶显示模块是一种可编程器件，因此在开展 LCD1602 液晶显示模块软硬件设计之前，需要先了解和掌握该模块的工作原理、电气接口、配置指令、读写时序，在此基础上才能进行软硬件设计。

7.1 LCD1602 液晶显示模块开发指南

液晶显示器具有厚度薄、功耗低、适用于大规模集成电路直接驱动、易于实现全彩色显示的特点，目前已经被广泛应用在便携式计算机、数字摄像机、PDA（掌上电脑）移动通信工具等众多领域。液晶显示器有不同类型，其中 LCD1602 液晶显示模块具有体积小、功耗低、价格低廉的优点，广泛应用于低容量信息显示场合。

7.1.1 液晶显示基本原理

液晶是一种在一定温度范围内呈现出有别于固态、液态、气态的特殊物质态，这种物质态不仅具有各向异性的晶体所特有的双折射性，还具有液体的流动性。某些液晶在施加电压时，排列变得有秩序，使光线容易通过；不施加电压时，则排列混乱，阻止光线通过。因此可以通过改变外部电压对其显示区域进行不同的控制，进而能够实现所需要的效果。根据液晶的这个物理特性所制成的显示器就叫液晶显示器（Liquid Crystal Display，LCD），它是嵌入式系统中使用非常广泛的显示器件。

由于液晶显示器中每一个点在收到信号后就一直保持恒定的色彩和亮度，而不像阴极射线管（Cathode Ray Tube，CRT）显示器那样需要不断刷新亮点。因此，液晶显示器的画质高且不会闪烁。液晶显示器都是数字式的，和 MCU 的连接更加简单可靠，操作更加方便。液晶显示器通过显示屏上的电极控制液晶分子状态来达到显示的目的，在重量上比相同显示面积的传统显示器要轻得多。相对而言，液晶显示器的功耗主要在其内部的电极和驱动 IC 上，因而耗电量比其他显示器要少得多。

液晶显示器的分类方法有很多种，通常可按其显示方式分为段式、字符式、点阵式等；还可分为黑白显示器和彩色显示器；如果根据驱动方式来分，可以分为静态（Static）驱动、单纯矩阵（Simple Matrix）驱动和主动矩阵（Active Matrix）驱动 3 种。

段式液晶显示器原理与 LED 数码管类似，即由条形液晶单元按照一定形式排列构成。

点阵式液晶显示器由 $M\times N$ 个显示单元组成。假设液晶显示屏有 64 行，每行有 128 列，每 8 列对应 1B 的 8 位，即每行由 16B，共 16×8=128 个点组成，屏上 64×16 个显示单元与其内部的显示 RAM 区的 1 024B 相对应，每一字节的内容和显示屏上相应位置的亮暗对应。例如，显示屏的第一行的亮暗由 RAM 区的 000H~00FH 的 16B 的内容决定，当(000H)=FFH 时，屏幕的左上角显示一条短亮线，长度为 8 个点；当（3FFH）=FFH 时，屏幕的右下角显示一条短亮线；当(000H)=FFH,(001H)=00H,(002H)=00H,…,(00EH)=00H,(00FH)=00H 时，屏幕的顶部显示一条由 8 条亮线和 8 条暗线组成的虚线。因此 RAM 区 824B 内容就决定了液晶显示器显示的图形。

用液晶显示器显示一个字符时就比较复杂，因为一个字符由 6×8 或 8×8 点阵组成，既要找到和显示屏上某几个位置对应的显示 RAM 区的 6 个字节或 8 个字节，还要使每字节的一些位为“1”，其余位为“0”，为“1”的点亮，为“0”的不亮。这样才能组成某个字符。对于内部自带字符发生器的液晶显示器来说，显示字符就比较简单了，内部控制器根据液晶显示器上显示区域的行列号及每行的列数计算出显示 RAM 区对应的地址，设立光标，然后将要显示的字符送到字符发生器，字符发生器将在相应位置上送入该字符对应的显示代码，从而完成字符显示。

汉字的显示一般采用图形的方式，事先提取要显示的汉字的点阵码（一般用字模提取软件），每个汉字占 32B，分左右两半，各占 16B，左边为 1、3、5……右边为 2、4、6……根据在液晶显示器上开始显示的行列号及每行的列数可找出显示 RAM 区对应的地址，设立光标，送上要显示的汉字的第一字节，光标位置加 1，送第二个字节，换行按列对齐，送第三个字节……直到 32B 显示完就可以在液晶显示器上得到一个完整汉字。

市面上便宜的液晶显示器产品以 LCD1602 和 LCD12864 为主。LCD1602 只能显示 ASCII 字符、希腊字符和部分日文符号，可以显示两行，每行显示 16 个字符。而 LCD12864 属于图形类显示器件，由 128 列、64 行组成，既可显示 ASCII 字符，还可以显示汉字。LCD1602 字符型液晶显示模块绝大多数是基于 HD44780 液晶芯片的，它们的控制原理是完全相同的，因此针对 HD44780 编写的控制程序可以很方便地应用于市面上大部分的字符型液晶显示器。

市场上还有有机发光二极管（Organic Light Emitting Diode，OLED）显示器，这种显示器色彩更加艳丽，显示颗粒更细，但是价格较高。

由于本任务显示内容相对较少，并且 LCD1602 价格便宜，使用相对简单，因此选用 LCD1602 作为显示器。

7.1.2 LCD1602 特性

LCD1602 采用标准的 14 脚（无背光）或 16 脚（带背光）接口，其实物图如图 7-1 所示。

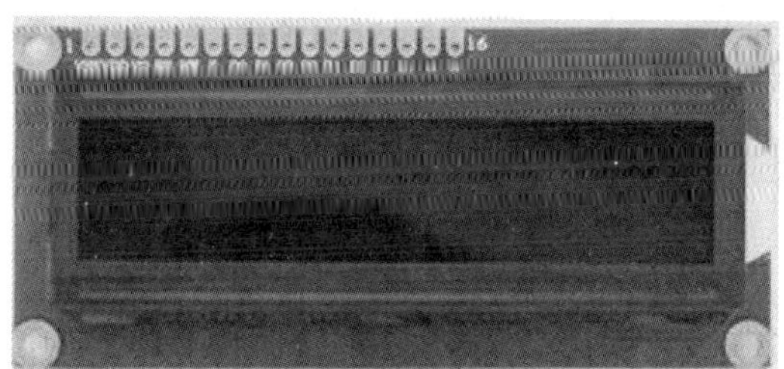

图 7-1 LCD1602 实物图

LCD1602 的主要技术参数如表 7.1 所示。各引脚说明如表 7.2 所示。

表 7.1 LCD1602 主要技术参数

技术参数	指标
显示容量	16×2 字符
芯片工作电压	4.5~5.5V
工作电流	2.0mA（5.0V）
模块最佳工作电压	5.0V
字符尺寸	2.95mm×4.35mm（宽×高）

表 7.2 LCD1602 引脚说明

编号	符号	引脚说明	备注
1	VSS	电源接地	—
2	VDD	电源正极	—
3	VO	液晶显示对比度调节	—
4	RS	数据/命令选择端（H：数据模式。L：命令模式）	—

续表

编号	符号	引脚说明	备注
5	R/W	读写选择端（H：读。L：写）	—
6	E	使能端	—
7	D0	数据 0	4 位总线模式下，[illegible]
8	D1	数据 1	
9	D2	数据 2	
10	D3	数据 3	
11	D4	数据 4	
12	D5	数据 5	
13	D6	数据 6	
14	D7	数据 7	
15	BLA	背光电源正极	不带背光的模块无此引脚
16	BLK	背光电源负极	

LCD1602 的控制器内部带有 CGROM，其中保存了厂家生产时固化在液晶显示器中的点阵型数据显示编码，其内部字符表如表 7.3 所示。

表 7.3　LCD1602 字符表

b3~b0		b7~b4												
		0000	0010	0011	0100	0101	0110	0111	1010	1011	1100	1101	1110	1111
		(0)	(2)	(3)	(4)	(5)	(6)	(7)	(A)	(B)	(C)	(D)	(E)	(F)
0000	(0)	CGRAM (1)		0	@	P	\	p		—	タ	ミ	α	p
0001	(1)	(2)	!	1	A	Q	a	q	。	ア	チ	ム	ä	p
0010	(2)	(3)	"	2	B	R	b	r	「	イ	ツ	メ	β	θ
0011	(3)	(4)	#	3	C	S	c	s	」	ウ	テ	モ	ε	∽
0100	(4)	(5)	$	4	D	T	d	t		エ	ト	ヤ	μ	Ω
0101	(5)	(6)	%	5	E	U	e	u	·	オ	ナ	ユ	σ	ü
0110	(6)	(7)	&	6	F	V	f	v		カ	ニ	ヨ	ρ	Σ
0111	(7)	(8)	'	7	G	W	g	w	ア	キ	ヌ	ラ	p	π
1000	(8)	CGRAM (1)	(	8	H	X	h	x	イ	ク	ネ	リ		X
1001	(9)	(2)	)	9	I	Y	i	y	ウ	ケ	ノ	ル	−1	ч
1010	(A)	(3)	*	:	J	Z	j	z	エ	コ	ハ	レ	i	千
1011	(B)	(4)	+	;	K	[	k	{	オ	サ	ヒ	ロ	×	万
1100	(C)	(5)	,	<	L	¥	l	|	ヤ	シ	フ	ワ	¢	円
1101	(D)	(6)	-	=	M	]	m	}	ユ	ス	ヘ	ン	ŧ	÷
1110	(E)	(7)	.	>	N	^	n	→	ヨ	セ	ホ	¨	n	
1111	(F)	(8)	/	?	O	_	o	←	ツ	ソ	マ	°	Ö	█

0x20～0x7F 为标准的 ASCII，0xA0～0xFF 为日文字符和希腊字符，其余字符码（0x8～0x1F 及 0x80～0x9F）没有定义。表 7.3 中的字符代码与我们 PC 中的字符代码是基本一致的。因此我们在显示数据 RAM（Display Data RAM，DDRAM）中用 ASCII 值来指定显示的字符。内部控制器会根据 ASCII 值在 CGROM 中检索到对应的点阵字符显示码，这样就能够显示所需要的字符。如要显示“A”，将“A”的 ASCII 值 41H 送到 DDRAM 中的 00 地址处，内部控制器根据 ASCII 值 41H 在图 7-2 中检索到“A”的点阵显示码，然后在显示屏上就会显示字符“A”。

CGRAM 是留给用户自己定义特殊点阵型显示数据的区域，在此不赘述。

LCD1602 的控制器内部带有 80×8 位的 RAM 缓冲区，即 DDRAM，其中存放待显示的字符的编码，且和显示屏的内容对应。DDRAM 地址映射与屏幕显示如图 7-2 所示。

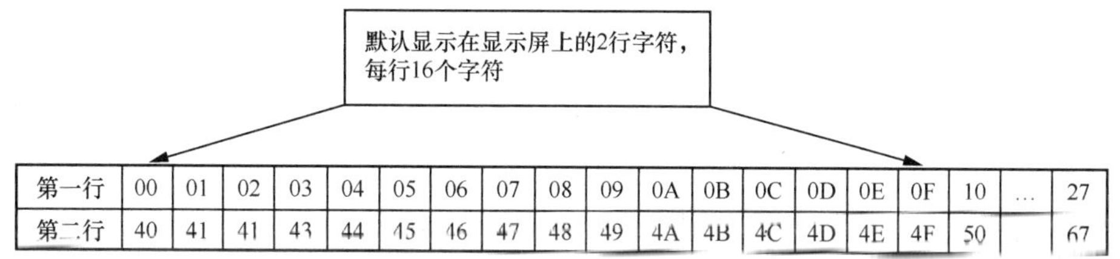

图 7-2　DDRAM 地址映射及屏幕显示

每行前 16 个地址中的字符可以直接显示，而后面地址中的字符需要通过移屏指令才能显示。默认情况下，显示屏上第一行的内容对应 DDRAM 中 00H~0FH 的内容，第二行的内容对应 DDRAM 中 40H~4FH 的内容。DDRAM 中 10H~27H、50H~67H 的内容是不显示在显示屏上的，但是在滚动屏幕的情况下，这些内容就可能被显示出来。需要注意的是，在向数据总线写数据的时候，由于命令字的最高位总是为 1，因此写入的命令字为 DDRAM 地址和 80H 求和之后的值。

LCD1602 通过 D0～D7 来接收显示指令和数据，内部 LCD1602 有指令寄存器（Instruction Register，IR）和数据寄存器（Data Register，DR）。

LCD1602 使用 3 条控制线：E、R/W、RS。其中 E 起类似片选和时钟线的作用，R/W 和 RS 指示了读、写的方向和内容。

在读数据（或者读 Busy 标志）期间，E 线必须保持高电平；在写指令（或者写数据）过程中，E 线上必须送出一个正脉冲。

R/W、RS 的组合一共有 4 种情况，分别对应 4 种操作：

RS＝0、R/W＝0 表示向液晶显示器写入指令；

RS＝0、R/W＝1 表示读取 Busy 标志；

RS＝1、R/W＝0 表示向液晶显示器写入数据；

RS＝1、R/W＝1 表示从液晶显示器读取数据。

这些读、写操作时序分别如图 7-3 和图 7-4 所示。时序中相关时间参数取值如表 7.4 所示。

在读写操作中，要严格遵循时序要求，否则相关操作就会不成功。从图 7-3、7-4 中可以看出，在读 LCD1602 时，先要给出 RS 与 R/W 控制信号，然后至少等待 40ns，再给出 E 控制信号，该控制信号至少持续（230+20+20）ns 后可以从数据线上取得有效数据。在写入数据时，要先准备好写入的数据，即先将输入数据送到数据线上，然后才能送出 E 控制信号，并至少保持（230+20+20）ns 后才能撤销高电平。保持时间可以通过延时来实现，也可以通过读取数据线的最高位实现，当最高位为 1

时，表示内部操作未完成，需要等待。直至最高位为 0，才能进行后续操作。

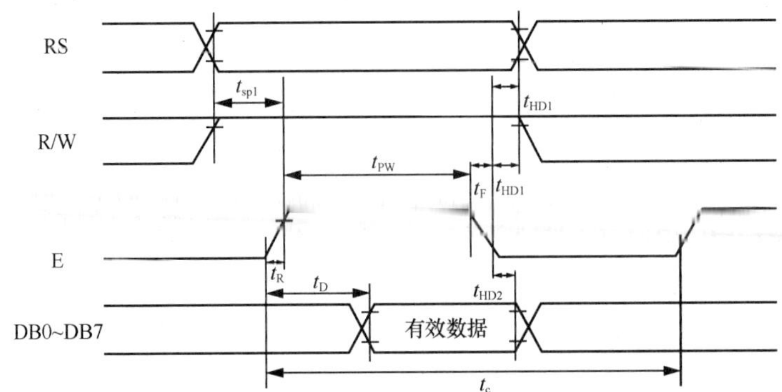

图 7-3　LCD1602 读操作时序

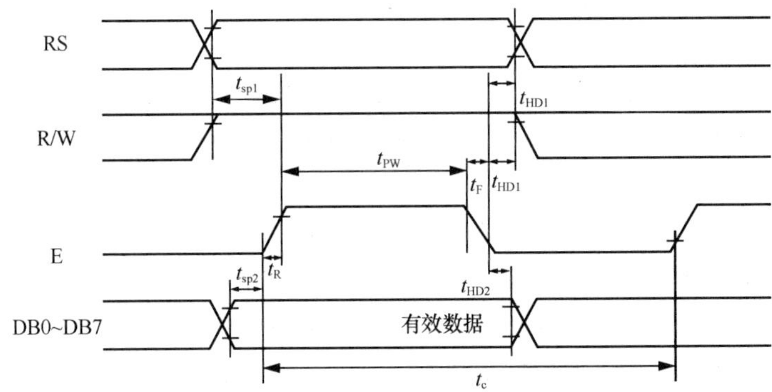

图 7-4　LCD1602 写操作时序

表 7.4　读写时序中的时间参数取值

模式	特性	符号	最小值	典型值	最大值	时间单位
读模式	E 周期时间	t_c	500	—	—	ns
	E 上升/下降时间	t_R、t_F	—	—	20	
	E 脉冲宽度（高、低）	t_{pw}	230	—	—	
	R/W 和 RS 建立时间	t_{sp1}	40	—	—	
	R/W 和 RS 保持时间	t_{HD1}	8	—	—	
	数据输出延迟时间	t_D	—	—	120	
	数据保护时间	t_{HD2}	5	—	—	
写模式	E 周期时间	t_c	500	—	—	ns
	E 上升/下降时间	t_R、t_F	—	—	20	
	E 脉冲宽度（高、低）	t_{pw}	230	—	—	
	R/W 和 RS 建立时间	t_{sp1}	40	—	—	
	R/W 和 RS 保持时间	t_{HD1}	8	—	—	
	数据建立时间	t_{sp2}	80	—	—	
	数据保护时间	t_{HD2}	8	—	—	

7.1.3 LCD1602 控制指令

在使用的过程中，可以在 RS＝0、R/W＝0 的情况下，向液晶显示器写入一个字节的控制指令。各指令格式及其功能分别如表 7.5~表 7.15 所示。使用时可以通过查表来获得所需要的指令。

表 7.5 清除显示指令

指令	RS	R/W	DB7	DB6	DB5	DB4	DB3	DB2	DB1	DB0
	L	L	L	L	L	L	L	L	L	H
功能	送 20H“空代码”到所有的 DDRAM 中，清除所有的显示数据，并将 DDRAM 地址计数器（Address Counter，AC）清零，光标被移动到屏幕左上角									

表 7.6 返回指令

指令	RS	R/W	DB7	DB6	DB5	DB4	DB3	DB2	DB1	DB0
	L	L	L	L	L	L	L	L	L	X
功能	不改变 DDRAM 中的内容，只将 AC 清零，光标返回至原始状态									

表 7.7 输入方式设置指令

指令	RS	R/W	DB7	DB6	DB5	DB4	DB3	DB2	DB1	DB0
	L	L	L	L	L	L	L	H	I/D	SH
功能	设置光标移动方向并指定整体显示是否移动。 I/D=1：光标由左向右移动且 AC 自动加 1。 I/D=0：光标由右向左移动且 AC 自动减 1。 SH=1 且 DDRAM 为写状态：整体显示不移动									

表 7.8 显示开关控制指令

指令	RS	R/W	DB7	DB6	DB5	DB4	DB3	DB2	DB1	DB0
	L	L	L	L	L	L	H	D	C	B
功能	D=1：整体显示打开。 D=0：整体显示关闭，但 DDRAM 中的显示数据不变。 C=1：光标显示打开。C=0：不显示光标。 B=1：光标闪烁。B=0：光标不闪烁									

表 7.9 光标或整体显示移位指令

指令	RS	R/W	DB7	DB6	DB5	DB4	DB3	DB2	DB1	DB0
	L	L	L	L	L	H	S/C	R/L	X	X
功能	S/C=0，R/L=0：光标左移，AC 减 1。 S/C=0，R/L=1：光标右移，AC 加 1。 S/C=1，R/L=0：所有显示左移，光标跟随移位，AC 值不变。 S/C=1，R/L=1：所有显示右移，光标跟随移位，AC 值不变									

表 7.10　功能设置指令

指令	RS	R/W	DB7	DB6	DB5	DB4	DB3	DB2	DB1	DB0
	L	L	L	L	H	DL	N	F	X	X
功能	设置接口数据位数以及显示模式。 DL=1：8 位数据服务接口模式。DL=0：4 位数据服务接口模式。 N=1：两行显示模式。N=0：单行显示模式。 F=1：5×11 点阵显示模式。F=0：5×8 点阵显示模式									

表 7.11　CGRAM 地址设置指令

指令	RS	R/W	DB7	DB6	DB5	DB4	DB3	DB2	DB1	DB0
	L	L	L	H	ACG5	ACG4	ACG3	ACG2	ACG1	ACG0
功能	将 CGRAM 地址送入 AC 中									

表 7.12　DDRAM 地址设置指令

指令	RS	R/W	DB7	DB6	DB5	DB4	DB3	DB2	DB1	DB0
	L	L	H	ADD6	ADD5	ADD4	ADD3	ADD2	ADD1	ADD0
功能	将 DDRAM 地址送入 AC 中。 当功能设置 N=0 时，DDRAM 地址范围为 00H～4FH。 当功能设置 N=1 时，第一行 DDRAM 地址范围为 00H～27H。 第二行 DDRAM 地址范围为 40H～67H									

表 7.13　读忙标志位及 AC 指令

指令	RS	R/W	DB7	DB6	DB5	DB4	DB3	DB2	DB1	DB0
	L	H	BF	AC6	AC5	AC4	AC3	AC2	AC1	AC0
功能	最高位（BF）为忙信号位，低 7 位为 AC 的内容。 BF=1：内部正在执行操作，此时要执行下一条指令须等待，直到 BF=0 再继续									

表 7.14　写数据指令

指令	RS	R/W	DB7	DB6	DB5	DB4	DB3	DB2	DB1	DB0
	H	L	D7	D6	D5	D4	D3	D2	D1	D0
功能	写数据到 DDRAM 或 CGRAM。 如果写数据到 CGRAM，要先执行“设置 CGRAM”命令。 如果写数据到 DDRAM，要先执行“设置 DDRAM”命令。 执行写操作后，地址自动加/减 1（根据输入方式设置指令）									

最后，需要指出的是，LCD1602 是一种慢速显示器件，不能用来显示快速变化的信息，如果需要显示快速变化的信息，就需要其他类型的显示器件。

表 7.15 读数据指令

指令	RS	R/W	DB7	DB6	DB5	DB4	DB3	DB2	DB1	DB0
	H	H	D7	D6	D5	D4	D3	D2	D1	D0
功能	从 DDRAM 或 CGRAM 读 8 位数据。 如果从 CGRAM 读数据，要先执行“设置 CGRAM”命令。 如果从 DDRAM 读数据，要先执行“设置 DDRAM”命令。 执行读操作后，地址自动加/减 1（根据输入方式设置指令）。 执行 CGRAM 读数据后，显示移位可能不能正确执行									

【任务实施】

7.2 任务 1 LCD1602 液晶显示模块硬件设计

图 5-1 中标注 13 所指方框中的模块为 LCD1602 液晶显示模块连接接口，标注 12 所指方框中的模块为液晶显示对比度调节可调电阻器。图 7-5 所示为 LCD1602 与单片机连接原理图。

对照单片机最小系统电路设计图，可以看出，LCD1602 数据口线采用八线输入方式，并且和单片机 P0 口连接。LCD1602 控制线 R/W、RS、E 分别与单片机 P2 口的 P2.5、P2.6、P2.7 连接。背景亮度调节 VO 脚由滑动变阻器 RJ1 输出控制。

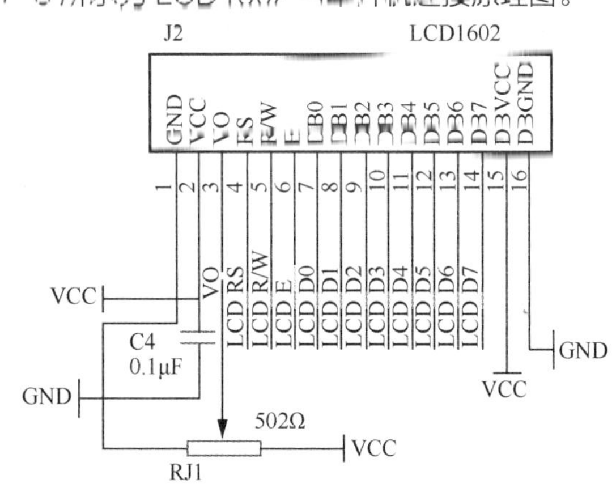

图 7-5 LCD1602 与单片机连接原理图

由液晶显示器说明书，可知液晶显示操作可以分为两类，一类是发送配置指令，一类是发送显示数据，因此要编写两种不同的数据写入函数，即一种是写数据，一种是写指令。此外，液晶显示之前需要设定显示模式，显示过程中有时候需要更新显示，因此需要编写液晶显示器初始化函数和清屏函数提供这些功能。此外在硬件接口方面，LCD1602 有两种接口模式，分别为 4 位和 8 位接口，因此需要提供两种接口定义。根据硬件具体设计，通过预定义来进行配置选择。

此外，从液晶显示器指令和数据写入可以看出，为保证操作成功，数据和指令写入需要时间延迟。延迟在别的场合也常常需要，因此还需要先设计一个时延函数。时延函数只涉及单片机工作频率，与其他硬件无关，将这些不涉及具体硬件的功能函数都组织为通用模块，因此将模块命名为通用模块，方便模块扩展，模块提供时延函数调用服务。

7.3 任务 2 通用模块设计

通用模块没有相应的硬件，但它也遵循模块化软件设计方法，即通用模块也由头文件和源程序文件两个部分构成。在工作实践中，可以根据需要在其中添加可供用户调用的其他功能函数。

7.3.1　通用模块头文件设计

通用模块提供两种时延程序，一种是微妙级时延，另外一种是毫秒级时延。

为此新建“general.h”文件，输入以下代码。

```
#ifndef __GENERAL_H_
#define __GENERAL_H_

/*在 51 单片机 12MHz 时钟下的时延函数，11.0592MHz 时误差可以忽略*/
void delay_ms ( unsigned int x ) ;
void delay_us ( unsigned int x ) ;
#endif
```

7.3.2　通用模块源程序文件设计

时延是通过循环执行空操作汇编指令来实现的，空操作汇编指令执行时间和单片机工作频率有关，执行多个空操作就可以得到所需要的时延。而 C 语言编程避开了汇编指令执行细节，不过 C 语言也支持调用汇编指令，对时延的具体实现原理有兴趣的读者可以查找相关资料进行了解。

新建“general.c”文件，输入以下代码并保存文件。

```
#include "general.h"
void delay_ms ( unsigned int c )  //晶振为 12MHz 时，误差为 0μs
{
    unsigned a,b;
    for ( ; x>0; x-- )
    {
        for ( b=199; b>0; b-- )
         {
            for ( a=1; a>0; a-- )
            {
                ;
            }
         }
    }
}

void delay_us ( unsigned int y )
{
    unsigned int x;
    for ( y; y>0; y-- )
        for ( x=18; x>0; x-- ) ;
}
```

7.4　任务 3　LCD1602 液晶显示模块软件设计

在进行 LCD1602 液晶显示模块软件设计时，首先需要结合 LCD1602 液晶显示模块硬件结构和该模块应该能够提供的功能进行头文件设计。

7.4.1 LCD1602 液晶显示模块头文件设计

LCD1602 液晶显示模块提供两种数据输入模式，即四线输入和八线输入，因此要考虑两种模式下的软件设计，数据模式选择和定义通过宏来进行。数据输入时需要三路控制信号的配合，因此需要对这些控制信号进行定义。结合显示需要，软件中要提供初始化、清屏、复位、写数据、写命令等功能函数供用户调用。

新建“lcd.h”文件，输入以下代码后保存文件。

```
#ifndef __LCD_H_
#define __LCD_H_
/*******************************************************************************
当使用的是 4 位数据传输的时候定义，
使用 8 位取消这个定义
*******************************************************************************/
//#define LCD1602_4PINS  //

/*******************************************************************************
包含头文件
*******************************************************************************/
#include “reg52.h”
#include “general.h”

//---重定义关键词---//
#ifndef uchar
#define uchar unsigned char
#endif

#ifndef uint
#define uint unsigned int
#endif

/*******************************************************************************
PIN 口定义
*******************************************************************************/
#define LCD1602_DATAPINS P0 //命令数据服务接口定义，如果硬件接口有改变，只需更改此处
sbit LCD1602_E=P2^7;// E 位定义，如果硬件接口有改变，只需更改此处
sbit LCD1602_RW=P2^5; // RW 位定义，如果硬件接口有改变，只需更改此处
sbit LCD1602_RS=P2^6; // RS 位定义，如果硬件接口有改变，只需更改此处

/*******************************************************************************
函数声明
*******************************************************************************/
/*LCD1602 写入 8 位命令子函数*/
void LcdWriteCom ( uchar com ) ;
/*LCD1602 写入 8 位数据子函数*/
void LcdWriteData ( uchar dat ) ;
/*LCD1602 初始化子程序*/
```

```
void LcdInit ( );
void Lcd_reset ( );
#endif
```

7.4.2 LCD1602 液晶显示模块源程序文件设计

新建“lcd.c”文件，输入以下代码后保存文件。

```
#include “lcd.h”
#include “general.h”

/*******************************************************************************
* 函 数 名      : LcdWriteCom
* 函数功能      : 向液晶显示器写入一个字节的命令
* 输    入      : com
* 输    出      : 无
*******************************************************************************/
#ifndef    LCD1602_4PINS                //当没有定义 LCD1602_4PINS 时，即使用 8 位接口
void LcdWriteCom ( uchar com )          //写入命令
{
    LCD1602_E = 0;                      //使能
    LCD1602_RS = 0;                     //选择发送命令
    LCD1602_RW = 0;                     //选择写入

    LCD1602_DATAPINS = com;             //放入命令
    delay_ms ( 1 );                     //等待数据稳定

    LCD1602_E = 1;                      //写入时序
    delay_ms ( 5 );                     //保持时间
    LCD1602_E = 0;
}
#else //条件编译，在使用 4 位接口时所对应的命令写入代码
void LcdWriteCom ( uchar com )          //写入命令
{
    LCD1602_E = 0;                      //使能清零
    LCD1602_RS = 0;                     //选择写入命令
    LCD1602_RW = 0;                     //选择写入

    LCD1602_DATAPINS = com;             //由于 4 位的接线是接到 P0 口的高四位的，因此传送高四位

    LCD1602_Delay1ms ( 1 );             //时延根据时序而定

    LCD1602_E = 1;                      //写入时序
    LCD1602_Delay1ms ( 5 );             //时延根据时序而定
    LCD1602_E = 0;
    LCD1602_DATAPINS = com << 4;        //发送低四位
    LCD1602_Delay1ms ( 1 );             //时延根据时序而定

    LCD1602_E = 1;                      //写入时序
    LCD1602_Delay1ms ( 5 );             //时延根据时序而定
```

```
    LCD1602_E = 0;
}
#endif
/*******************************************************************************
* 函 数 名      : LcdWriteData
* 函数功能      : 向液晶显示器写入一个字节的数据
* 输    入      : dat
* 输    出      : 无
*******************************************************************************/
#ifndef    LCD1602_4PINS
void LcdWriteData ( uchar dat )            //写入数据
{
    LCD1602_E = 0;                         //使能清零
    LCD1602_RS = 1;                        //选择写入数据
    LCD1602_RW = 0;                        //选择写入
    LCD1602_DATAPINS = dat;                //写入数据
    delay_ms ( 1 ) ;

    LCD1602_E = 1;                         //写入时序
    delay_ms ( 5 ) ;                       //保持时间，数值参考写时序
    LCD1602_E = 0;
}
#else
void LcdWriteData ( uchar dat )            //写入数据
{
    LCD1602_E = 0;                         //使能清零
    LCD1602_RS = 1;                        //选择写入数据
    LCD1602_RW = 0;                        //选择写入

    LCD1602_DATAPINS = dat;                //由于 4 位的接线是接到 P0 口的高四位的，因此传送高四位
                                           //不用取高四位
    LCD1602_Delay1ms ( 1 ) ;

    LCD1602_E = 1;                         //写入时序
    LCD1602_Delay1ms ( 5 ) ;               //时延数值参考写时序
    LCD1602_E = 0;

    LCD1602_DATAPINS = dat << 4;           //写入低四位
    LCD1602_Delay1ms ( 1 ) ;

    LCD1602_E = 1;                         //写入时序
    LCD1602_Delay1ms ( 5 ) ;
    LCD1602_E = 0;
}
#endif
/*******************************************************************************
* 函 数 名      : LcdInit
* 函数功能      : 初始化液晶显示器
* 输    入      : 无
* 输    出      : 无
*******************************************************************************/
```

```
#ifndef          LCD1602_4PINS
void LcdInit ( )                    //液晶显示器初始化子程序
{
    LcdWriteCom ( 0x38 ) ;          //打开显示
    LcdWriteCom ( 0x0c ) ;          //打开显示时不显示光标
    LcdWriteCom ( 0x06 ) ;          //写一个指针加 1
    LcdWriteCom ( 0x01 ) ;          //清屏
    LcdWriteCom ( 0x80 ) ;          //设置数据指针起点
}

#else
void LcdInit ( )                    //液晶显示器初始化子程序
{
    LcdWriteCom ( 0x32 ) ;          //将 8 位总线转为 4 位总线
    LcdWriteCom ( 0x28 ) ;          //在 4 位总线下的初始化
    LcdWriteCom ( 0x0c ) ;          //打开显示时不显示光标
    LcdWriteCom ( 0x06 ) ;          //写一个指针加 1
    LcdWriteCom ( 0x01 ) ;          //清屏
    LcdWriteCom ( 0x80 ) ;          //设置数据指针起点
}
#endif

void Lcd_reset ( )
{
    LcdWriteCom ( 0x01 ) ;          //清屏
}
```

7.5 任务 4　LCD1602 液晶显示模块功能验证

为测试该模块功能是否能正常提供相关服务，需要建立一个测试项目。单片机启动后，在 LCD1602 液晶显示器上依次显示“I am ready!”“coord set done!”这些内容，来检测 LCD1602 液晶显示模块驱动程序初始化函数和显示函数的有效性。

7.5.1　测试项目设计

测试中，通过主程序来调用 LCD1602 液晶显示模块相关驱动程序进行测试。为便于代码重用，也需要新建一个多文档工程项目。

1. 工程项目建立

建立多文档工程项目时，先按照 4.3.1 小节~4.3.6 小节的相关内容新建单工程项目，所不同的是在桌面上新建的工程文件夹名为“lcd”，用作工程的存储位置，工程名称为“lcd”，其他配置和操作选项不变。

2. lcd 模块和时延模块添加

在完成“main.c”文件新建和加入项目之后，接下来将“lcd.h”“lcd.c”两个文件复制到工程文件夹下，然后再仿照“main.c”文件加入工程的操作流程将这两个文件加入工程中。同样，将通用模块（即时延模块）头文件“general.h”和源程序文件“general.c”复制到工程文件夹下，并加入工程中。

3. 测试主程序模块设计

测试主程序的流程比较简单，流程图就不再给出。主程序首先调用液晶显示器初始化函数，对液晶显示器显示模式进行配置。然后在永不退出的循环中显示预定义的字符串。

主程序代码如下。

```
#include "reg52.h"
#include "general.h"
#include "lcd.h"

//-------------------------------------------------
void main ( void )
{
    unsigned char k=0;
    unsigned char   Disp1[]= "I am ready!" ,Disp2[]= "coord set done!" ;
    unsigned char   Disp3[]= "pan id set done!" ,Disp4[]= "channel set done!" ;
    LcdInit ( ) ;
    while ( 1 )
    {
        Lcd_reset ( ) ;//清屏
        for ( k=0; k<8; k++ )
        {
            LcdWriteData ( Disp1[k] ) ;
        }
        delay_ms ( 800 ) ;
        Lcd_reset ( ) ;
        for ( k=0; k<15; k++ )
        {
            LcdWriteData ( Disp2[k] ) ;
        }
    }
}
```

测试项目软件代码编辑完成以后，单击工具栏上的编译按钮进行编译，如果编译有错，则根据编译错误提示进行更正，再次进行编译。如此反复，直至编译无错，产生 HEX 可执行文件。

7.5.2 工程测试

将单片机开发板和计算机用 USB 数据线连接，在断电的情况下，将液晶显示器插入图 5-1 中标注 13 所指方框中的 LCD1602 液晶显示模块连接接口中。通电后按照 5.4.4 小节的内容进行代码下载。代码下载完成后，程序将立即进入执行状态。查看液晶屏显示内容。如果依次显示主程序中预定的字符串“coord set done!”和“channel set done!”，说明液晶显示模块代码和通用模块中的时延代码编写正确，可以在其他项目中进行重用。

【实施记录】

对照任务实施步骤，完成 LCD1602 液晶显示模块驱动程序编写和多文档工程项目构建、编译，将测试工程中的 HEX 文件下载到单片机中，观察代码运行情况，并将操作过程和结果记录在表 7.16 中。

表 7.16　LCD1602 液晶显示模块设计与测试实施记录表

实施项目	实施内容
硬件组成框图	
软件模块组成	
时延功能实现方法	
液晶显示器硬件接口相关定义	
液晶显示器软件模块主要驱动函数	
测试运行结果	

【任务小结】

本任务涉及液晶显示工作原理、LCD1602 液晶显示模块机械电气接口和配置指令、LCD1602 液晶显示模块软硬件设计和功能测试等方面的内容。LCD1602 液晶显示模块提供两种数据服务接口模式、多种显示模式，常用的静态显示最多可以显示两行，每行 16 个 ASCII 字符或部分日文字符，不能显示中文。显示模式种类较多，初始化软件模块提供静态显示模式设置。此外软件模块中还提供了清屏、复位、数据显示等常用功能函数供用户调用。这些功能函数的编写都以 LCD1602

液晶显示模块的读写时序和指令为基础。

在 LCD1602 软件模块进行重用时，要根据控制线具体连接在头文件中修改 E 位、R/W 位、RS 位定义。根据命令数据服务接口实际连接修改 LCD1602 DATAPINS 宏定义，使其指向实际单片机输入输出口。同时还要根据数据口线位数来决定是否在头文件中添加 LCD1602_4PINS 宏定义。

【知识巩固】

一、填空题

1. 液晶显示器的分类方法有很多种，通常可按其显示方式分为__________、__________、__________等。

2. 点阵式液晶显示器由 $M \times N$ 个______________组成。

3. LCD1602 的控制器内部带有_______位的 RAM 缓冲区，即_______。

4. LCD1602 默认显示_______行字符，每行_______个字符。

5. DDRAM 中 10H~27H、50H~67H 的内容是不显示在显示屏上的，但是在_______的情况下，这些内容就可能被显示出来。

6. 向数据总线写数据的时候，由于命令字的最高位总是为_______，因此写入的命令字为 DDRAM 地址与_______求和之后的值。

7. LCD1602 控制线 R/W 和 RS 指示了读、写的_______和_______。

8. 在读 LCD1602 时，先要给出_______控制信号，然后至少等待 40ns，再给出_______控制信号，该控制信号至少持续（230+20+20）ns 后才可以从数据线上取得有效数据。

9. LCD1602 在写入数据时，先将输入数据送到数据线上，然后才能送出_______控制信号，并至少保持(230+20+20)ns 后才能撤销_______。

10. LCD1602 有两种接口模式，分别为_______位和_______位接口。

二、选择题

1. 下列关于 LCD1602 显示内容的叙述正确的是（　　）。

   A. 能够显示汉字

   B. 只能够显示 ASCII 字符和部分日文符号

   C. 只能显示 ASCII 字符

   D. 能够显示所有字符

2. LCD1602 的控制器内部带有 CGROM，其作用是（　　）。

   A. 保存所能够显示的字符显示编码　　B. 保存能够显示的字符

   C. 供用户自定义显示图形　　D. 存储指令

3. LCD1602 中，光标的作用是（　　）。

   A. 指定当前 DDRAM 地址　　B. 指定当前 CGROM 地址

   C. 指定当前显示窗口　　D. 指定滚屏位置

4. 下列关于 LCD1602 读写时序的叙述正确的是（　　）。

   A. 软件设计时要遵循时序要求

   B. 指令执行之间不需要考虑时间间隔

C．读写数据时才考虑时序要求

D．写指令时不需要考虑时序

5．下列关于 LCD1602 软件设计时叙述正确的是（　　）。

A．更新显示内容时，最好先清屏

B．读忙标志可以查询器件是否能够接收新命令

C．4 位接口和 8 位接口需要先通过命令进行配置

D．地址计数器（AC）决定移屏位置

6．下列关于时延模块设计的叙述错误的是（　　）。

A．时延设计利用单片机执行指令需要的时间来进行设计

B．指令执行时间与单片机的工作时钟频率有关

C．时延模块重用时，不需要考虑移植对象单片机工作频率

D．如果想精确延时，可以考虑使用定时器进行延时

【知识拓展】

（1）模块化设计中，如果涉及外接硬件模块，在模块头文件中一般定义相应的接口，方便在模块重用时，硬件设计的改变不会影响源程序文件，只需要在头文件中修改相应的接口定义即可。

（2）对于单片机外接硬件模块的软件设计，首先需要深入学习和掌握硬件工作机制，特别要注意其中的时序要求，根据工作机制编写相应的软件，保证软硬件协同工作，发挥好硬件的作用。

（3）时延的应用场合较多，但是在某些场合下难以确定确切的时延。因此在可能的情况下尽量少用时延。

（4）在系统集成设计中，可以直接重用别人提供的模块软件程序，可以不了解源程序具体编写内容，但是一定要熟悉模块头文件中的内容，了解其中的函数声明、接口定义等内容，只有这样才能正确调用相关函数，在重用时能够根据硬件设计对软件接口做适应性修改。

（5）LCD1602 不能显示汉字，一次显示的字符数较少，如果要显示汉字或者图形，可以选用 LCD12864 液晶显示器，另外还可以选用 OLED 显示器。OLED 又称为有机电激光显示，具有显示屏幕可视角度大、功耗低、相比于 LCD1602 色彩更加艳丽的优点。

【技能拓展】

（1）在指令和数据写入时，需要配合时序进行适当延时，而通过单片机执行空操作指令实现时延是和指令执行周期相关的，也就是说和所有晶振频率有关，需要计算出时钟周期，这给时延函数的重用带来不便。为避免这一问题，可以采取液晶显示模块状态读取来取代时延处理。请参照表 7.13 编写 LCD1602 状态读取函数，并以该函数取代时延函数。

（2）显示信息字符数较多时，可以采用滚动显示方式。请参照表 7.9 编写滚动显示驱动函数，也可搜索并参考已有相关代码，设计滚动显示驱动函数测试项目对其进行测试。

工作进程8 DS18B20温度检测模块设计与测试

【任务概述】

小王在工作进程8的主要任务是进行无线测温系统中的DS18B20温度检测模块的软硬件设计，并设计出测试项目对该模块的功能进行测试，以验证所编写的DS18B20温度检测模块软件的有效性。

【学习目标】

价值目标	1. 通过协议分析和代码设计，培养学生遵守纪律意识 2. 养成勤于实践的学习习惯 3. 通过代码设计和错误修正，培养学生探索精神
知识目标	1. 了解 DS18B20 测温原理 2. 了解 DS18B20 电气接口 3. 了解 DS18B20 指令系统 4. 了解 DS18B20 读写时序及其意义
技能目标	1. 会构建 DS18B20 模块化程序文件 2. 会重用 DS18B20 模块化程序 3. 进一步熟悉多文档工程项目构建流程 4. 能根据 DS18B20 相关说明阅读驱动程序代码 5. 会编写 DS18B20 驱动程序测试代码

【知识准备】

DS18B20 温度检测模块是一种可编程器件，因此在进行 DS18B20 温度检测模块的软硬件设计之前，有必要了解和掌握 DS18B20 温度检测模块的特性、电气接口、器件工作原理、配置方法和数据读取相关要求。

8.1 DS18B20 温度检测模块使用指南

DS18B20 是一种半导体测温器件，广泛用于电缆沟测温、高炉水循环测温、锅炉测温、机房测温、农业大棚测温、洁净室测温、弹药库测温等各种非极限温度场合。

8.1.1 DS18B20 温度检测模块特性

DS18B20 是美国 DALLAS 半导体公司继 DS1820 之后推出的一种改进型智慧数字温度传感器，该传感器体积小，因此适用于各种狭小空间中的温度检测和控制，具有硬件开销低、抗干扰能力强、精度高的特点。DS18B20 数字温度传感器接线非常方便，提供多种不同的外观给用户选择，以适应不同的应用场合，可制作成管道式、螺纹式、磁铁吸附式、不锈钢封装式等各种形式。

DS18B20 的主要特性有以下几点。

（1）工作电压范围较宽。工作电压范围为 3.0～5.5V，在寄生电源方式下可由数据线供电，这时就不需要单独的供电电源。

（2）单总线接口。DS18B20 与 MCU 之间仅需要一根端口线即可双向通信。

（3）具备组网功能。器件支持多点组网功能，多个 DS18B20 可以并联到 3 根或 2 根线上，MCU 只需一根端口线就能与诸多 DS18B20 通信，因此占用 MCU 的端口较少，可节省大量的引线和逻辑电路。这些特点使得 DS18B20 非常适用于远距离多点温度检测系统。

（4）电路结构简单。器件不需要任何外围元件，器件内部自带温度敏感元件及转换、校正电路。

（5）可在非极限温度范围内工作。测温范围为-55～+125℃，在-10～+85℃时精度为±0.5℃。

（6）测温分辨率可编程。温度检测分辨率为 9、10、11、12 位，对应的可分辨温度分别为 0.5℃、0.25℃、0.125℃和 0.062 5℃，分辨率可通过指令进行配置。使用 12 位分辨率时，可实现高精度测温。

（7）测温速度较快。选择 9 位分辨率时，完成一次温度检测最多耗时 93.75ms，器件在接收到测温指令 93.75ms 后，即可在总线上读出温度数据。选择 12 位分辨率时，检测耗时较长，完成一次温度检测最多耗时可达 750ms，即在此分辨率下，器件在接收到检测指令后，在 750ms 之后才可以在总线上读取温度数据。

（8）抗干扰能力较强。器件直接输出数字温度信号，以单总线串行方式传送给 MCU，同时可传送 CRC 校验值，因此具有极强的抗干扰纠错能力。

（9）自带电源极性检测和过压保护功能。当器件电源极性接反时或电压过高过低时，器件不能正常工作，但器件不会因发热而烧毁，正确接入后依旧能正常工作。

常用的 TO-92 封装的 DS18B20 实物图如图 8-1 所示。从上到下引脚依次是公共地引脚 GND、数据输入/输出引脚 DQ、可选电源引脚 VDD。

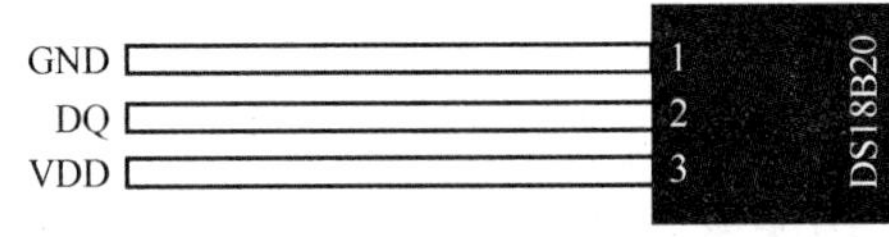

图 8-1 DS18B20 实物和引脚排列

DS18B20 内部结构如图 8-2 所示，其中与软件设计相关的有可高速读写的 9B 的暂存器、64 位 ROM、字节长度均为 1B 的报警触发上下限寄存器 TH 和 TL、1B 配置寄存器。此外还有温度检测模块、8 位 CRC 发生器、内存控制逻辑模块等。ROM 中的 64 位序列号是出厂前被光刻好的，该序列号可以看作该 DS18B20 的地址标识，每个 DS18B20 的 64 位序列号均不相同。序列号的作用是使每一个 DS18B20 都各不相同，这样就可以实现一根总线上挂接多个 DS18B20 的目的。

DS18B20 中的温度检测元件为温度敏感元件，DS18B20 通过温度敏感元件将温度转换为电信号，模数转换之后用 16 位二进制补码形式表示。当模数转换位长为 12 位，即分辨率为 0.062 5℃/LSB，温度为+125℃时，所对应的数字量输出为+125/0.062 5=2 000，该十进制数所对应的二进制原码为 0111 1101 0000B，对应的十六进制数为 07D0H。由于正数的补码和原码相同，因此温度为+125℃时补码形式的数字输出量为 07D0H。同理温度为+25.062 5℃时，其输出数字为 0191H。对于负数来说，其补码计算步骤较多，先求原码，再由原码求反码，最后再由反码求补码。因此当温度为-25.062 5℃时，其对应十进制数字量为-401，对应的二进制原码为 1000 0001 1001 0001H。由于反码是原码符号位不变，数据位按位取反，因此相应的反码为 1111 1110 0110 1110B。负数补码为反码加 1，则对应补码为 1111 1110 0110 1111B。当以十六进制表示时，对应的数值为 FE6FH。同样当温度为-55℃时，对应十六进制数据输出为 FFC9H。而由补码求原码时，正数的原码和补码相同，负数的原码是补码减 1，再按位求反即可。

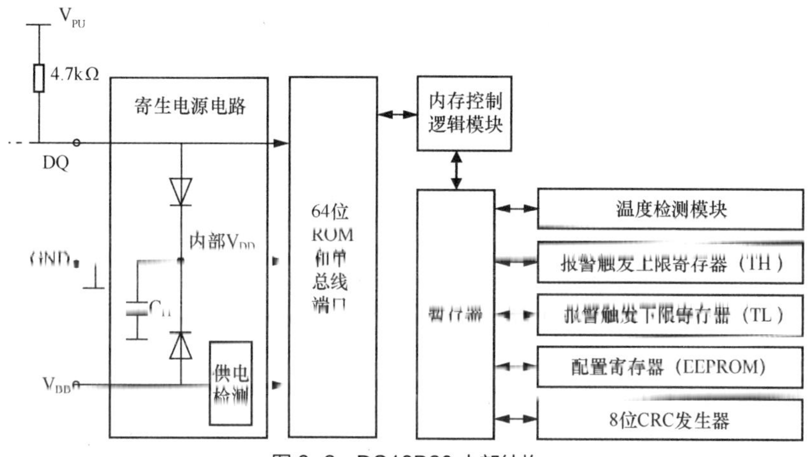

图 8-2　DS18B20 内部结构

报警触发上下限寄存器 TH 和 TL 均由一个字节的 EEPROM 组成，因此数据掉电不丢失。当温度低于下限寄存器 TL 对应温度数据值或高于上限寄存器 TH 对应温度数据值时，器件将输出报警信号。使用器件自带存储器写入命令可对 TH、TL 内容进行更新。

配置寄存器也由一个字节的 EEPROM 组成，使用器件自带存储器写入命令对其进行配置。配置寄存器的数据格式如图 8-3 所示。

TM	R0	R1	1	1	1	1	1

图 8-3　配置寄存器数据格式

TM 是测试模式位，用于设置 DS18B20 处于工作模式还是测试模式。测试模式是器件在出厂前进行测试时所需要的模式，出厂后该位被设置为 0，用户不要去改动。R1、R0 用于配置温度转换的精度，即转换位数，具体配置如表 8.1 所示。

表 8.1　转换位数配置

R1	R0	转换位数	最大转换时间（ms）	备注
0	0	9	93.75	—
0	1	10	187.5	—
1	0	11	375	—
1	1	12	750	默认配置

从表中可以看出，器件出厂默认转换位数为 12 位。

暂存器是一个 9B 的高速存储器，各个字节定义和序号如表 8.2 所示。

表 8.2　暂存器字节定义和序号

暂存器内容	字节序号
温度值低位（LS Byte）	0
温度值高位（MS Byte）	1
高温限值（TH）	2
低温限值（TL）	3
配置寄存器	4
保留未用	5
保留未用	6
保留未用	7
CRC 校验值	8

前两个字节分别是检测温度数字量低 8 位和高 8 位信息。第 3、4、5 字节分别是温度报警触发上下限寄存器 TH、TL 和配置寄存器的备份值，器件上电复位后，EEPROM 中的温度报警触发上下限寄存器 TH、TL 和配置寄存器将被复制到相应字节中。第 6、7、8 字节保留未用，取值为全 1。第 9 字节读出的是前面所有 8 个字节的 CRC 校验值，可用来验证所读取的数据是否正确。

器件在接收到温度转换命令后，启动温度检测和模数转换，模数转换完成后所获得的温度值以 16 位补码形式存放在暂存器的第 0 和第 1 个字节中。单片机可通过单线接口读到该数据，读取时低位在前，高位在后。

由于读取的数据以补码显示，因此需要将补码转换为真值。转换时，如果最高位即符号位 S=0，直接将二进制转换为十进制；当最高位即符号位 S=1 时，则符号位不变，其他数据位按位取反求得补码的反码，再将该反码加“1”就可计算出真值的原码，而后就可以将真值以需要的进制进行处理。

8.1.2　DS18B20 单总线协议

DS18B20 单总线协议包括初始化、ROM 操作命令、RAM 操作命令、数据交换处理 4 个方面的内容。

1. 初始化

DS18B20 的初始化时序如图 8-4 所示。

所有处理都需要一个初始化操作，该操作先由总线控制器发送一个复位脉冲，而后总线从机响应该复位信号，以表示器件在线，并且处于就绪状态。在初始化时序期间，总线控制器拉低总线并保持 480μs（该时延范围可为 480～960μs）以发出一个复位脉冲，然后释放总线，进入接收状态（等待 DS18B20 应答）。总线释放后，单总线由上拉电阻器拉到高电平。当 DS18B20 探测到 I/O 引脚上的上升沿后，等待 15～60μs，然后拉低总线，使总线的低电平保持 60～240μs，以表示器件在线。至此，初始化时序完毕。由此可得到图 8-5 所示的初始化流程图。

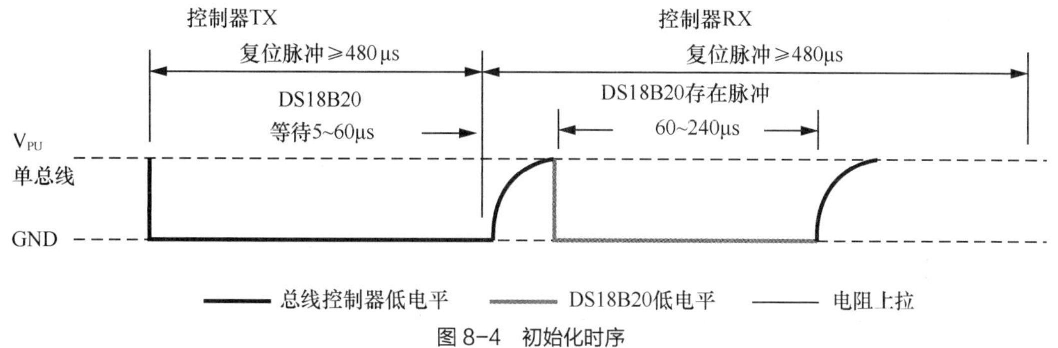

图 8-4 初始化时序

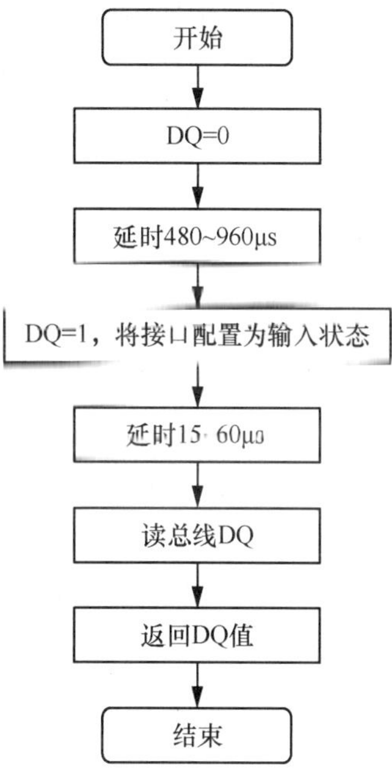

图 8-5 DS18B20 初始化流程图

2. ROM 操作命令

当器件在线时，主机就可以向器件发送 ROM 操作命令，该类命令大多与 DS18B20 的 64 位序列号有关。ROM 操作命令如表 8.3 所示。

表 8.3 DS18B20 ROM 操作命令

命令代码	命令功能	命令说明
33H	ROM 读取	当总线只挂载单个 DS18B20 器件时，总线控制器通过此命令读取单个 DS18B20 中的序列号。如果总线上挂载了多个 DS18B20 器件，命令执行结果难以预料
55H	ROM 匹配	总线挂载多个 DS18B20 器件时，总线控制器用该命令进行寻址。只有匹配的 DS18B20 器件才会响应总线控制器的后续 RAM 操作命令，直至接收到复位脉冲后才会退出这个状态
CCH	ROM 跳过	总线挂载单个 DS18B20 器件时，总线控制器可以直接调用暂存器命令，而不需要提供器件序列号，以节省操作时间。同样该命令不可用于单总线上挂载多个 DS18B20 器件的场合

续表

命令代码	命令功能	命令说明
F0H	ROM 搜索	总线控制器通过该命令获取挂载在总线上的所有 DS18B20 器件的序列号
ECH	ROM 报警搜索	DS18B20 器件最近一次温度检测值满足报警条件时，报警标识将被置位。报警标识被置位的器件才会响应该命令，并返回报警标识。器件保持上电时，该报警标识将保留，当下一次温度检测值不满足报警条件时，该报警标识才被清零

3. RAM 操作命令

DS18B20 所支持的 RAM 操作命令如表 8.4 所示。

表 8.4　DS18B20 RAM 操作命令

命令代码	命令功能	命令说明
44H	温度转换	启动一次温度转换。DS18B20 在温度转换期间，总线处于“0”状态，不再响应外部操作，以保持惰性状态，同时表示转换未完成。当温度转换完成，在读时序期间，总线处于“1”状态。在“寄生电源”供电模式下，主机要将总线强制拉高，并且持续时间至少保持 500ms
BEH	读暂存器	依次读取暂存器中所有字节。如果不想读取全部字节，主机可通过执行复位操作终止后续字节读取
4EH	写暂存器	把数据写入暂存器中的第 2、3、4 字节，即向 RAM 中的 TH、TL 和配置字写入内容
48H	复制暂存器	把暂存器中的 TH、TL 和配置字写入 EEPROM。执行此命令后，如果复制操作未完成，输出总线为“0”，否则为“1”。如果器件采用寄生电源供电，则主机在发出此命令后，要将总线拉高，并且至少持续 10ms
B4H	供电方式读取	主机发送该命令后，DS18B20 将在总线的读时序以“0”表示寄生供电方式，以“1”表示外部供电方式
B8H	复制 EEPROM	把 EEPROM 中的内容依次复制到 RAM 中的 TH、TL 和配置字中

4. 数据交换处理

DS18B20 的写时序如图 8-6 所示。

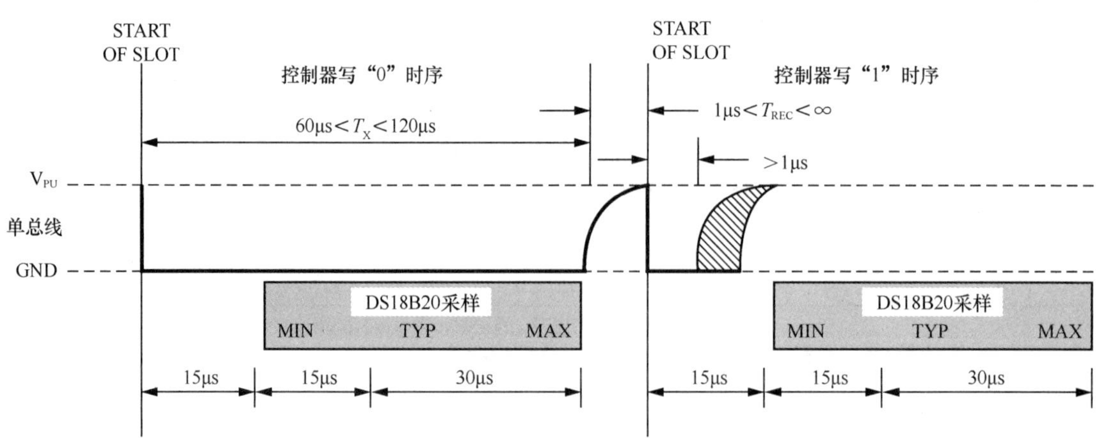

图 8-6　DS18B20 一位写时序

主机在写时序向 DS18B20 写入数据，其中分为写“0”时序和写“1”时序，相邻两个写时序之间必须要有最少 1μs 的恢复时间。总线控制器使用写“0”时间隙向 DS18B20 写入逻辑 0，使用写“1”时间隙向 DS18B20 写入逻辑 1。

写“0”时，总线控制器先将总线拉低，以便产生写“0”时序，总线拉低状态持续时间最少为 60μs，但不能超过 120μs。DS18B20 将在最早写“0”时序开始后的 15μs（典型采样开始时间为 30μs 后，最迟为 60μs 后）开始采样总线，完成写“0”操作。

写“1”时，总线控制器也是先将总线拉低，以便产生写“1”时序。总线拉低状态最短要持续 1μs，最长持续 15μs，然后总线控制器释放总线，输出高电平。由于总线控制器输出高电平，同时总线在上拉电阻器的作用下，状态恢复为高电平。和写“0”操作一样，DS18B20 将在最早写“1”时序开始后的 15μs（典型采样开始时间为 30μs 后，最迟为 60μs 后）开始采样总线，完成写“1”操作。

综上所述，所有的写时序必须至少有 60μs 的持续时间。相邻两个写时序必须要有最少 1μs 的恢复时间。所有的写时序（写 0 和写 1）都由总线拉低产生。由此可以得到如图 8-7 所示的 DS18B20 一位写入流程图。

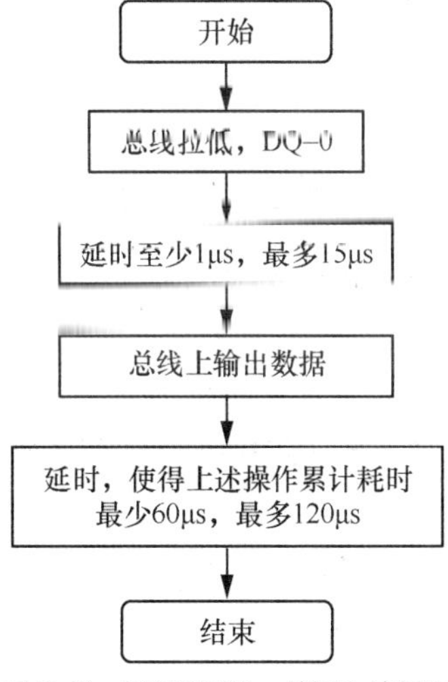

图 8-7　DS18B20 一位写入流程图

在实际编程中，DS18B20 一位写入流程中的相关时延要取确定的值，具体数值满足要求即可。DS18B20 的读时序如图 8-8 所示。

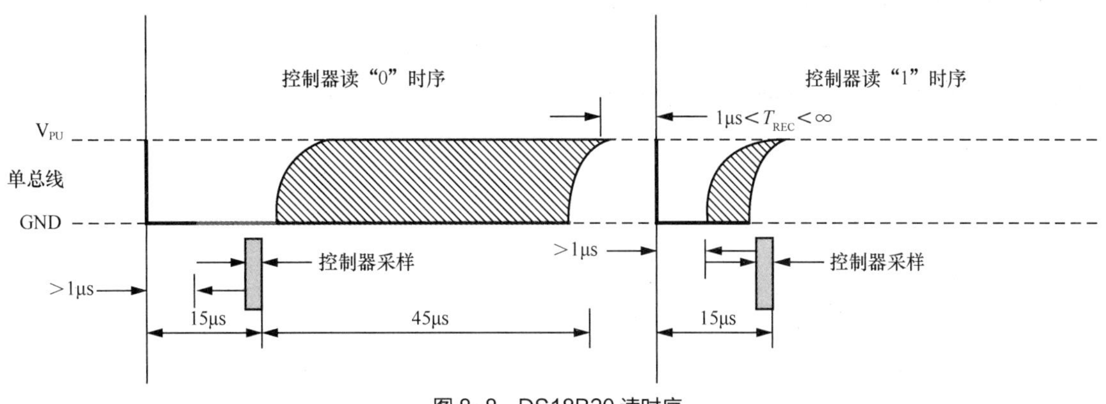

图 8-8　DS18B20 读时序

由图 8-8 可知，读时序也分为读“0”时序和读“1”时序。在读“0”时序中，总线控制器首先输出低电平，通过“线与”将总线拉低，并且拉低的持续时间要大于 1μs，然后总线控制器释放总线，DS18B20 通过拉高或拉低总线输出“1”或”0”，同时总线控制器将在 15μs 内对总线状态进行采样，以便读入“1”或者“0”。由于总线从低电平变换为高电平时需要一定的过渡时间，因此总线控制器释放总线后不能马上读取总线状态，而应该有个适当的延迟再读取，以免误读。DS18B20 在输出数据后将释放总线，总线将在上拉电阻器的作用下恢复为高电平状态。由此可以得到图 8-9 所示的 DS18B20 一位读入流程。

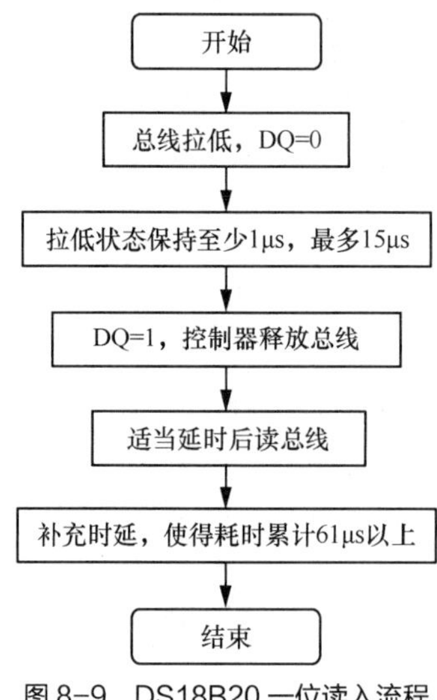

图 8-9　DS18B20 一位读入流程

【任务实施】

8.2 任务 1　DS18B20 温度检测模块硬件设计

5.1 节中的图 5-1 中标注 9 所指方框中的为 DS18B20 温度检测模块接入接口。图 8-10 所示为 DS18B20 硬件设计原理图，可以看出 DS18B20 的接线十分简单，3 脚接入 5V 电压，2 脚数据总线与单片机 P3.7 脚相连。同时由图 8-11 所示的单片机 P3.7 上拉电阻器设计原理图可以看出，2 脚通过阻值为 10kΩ 的上拉电阻器接到电源。

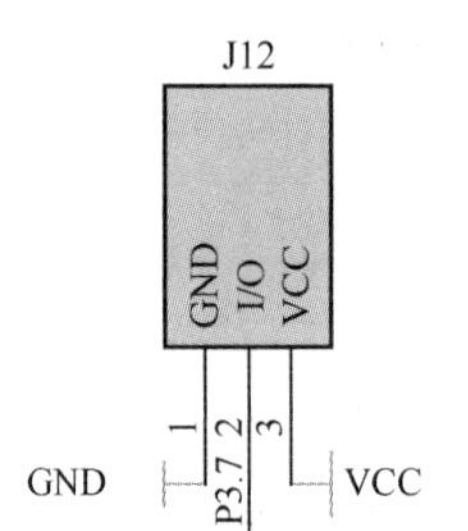

图 8-10　DS18B20 硬件设计原理图

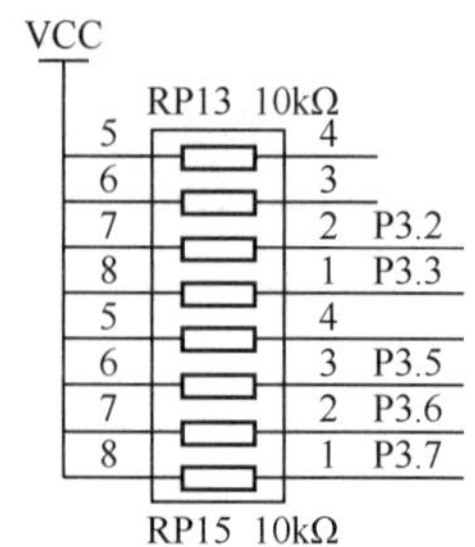

图 8-11　单片机 P3.7 上拉电阻器设计原理图

8.3 任务 2 DS18B20 温度检测模块软件设计

DS18B20 温度检测模块软件可以自行编写，也可以直接使用现成的程序。如果重用已有模块，先要了解和熟悉头文件，了解模块中相关函数的功能和调用方法，并且要特别注意对照硬件设计更改总线接口配置。下面将就 DS18B20 温度检测模块头文件设计进行介绍。

8.3.1 DS18B20 头文件设计

DS18B20 头文件设计中，首先要定义总线接口，即通过宏定义指定 DS18B20 总线所连接的控制器引脚。其次考虑 DS18B20 温度检测模块应该向二次开发者提供哪些功能，为实现这些功能还需要哪些辅助功能，并据此声明相关函数、因调用其他模块而需要包含的相应模块的头文件。

使用 DS18B20 器件，主要目的是获取温度检测数据。根据 DS18B20 的功能特点，DS18B20 的操作主要有初始化、暂存器写、暂存器读。为此在软件设计中提供 DS18B20 初始化、暂存器读、暂存器写功能函数。在此基础上编写 DS18B20 温度转换请求函数、DS18B20 温度读取指令发送函数，DS18B20 读温度数值函数。暂存器读、暂存器写功能函数按照 DS18B20 位读写时序进行设计。此外在字节读取过程中需要进行延时，因此还需要有时延函数，但是时延模块在液晶显示模块任务中已经进行过编写，因此可以直接重用已有的通用模块，只需在头文件中用 include 语句将通用模块包含进来就可以进行重用。

根据以上分析，DS18B20 头文件定义的函数及功能如表 8.5 所示。

表 8.5 DS18B20 头文件定义的函数及功能

函数名称	函数功能	函数类型
unsigned char DS18B20Init()	DS18B20 初始化	支撑函数
void DS18B20WriteByte(unsigned char com)	写暂存器	支撑函数
unsigned char DS18B20ReadByte()	读暂存器	支撑函数
void DS18B20ChangTemp()	启动一次温度检测与转换	支撑函数
void DS18B20ReadTempCom()	发送读温度数据指令	支撑函数
int DS18B20ReadTemp()	读取温度数据	接口函数

上述函数中，各个函数之间的调用关系如图 8-12 所示。

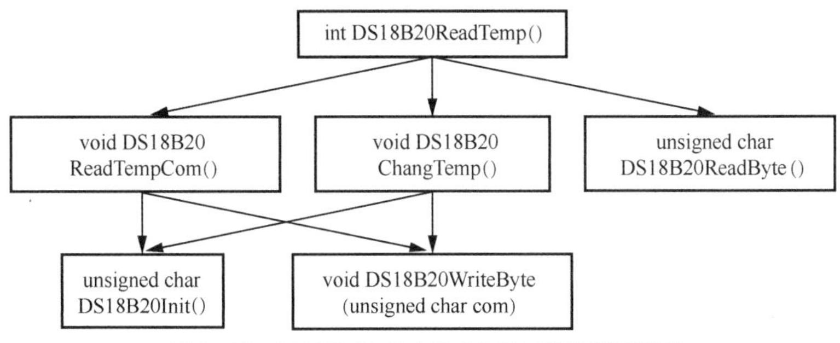

图 8-12 DS18B20 头文件定义的函数的调用关系

据此，DS18B20 头文件中的代码设计如下所示。

```
#ifndef __TEMP_H_
#define __TEMP_H_

#include "reg52.h"
#include "general.h"

//////////////////////////////////////////////////////////////接口定义//////////////////////////////////////////////////////////////
sbit DSPORT=P3^7;//总线接口定义，重用时可结合硬件设计进行修改

//////////////////////////////////////////////////////////////函数声明//////////////////////////////////////////////////////////////
unsigned char DS18B20Init();
/*******************************************************************************
* 函数名        DS18B20Init
* 函数功能      初始化
* 参数          无
* 返回值        初始化成功返回 1，失败返回 0
*******************************************************************************/

void DS18B20WriteByte ( unsigned char com ) ;//向 DS18B20 暂存器写入一个字节
/*******************************************************************************
* 函数名        DS18B20WriteByte
* 函数功能      向 DS18B20 暂存器写入一个字节
* 参数          com
* 返回值        无
*******************************************************************************/

unsigned char DS18B20ReadByte();//从 DS18B20 暂存器读取一个字节
/*******************************************************************************
* 函数名        DS18B20ReadByte
* 函数功能      读取一个字节
* 参数          无
* 返回值        一个字节
*******************************************************************************/
void DS18B20ChangTemp();
/*******************************************************************************
* 函数名        DS18B20ChangTemp
* 函数功能      启动一次温度检测与转换
* 输入          com
* 输出          无
*******************************************************************************/

void DS18B20ReadTempCom();
/*******************************************************************************
* 函数名        DS18B20ReadTempCom
* 函数功能      发送读取温度数据命令
* 参数          无
```

```
* 返回值            无
*******************************************************************************/

int DS18B20ReadTemp();
/*******************************************************************************
* 函数名            DS18B20ReadTemp
* 函数功能          读取温度数据
* 参数              无
* 返回值            实际温度值保留两位数，然后乘以 100，转换为整型数，方便后续转为 ASCII 码
*******************************************************************************/
```

8.3.2 DS18B20 源程序文件设计

源程序文件中，函数 unsigned char DS18B20Init()代码对照图 8-5 的初始化流程图进行设计，其中的延时设置根据流程要求进行选择，具体设置详见函数代码部分。

函数 void DS18B20WriteByte(unsigned char com)的功能是向 DS18B20 暂存器写入一个字节，字节的写入是通过循环写入 8 个位来实现的，写入顺序是先低位后高位。位的写入代码按照图 8-7 所示的流程图进行设计。

函数 unsigned char DS18B20ReadByte()的功能是从 DS18B20 暂存器读取一个字节，循环从暂存器读 8 个位。每个位的读入代码按照图 8-9 所示的流程图进行设计，位的读入顺序是低位先读、高位后读。在位的读写过程中将这 8 个位组合成一个字节。组合的处理流程图如图 8-13 所示。

函数 void DS18B20ChangTemp()的功能是启动一次温度检测与转换，其执行流程图如图 8-14 所示。

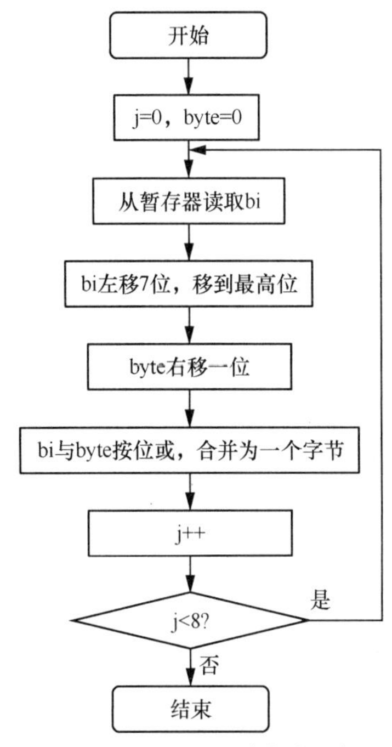

图 8-13 DS18B20 组合的处理流程图

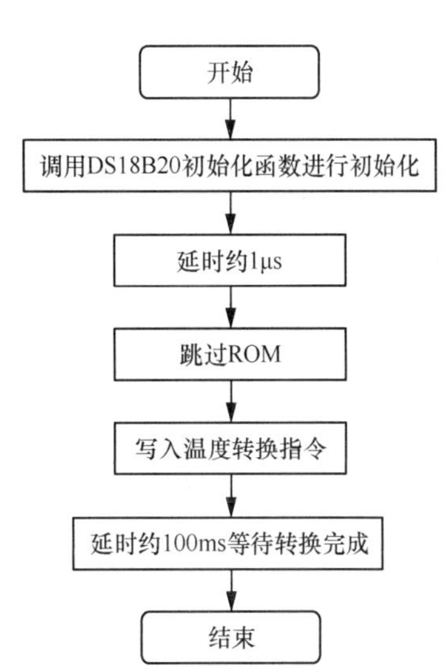

图 8-14 启动一次温度检测与转换函数执行流程图

函数 void DS18B20ReadTempCom()的功能是向 DS18B20 发送读温度数据命令，其执行流程图如图 8-15 所示。

函数 int DS18B20ReadTemp()的功能是读取温度数据，其执行流程图如图 8-16 所示。

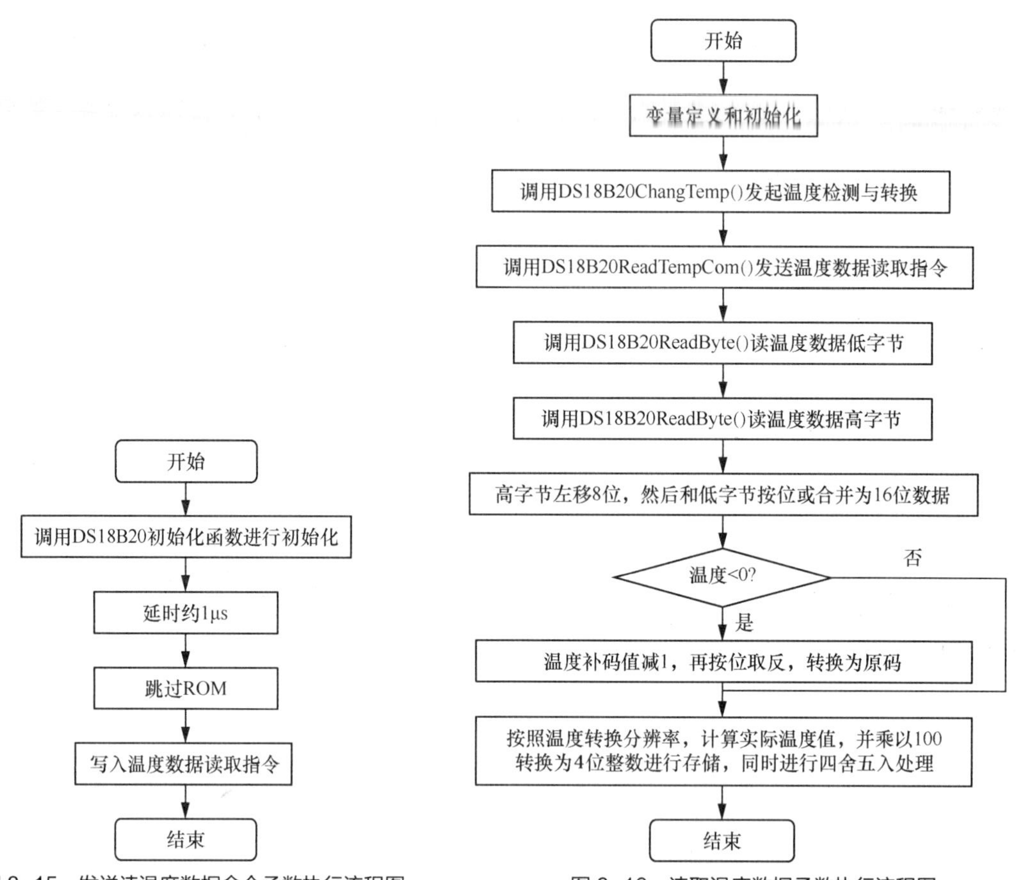

图 8-15　发送读温度数据命令函数执行流程图

图 8-16　读取温度数据函数执行流程图

根据以上各个函数的执行流程图，即可编写各个函数的代码，具体代码如下所示。

```
#include “DS18B20.h”
//////////////////////////////////////DS18B20 初始化，每次读写都要先进行初始化//////////////////////////
unsigned char DS18B20Init()
{
    unsigned int i;
    //根据初始化流程，先将总线拉低，要求延时 480μs~960μs
    DSPORT=0;
    //根据代码调试时间观察，延时约 642μs
    i=70;
    while ( i-- ) ;
    //根据初始化流程，总线控制器要将总线拉高
    DSPORT=1;
    //如果 DS18B20 在线，则其在 15μs~60μs 后会将总线拉低，拉低时间将持续
    //60μs~240μs。因此要持续检测总线是否被拉低。检测时间最多持续 50ms
```

```
        //实际上如果 DS18B20 在线，总线拉低后总线控制器就会检测到低电平而结束
        i=0;
        while ( DSPORT )    //等待 DS18B20 拉低总线
        {
            i++;
            if ( i>5000 )
            {
                return 0;//初始化失败
            }
        }
        return 1;//初始化成功
}

//////////////////向 DS18B20 暂存器写一个字节////////////////////////////////////////////
void DS18B20WriteByte ( unsigned char dat )
{
        unsigned int i,j;
        for ( j=0; j<8; j++ )
        {
            //每写入一位数据之前先把总线拉低
            DSPORT=0;
            //总线拉低状态保持 1μs 以上
            i++;
            //然后写入一个数据，从最低位开始
            DSPORT=dat&0x01;
            //延时约 68μs，持续时间最少为 60μs
            i=6;
            while ( i-- ) ;
            //然后释放总线
            DSPORT=1;
            //数据右移，准备写入下一位，同时通过移位操作的耗时（1μs）给总线恢复时间,
            //以便为后续位写入做好准备
            dat>>=1;
        }
}
//////////////////////////从 DS18B20 暂存器读取一个字节//////////////////////////
unsigned char DS18B20ReadByte()
{
        unsigned char byte,bi;
        unsigned int i,j;
        for ( j=8; j>0; j-- ) //每次读一位，连读 8 次，完成一个字节读取
        {
            //先将总线拉低
            DSPORT=0;
            //总线拉低状态保持 1μs 以上
            i++;
            //控制器输出高电平，以便释放总线
```

```
            DSPORT=1;
            //延时约 6μs，等待数据稳定
            i++;
            i++;
            //控制器读总线状态，获取数据，从最低位开始读取
            bi=DSPORT;
            //将位整合成字节。方法是 byte 左移一位，然后与右移 7 位后的 bi 按位或
            //注意移位是补 0 移位
            byte=（byte>>1）|（bi<<7）;
            //读取完之后等待约 48μs，使得累计耗时超过 61μs（或 114μs），为读取下一位做准备
            i=4;
            while（i--）;
        }
        return byte;
}
////////////////////////////////启动一次温度检测与转换///////////////////////////////
void DS18B20ChangTemp()
{
        DS18B20Init();
        Delay_us（1）;
        DS18B20WriteByte（0xcc）;            //跳过 ROM 操作命令
        DS18B20WriteByte（0x44）;            //温度转换命令
        Delay_ms（100）;   //等待转换成功，如果一直处于读温度数据状态就不必延时

}

////////////////////////////////发送读温度数据命令/////////////////////////////////////
void  DS18B20ReadTempCom()
{

        DS18B20Init();
        Delay_us（1）;
        DS18B20WriteByte（0xcc）;            //跳过 ROM 操作命令
        DS18B20WriteByte（0xbe）;            //发送读取温度命令
}
////////////////////////////////////读取温度数据//////////////////////////////
int DS18B20ReadTemp()
{
        int temp=0;
        float tp;
        unsigned char tmh,tml;
        DS18B20ChangTemp();                  //先写入转换命令
        DS18B20ReadTempCom();                //然后等待转换完后发送读取温度数据命令
        tml=DS18B20ReadByte();               //读取温度值共 16 位，先读低字节
        tmh=DS18B20ReadByte();               //再读高字节
        temp=tmh;
        temp<<=8;
```

```
        temp|=tml;
        //当温度值为负数
        if ( temp< 0 )
        {
            //因为读取的温度是负数，所以减 1，再取反求出原码
            temp=temp-1;
            temp=~temp;
            tp=temp; //因为实际温度是有理数，所以将温度赋给一个浮点型变量

        }
        //如果温度是正数，那么正数的原码就是补码本身
        else
        {
            tp=temp;//因为实际温度是有理数，所以将温度赋给一个浮点型变量

        }
        //根据分辨率将计算出温度实际值。温度值保留两位
        //小数然后乘以 100，用 4 位整数来存储该温度数据（扩大保存）。因为 C 语言浮
        //点型转换为整型的时候采用截断法，即把小数点后面的数直接丢弃，所以为保证一定
        //的精度，小数第三位要进行四舍五入，四舍五入采用加 0.5 进行，因为小数大于
        //0.5 时，加 0.5 之后大于 1 就会产生进位，而当小于 0.5 时，加 0.5 不会产生进位，
        //这样就实现了四舍五入处理

        tp=tp*0.0625*100+0.5;

        return tp;
    }

    #endif
```

代码中部分延时没有采用通用模块中的时延函数。

8.4 任务 3 DS18B20 温度检测模块测试

为验证 DS18B20 温度检测模块是否能提供正常温度检测服务，需要设计一个测试项目对其进行测试。测试项目周期性地调用 DS18B20 温度检测模块中的温度检测函数，读取温度数据后将其显示在液晶显示器上。

8.4.1 测试项目设计

根据测试项目功能，工程项目由 DS18B20 模块、LCD1602 显示模块、通用模块和主程序模块构成。

1. 工程项目建立

建立多文档工程项目，先按照 4.3.1 小节~4.3.6 小节的相关操作步骤新建单工程项目，在此不赘述，不同的是在桌面上新建的工程文件夹名为“DS18B20”，用作工程的存储位置。工程名称为

“DS18B20”，其他配置和操作选项不变。

2. 重用模块添加

在完成“main.c”文件新建和加入项目之后，将 DS18B20 模块、LCD1602 显示模块、通用模块的头文件和源程序文件复制到工程文件夹下，然后再按照 6.6 节相关操作流程将这些文件加入工程项目中。通用模块没有硬件接口，因此可以直接重用，不用考虑硬件接口定义修改。由于 LCD1602 显示模块硬件接口无变化，因此相应头文件接口定义不用修改。

3. 工程项目主程序模块设计

工程项目主程序具体执行流程如图 8-17 所示。主程序首先调用 LCD1602 初始化函数，对液晶显示器显示模式进行配置。然后在永不退出的循环中大约每隔 500ms 调用一次 DS18B20 温度检测模块中的函数 DS18B20ReadTemp()进行一次温度检测，并将获取的温度数据显示在液晶显示器上。

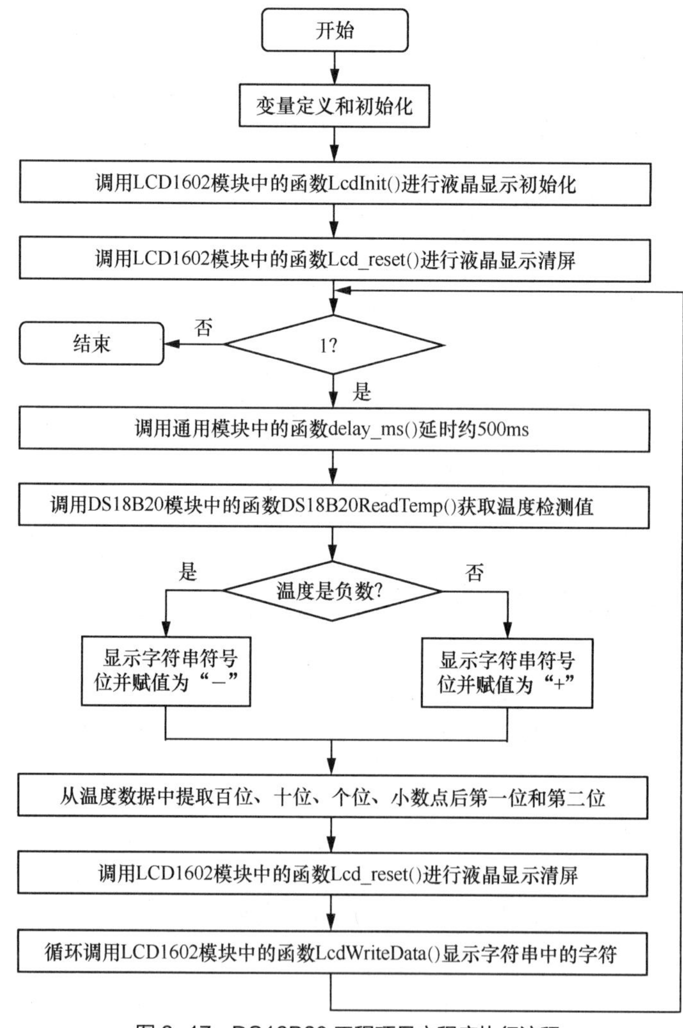

图 8-17　DS18B20 工程项目主程序执行流程

按照主程序执行流程，工程项目主函数代码编写如下所示。

```
#include “reg52.h”
#include “general.h”
#include “lcd.h”
#include “DS18B20.h”

//-------------------------------------------------------
void main（void）
{
    unsigned char k=0;
    //定义用于液晶显示器显示的字符串
    unsigned char lcd_show_chars[7]={0,0,0,0,'.',0,0};
    int temp;//定义从 DS18B20 读取的温度数据
    LcdInit();//液晶显示初始化
    Lcd_reset();//液晶显示清屏

    while（1）
    {
        delay_ms（500）;//每隔大约 500ms 读取一次温度值
        temp=DS18B20ReadTemp();//读取温度值
        //////根据温度数据的正负，在显示字符串中添加“+”或“-”///////////
        if（temp< 0）                              //当温度值为负数
        {
            lcd_show_chars[0] ='-';
        }
        else
        {
            lcd_show_chars[0] ='+';
        }
        //根据温度数据提取显示字符串中的百位、十位、个位、小数点后一位和后两位//
        //这些数字所对应的 ASCII 值都是通过取模取余运算获得数字，然后叠加'0'获得的//

        lcd_show_chars[1] = temp / 10000+'0'; ////获得百位
        lcd_show_chars[2] = temp % 10000 / 1000+'0'; ////获得十位
        lcd_show_chars[3] = temp % 1000 / 100+'0';      ////获得个位
        //lcd_show_chars[4] = '.';////小数点在显示字符串定义的时候已经赋值了
        lcd_show_chars[5] = temp % 100 / 10+'0';  ////获得小数点后一位
        lcd_show_chars[6] = temp % 10+'0'; ////获得小数点后两位
        Lcd_reset();//液晶显示清屏
        ////在液晶显示器上显示温度值////
        for（k=0;k<7;k++）
        {
            LcdWriteData（lcd_show_chars[k]）;
        }
    }

}
```

测试项目软件代码编辑完成以后，单击工具栏上的编译按钮进行编译，如果编译有错，则根据编译错误提示进行更正后，再次进行编译。如此反复，直至编译无错，产生HEX可执行文件。

8.4.2 工程测试

将单片机开发板和计算机用USB数据线连接，确保LCD1602正确地插入开发板中的液晶显示器接口，将DS18B20准确无误地插入图5-1中标注9所指方框中的DS18B20接口中。硬件连接完成后，按照5.4节的内容进行程序下载。程序下载完成后，程序将立即进入执行状态。这时查看LCD1602显示内容，如果软件设计无误，硬件连接正确，则在LCD1602上将会显示出温度。用手指捏住DS18B20，或者用其他热源靠近DS18B20，如果LCD1602中显示的温度值发生变化，说明DS18B20工作正常，同时也说明DS18B20模块设计正确，可以在其他项目中进行重用。

【实施记录】

对照任务实施步骤，完成DS18B20温度检测模块软硬件设计和测试项目构建、编译，将测试项目中的HEX文件下载到单片机中，观察测试项目运行情况，并将操作过程和结果记录在表8.6中。

表8.6 DS18B20温度检测模块软硬件设计和测试实施记录

实施项目	实施内容
DS18B20温度检测模块软件函数组成	
DS18B20软件测试工程项目硬件设计	
DS18B20接口相关定义	
DS18B20温度检测模块软件测试过程和结果记录	

【任务小结】

DS18B20 模块只有 3 个引脚，分别是电源正、负输入引脚和数据引脚。模块可独立供电，也可采取寄生方式进行供电。DS18B20 模块通过数据引脚接收外部指令，输出相关信息。该数据引脚一般要外接上拉电阻器，然后和控制器某个输入输出引脚连接。在编写该模块软件时，要先根据其位读写时序编写位读写函数，然后以此为基础编写指令发送函数和温度读取函数。由于 DS18B20 模块输出的温度数据是补码的形式，因此还要将数据进行码制转换，将补码转换为原码。

【知识巩固】

一、填空题

1. DS18B20 工作电压范围为________，在寄生电源方式下可由________供电。

2. DS18B20 器件不需要任何外围元件，器件内部自带________、________及________。

3. DS18B20 测温范围为________，因此它不能工作在极限温度下。

4. DS18B20 温度检测分辨率为 9、10、11、12 位，对应的可分辨温度分别为________、________、________和________。

5. TO-92 封装的 DS18B20 中，GND 引脚为____________，DQ 引脚为____________，VDD 为____________引脚。

6. DS18B20 内部主要由 4 个部分组成：________、________、________、________。

7. DS18B20 输出的温度数据是以________形式输出，因此需要将其进行转换。

8. DS18B20 的所有处理都需要一个________操作，该操作先由总线控制器发送一个________，而后总线从机响应该________，以表示器件在线，并且处于就绪状态。

9. DS18B20 硬件设计中，数据总线要外接________与单片机口线相连。

10. DS18B20 中的 ROM 操作命令大多与________有关。跳过 ROM 命令只适用于________场合，其作用是可以直接调用 ROM 命令，而不需要提供________。

二、选择题

1. DS18B20 组网时，上位机通过（　　）来区分不同的器件。
   A. 内置序列号
   B. 用户自定义编码
   C. 电子标签
   D. 无法区分

2. 下列有关 DS18B20 单总线协议叙述错误的是（　　）。
   A. 数据读写由主机主导
   B. DS18B20 可向主机主动发送数据
   C. 主机读写数据首先要进行初始化操作
   D. 主机可以直接向 DS18B20 发送 ROM 命令

3. 在对 DS18B20 器件进行位操作时，主机最初输出的总是（　　）。
   A. 低电平

B．高电平

C．任意电平

D．高阻状态

4．软件模块中，有关函数的叙述错误的是（　　）。

A．内部函数可以分为支撑函数和接口函数

B．接口函数提供外部功能

C．支撑函数提供模块功能

D．支撑函数也可以被用户调用

5．开发硬件模块所对应的软件模块，以下叙述错误的是（　　）。

A．先要仔细阅读硬件说明书

B．头文件设计要考虑接口定义和模块功能函数定义

C．软件模块编写完成后，可以直接进行重用

D．移植时要注意硬件接口定义的修改

【知识拓展】

时延函数的应用

在软件设计中，经常会需要延时，延时常使用时延函数来实现。时延函数以执行循环空操作来实现。查看以下代码片段（其中 i 为 unsigned char 类型变量，DSPORT 为 DS18B20 数据总线数据变量，类型为 sbit，为一个二进制位变量）。

```
DSPORT=0;
//总线拉低状态保持 1μs 以上
i++;
```

上述代码片段中，总线拉低后延时 1μs 以上的实现方法是执行“i++”操作。该操作执行时间可以从其对应的汇编语句精确计算。汇编语句中的汇编指令执行都有确定的指令周期，指令周期和控制器运行时钟有关。当用 C 语言编写程序时，需要通过编译将其转换为汇编指令，再将汇编指令转换为机器指令才能由控制器执行。汇编指令和机器指令有一一对应的关系。在 Keil C51 开发平台中，在调试状态下可以查看到 C 语言程序经过编译后所对应的汇编语句。还可以在调试状态下观察 C 语言程序语句执行所需要的时间，可以据此实现较为准确的时延。

单击 Keil C51 开发平台中的工具栏上的调试图标进入调试状态，源程序编辑窗口上方将出现汇编指令窗口。在源程序编辑窗口单击“ds18b20.c”，在“ds18b20.c”源程序中，将光标放在第 069 行，即第一个“i++”语句所在行，在汇编指令窗口对应的黄色背景行中，该行上方的语句为“i++”，其下方两行就是该语句编译之后所对应的汇编语句（后面就是总线拉高语句“DSPORT=1”及其对应的汇编语句）。单击开发平台左侧的“Register”，然后单击调试工具栏上的{} 图标，即程序运行到光标所在行停止，然后查看左侧中的程序运行时间记录“sec 25.22379400”（如图 8-18 所示）。

再将光标放到第 070 行，即“DSPORT=1”语句前，再次单击调试工具栏上的{} 图标，这时程序运行记录行变成“sec 25.22379550”，两者相减为 0.0000015，单位为 s，即 1.5μs。需要注意的是，调试环境的晶振频率为 12MHz，如果是其他频率的晶振，可以在项目选项中进行更改。

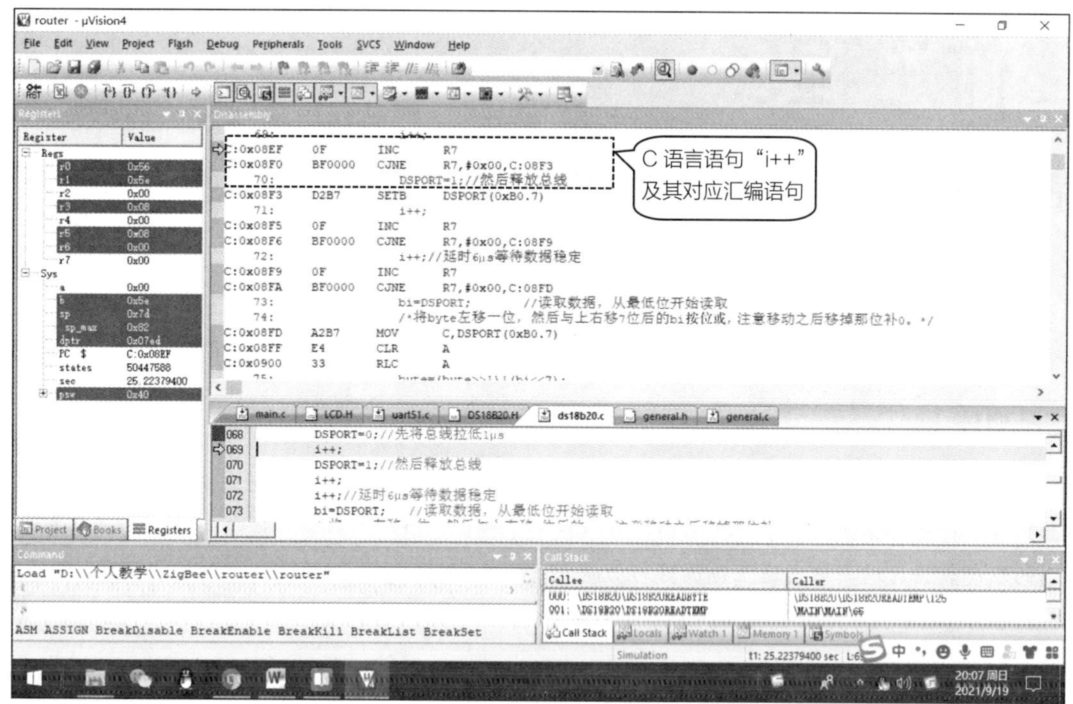

图 8-18　DS18B20 测试工程项目调试窗口

【技能拓展】

本模块软件设计根据开发板配套的 DS18B20 测温项目软件更改而来，内部延时有的是用语句延时实现的，有的可以调用通用模块中的时延函数来实现，请在可更改的地方进行更改。此外，按照位读写时序，参照本任务中的代码编写一位写函数 bit_write()、一位读函数 bit_read()，在此基础上重新组织编写其他函数。

工作进程9 路由器节点集成设计

【任务概述】

小王在工作进程9的主要任务是在前期相关模块设计的基础上,进行路由器节点模块硬件集成设计,然后进行软件集成设计,使得路由器节点模块不仅能够进行本地温度检测和显示,还具有将所检测的温度数据通过网络发送至协调器的功能。

【学习目标】

价值目标	1. 通过组间合作,培养团结协作精神 2. 通过软硬件集成,体会合作的价值和意义,树立个人责任意识
知识目标	1. 了解自顶向下逐步细化的设计方法 2. 熟悉 ZigBee 网络中路由器的功能 3. 熟悉 ZigBee 应用模块路由器配置参数 4. 熟悉软硬件集成设计方法
技能目标	1. 具备初步的硬件集成设计能力 2. 具备初步的软件集成设计能力

【知识准备】

硬件集成是将不同的功能模块的器件连接在一起,这就涉及相连器件之间电平逻辑匹配、阻抗匹配。因此在进行路由器节点模块集成设计之前,需要了解硬件集成所涉及的相关问题及解决方法。此外还要了解 ZigBee 应用模块用作路由器所应具备的功能和路由器节点配置要求。

9.1 电平逻辑匹配与阻抗匹配

硬件集成设计时,需要考虑模块之间的电平逻辑匹配和阻抗匹配。

9.1.1 电平逻辑匹配

电平逻辑是指模块输入输出高低电平所对应的电压范围。只有具有相同电平逻辑或兼容电平逻辑的器件才能进行直连，否则就需要借助电平转换模块进行转接。一般情况下，模块的工作电压不同，其电平逻辑也会不同。

就双极性型器件来说，电平逻辑主要有两种，即晶体管-晶体管逻辑（Transistor-Transistor Logic，TTL）和低电压晶体管-晶体管逻辑（Low Voltage Transistor-Transistor Logic，LVTTL），具体逻辑如下所示。

（1）TTL 是常规电压工作器所采用的电平逻辑，其输入高电平范围为 2.0~5.0V，低电平范围为 0~0.8V；输出高电平范围为 2.4~5.0V，低电平范围为 0~0.4V。

（2）LVTTL 是低电压工作器件所采用的电平逻辑。根据工作电压的不同，又可细分为 3.3V LVTTL、2.5V LVTTL 和 1.8V LVTTL 等。其中 3.3V LVTTL 的输入高电平范围为 2.0~3.3V，低电平范围为 0~0.4V；输出高电平范围为 2.4~3.3V，低电平范围为 0~0.4V。

由此可见，3.3V LVTTL 与 TTL 电平逻辑彼此兼容。

9.1.2 阻抗匹配

硬件集成时，不但要考虑电平逻辑匹配，还要考虑输入输出之间的阻抗匹配问题。这里的阻抗匹配是指前级输出阻抗和后级输入阻抗大小要匹配，后级输入阻抗相对于前级输出阻抗过小或过大会导致电平逻辑产生错误。

在设计数字器件时，一般都会采用输入输出缓冲技术，以减小输出阻抗来提高器件的负载能力，增大输入阻抗来减小对前级的影响。数字器件的输入输出能力一般以扇入/扇出系数来表示。扇入是指器件输入端的个数；扇出是指器件输出端可以驱动同类型器件的个数，因此同类型器件可以直接进行连接。如果器件输入端个数大于扇入系数，或者需要驱动的器件个数大于扇出系数，则需要借助输入输出缓冲器件来增大扇入/扇出系数，避免因阻抗不匹配而造成电平逻辑错误。

一般而言，数字器件的扇入系数范围为 1~5，扇出系数至少为 8，能够满足一般情况下的器件连接需要。因此，对于单个器件之间的连接，可以直接连接，不用考虑引入输入输出缓冲器件。

9.2 ZigBee 应用模块路由器设备配置要求

在 ZigBee 网络中，路由器设备的主要功能包括以下几个方面。

（1）加入 ZigBee 网络。路由器设备根据入网配置参数加入相应的 ZigBee 网络。

（2）接收和处理通信范围内其他 ZigBee 设备的入网请求。路由器设备接收和处理通信范围内其他路由器设备或终端设备加入网络的请求，从而能扩大网络覆盖范围，并与这些设备构成父子关系。

（3）数据转发。路由器设备根据自身所建立和维护的路由表，将自身产生的或从其他设备接收的数据传输到指定的下一跳节点或目标节点。

BHZ-CC2530-PA ZigBee 应用模块内部程序提供了 ZigBee 应用模块入网、数据转发、处理其他 ZigBee 设备入网请求和管理子节点的功能，无须另行开发。但是，BHZ-CC2530-PA ZigBee 应用模块在发挥路由器功能之前还需要完成组网参数和上位机通信波特率配置。

具体来说，包括以下几个方面的参数配置。

（1）路由器设备类型配置。BHZ-CC2530-PA ZigBee 应用模块既可以配置为协调器，也可以配置为路由器。该模块在出厂时默认配置为路由器，但是为了避免 BHZ-CC2530-PA ZigBee 应用模块的设备类型被更改，要在程序中重新进行配置，确保设备类型为路由器。

（2）网络号配置。为保证 BHZ-CC2530-PA ZigBee 应用模块在启动之后加入指定的 ZigBee 网络，并且能够和网络内的其他设备进行正常的通信，需要对其进行网络号配置。同一个 ZigBee 网络内的设备都具有相同的网络号，两个具有不同网络号的设备之间无法进行直接通信。

（3）信道号配置。信道号配置能够确保 ZigBee 网络中的所有设备在指定的信道上进行通信。为保证通信的正常进行，BHZ-CC2530-PA ZigBee 应用模块要求同一个网络中的所有设备的信道号也要保持一致。

（4）数据通信模式配置。BHZ-CC2530-PA ZigBee 应用模块提供了多种数据通信模式，但通信双方的通信模式要保持一致，才能正常进行数据收发。BHZ-CC2530-PA ZigBee 应用模块能够以命令格式来指定数据发送时的通信模式，但为了保证收发时通信模式一致，需要对 BHZ-CC2530-PA ZigBee 应用模块的数据通信模式进行配置。

（5）波特率配置。BHZ-CC2530-PA ZigBee 应用模块与控制器进行通信是通过串口进行的，只有两者的波特率相同，串行通信才能正常进行。BHZ-CC2530-PA ZigBee 应用模块在使用时，首先要对其串口的波特率进行配置，确保串口的波特率与控制器的波特率保持一致。

BHZ-CC2530-PA ZigBee 应用模块的以上配置都是通过串口接收相关配置指令来实现的。

注 意

（1）路由器所能拥有和管理的子节点数量与网络结构、自身存储能力和计算能力有关，且子节点数量是受限的。每个 BHZ-CC2530-PA ZigBee 应用模块配置最多可以管理 6 个子节点，所以在进行路由器的空间布局时要保证每个路由器周边最多只有 6 个子节点。

（2）同一个环境中，网络号一定不能相同，但信道号可以相同。为了避免干扰而引起的通信延迟，同一个环境中的不同 ZigBee 网络尽可能选用不同的信道号。

【任务实施】

9.3 任务 1　路由器节点硬件设计

根据功能要求，路由器节点由控制器模块、LCD1602 液晶显示模块、DS18B20 温度检测模块、BHZ-CC2530-PA ZigBee 应用模块、电源模块 5 个模块组成，其组成关系如图 9-1 所示。

由于控制器模块、LCD1602 液晶显示模块、DS18B20 温度检测模块、BHZ-CC2530-PA ZigBee 应用模块都是 TTL 型器件，且控制器模块、LCD1602 液晶显示模块、DS18B20 温度检测模块的工作电压均为 5V，因此电平逻辑相同。BHZ-CC2530-PA ZigBee 应用模块工作的电压为 3.3V，电平逻辑为 LVTTL，但该电平逻辑与 TTL 兼容，因此不需要进行电平逻辑转换。各个模块输出端口都只连接一个低功耗负载，不需要借助输入输出缓冲器件，可以进行直接连接。各个模块之间具体连接如下所述。

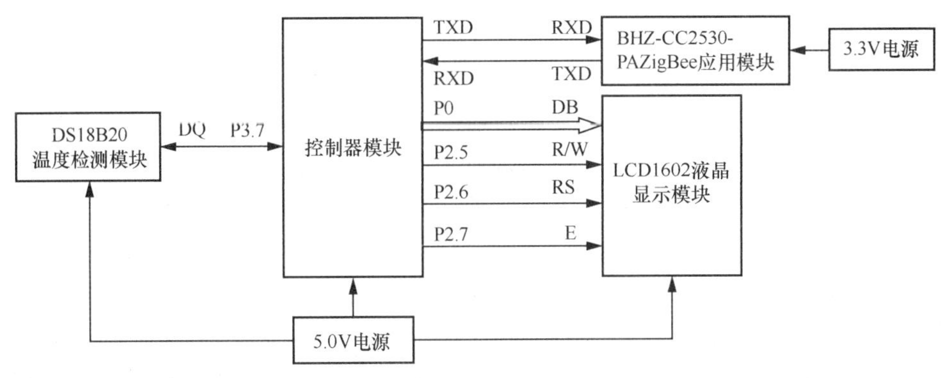

图 9-1　路由器节点硬件组成

（1）DS18B20 温度检测模块与控制器模块连接。

DS18B20 模块和控制器模块连线方式和工作进程 8 中的温度检测模块一样，直接插入开发板上对应的测温接口插槽中即可。

（2）LCD1602 液晶显示模块与控制器模块连接。

LCD1602 液晶显示模块和控制器模块连线方式同样和工作进程 8 中的温度检测模块一样，直接插入开发板上对应的液晶显示器插槽中即可。

（3）BHZ-CC2530-PA ZigBee 应用模块电源供电。

BHZ-CC2530-PA ZigBee 应用模块工作电压是 3.3V，因此不能将 5V 电源直接送入 BHZ-CC2530-PA ZigBee 应用模块 3.3V 供电端，否则将会损坏该模块。如图 9-2 所示，开发板上的 P3 端子 3 脚和 1 脚提供 3.3V 和 5V 两路直流电压供电。其中 5V 直流电压由开发板 USB 口提供，3.3V 直流电压则由 5V 电压转换而来。所使用的转换芯片为 AMS1117，该芯片 3 脚为 5V 直流电压输入引脚，2 脚和 4 脚并联输出 3.3V 直流电压。

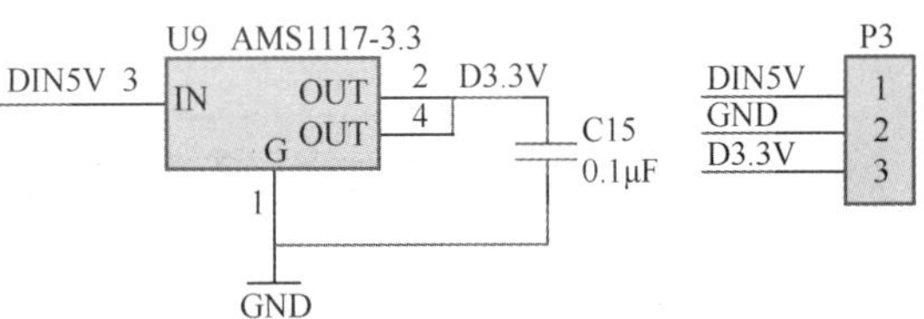

图 9-2　3.3V 电压转换电路及 P3 端子引脚

使用杜邦线将开发板上的 P3 端子上的 3.3V 供电输出接口和 BHZ-CC2530-PA ZigBee 应用模块的供电输入接口按照图 9-3 所示进行连接。

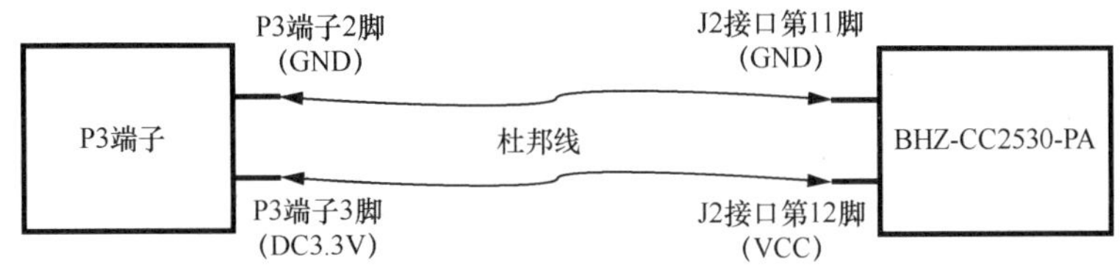

图 9-3　BHZ-CC2530-PA ZigBee 应用模块与开发板模块供电线路连接

用两根杜邦线分别将开发板 P3 端子 3 脚与 BHZ-CC2530-PA ZigBee 应用模块的 J2 接口第 12 脚（VCC）、开发板 P3 端子 2 脚与 BHZ-CC2530-PA ZigBee 应用模块的 J2 接口第 11

脚连接起来。

（4）BHZ-CC2530-PA ZigBee 应用模块与控制器模块通信线路连接。

控制器模块与 BHZ-CC2530-PA ZigBee 应用模块通过串口进行通信，通信双方的发送端和接收端要进行交叉连接，即控制器模块的发送端要连接到 BHZ-CC2530-PA ZigBee 应用模块的接收端，控制器模块的接收端要与 BHZ-CC2530-PA ZigBee 应用模块的发送端连接。

控制器模块串口由开发板上的 P5 端子 2 脚、4 脚引出，分别对应控制器模块串口的 RXD 端和 TXD 端。而 BHZ-CC2530-PA ZigBee 应用模块串口由 J2 接口的第 4 脚和第 5 脚引出，分别对应串口的 RX 端和 TX 端。

用杜邦线分别将 BHZ-CC2530-PA ZigBee 应用模块 J2 接口的第 4 脚 RX 端和开发板上的 P5 跳线柱 4 脚 TXD 端、BHZ-CC2530-PA ZigBee 应用模块 J2 接口的第 5 脚 TX 端和开发板上的 P5 跳线柱 2 脚 RXD 端连接。具体连接如图 9-4 所示。

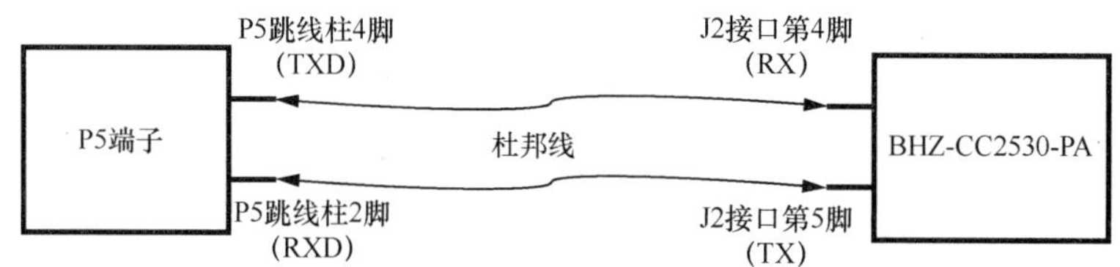

图 9-4　BHZ-CC2530-PA ZigBee 应用模块与控制器模块通信线路连接

连接后就实现了两个模块串口之间的交叉连接。

9.4 任务 2　路由器节点软件工程项目构建

设计软件之前，首先要按照自顶向下逐步细化的方式做好软件模块划分，确定各个软件模块所具有的功能，完成软件的总体设计。

9.4.1 路由器节点软件总体设计

由硬件设计可知，路由器节点的硬件组成可分为串口硬件模块、LCD1602 液晶显示模块、DS18B20 温度检测模块和 BHZ-CC2530-PA ZigBee 应用模块共 4 部分，按照系统集成模块化设计方法，这 4 个硬件模块都有相应的软件模块。此外 LCD1602 液晶显示模块涉及时延，因此还需要通用模块。主程序模块调用各个子程序模块实现预定的功能。因此路由器节点软件可以划分为以下几个软件模块。

（1）串口软件模块。串口软件模块提供本模块的初始化功能与串口收发通信功能。

（2）LCD1602 液晶显示软件模块。LCD1602 液晶显示软件模块提供本模块初始化功能、检测温度和程序执行流程提示的显示功能。由于该模块硬件接口无变化，因此相应头文件接口定义不用修改。

（3）DS18B20 测温软件模块。DS18B20 测温软件模块提供本模块初始化功能和温度检测数据的读取功能。同样由于该模块硬件接口无变化，因此相应头文件接口定义不用修改。

（4）BHZ-CC2530-PA ZigBee 软件模块。该软件模块调用串口通信模块中的通信功能进行

ZigBee 应用模块的组网参数配置。

（5）通用软件模块。该软件模块为相关模块提供时延服务。

（6）主程序软件模块。该软件模块调用 LCD1602 液晶显示软件模块、DS18B20 测温软件模块、串口软件模块、BHZ-CC2530-PA ZigBee 软件模块中的初始化功能进行设备初始化，然后周期性地调用 DS18B20 测温软件模块中的温度检测子函数获得温度数据，接着将其显示在液晶显示器上，最后调用串口发送函数将温度数据发送给 BHZ-CC2530-PA ZigBee 软件模块，再由 BHZ-CC2530-PA ZigBee 软件模块将温度数据转换成无线信号辐射出去。

根据以上分析，得到如图 9-5 所示的路由器节点软件总体设计，图中指明了软件模块组成及模块之间的调用关系。

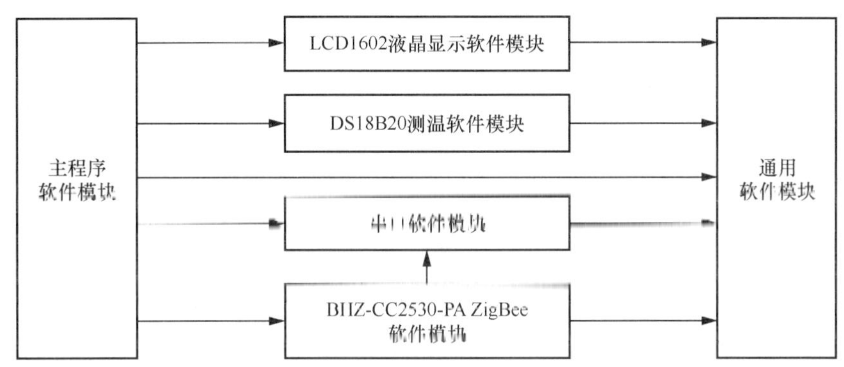

图 9-5　路由器节点软件总体设计

串口软件模块、LCD1602 液晶显示软件模块、通用软件模块、DS18B20 测温软件模块已分别在工作进程 6、7、8 中完成，在路由器节点软件设计时，重用这些软件模块即可。

主程序软件模块和 BHZ-CC2530-PA ZigBee 软件模块需要新建，对应的模块文件分别命名为“main.c”“zigbee.h”“zigbee.c”。由 BHZ-CC2530-PA ZigBee 应用模块特性可知，BHZ-CC2530-PA ZigBee 软件模块需要重用串口软件模块。

本任务中，串口通信只涉及数据发送，而数据发送一般采用主动发送方式，即采用查询方式发送，因此不需要中断模块。

完成路由器节点软件总体设计之后，就进行软件工程项目构建，为代码设计做好准备。

9.4.2　路由器节点软件工程项目构建实施

在进行路由器节点软件设计之前先进行路由器节点软件工程项目构建，构建流程如下。

1. 路由器节点软件工程项目初建

先按照 4.3 节相关操作步骤新建路由器节点软件工程项目，所不同的是先在桌面上新建名为“router”的工程文件夹，用作工程的存储位置，工程名称为“router”，其他配置和操作选项不变。

2. DS18B20 测温软件模块添加

将前述工作进程 8 中所创建的 DS18B20 测温软件模块头文件“ds18b20.h”和源程序文件“ds18b20.c”复制到工程文件夹下，然后按照前述 6.6 节中的文件加入工程的操作步骤将其加入工程中。

3. LCD1602 液晶显示软件模块添加

将前述工作进程 7 中所创建的 LCD1602 液晶显示软件模块头文件“lcd.h”和源程序文件“lcd.c”复制到工程文件夹下，然后按照前述 6.6 节中的文件加入工程的操作步骤将其加入工程中。

4. 通用软件模块添加

将前述工作进程 7 中所创建的通用软件模块头文件“general.h”和源程序文件“general.c”复制到工程文件夹下，然后按照前述 6.6 节中的文件加入工程的操作步骤将其加入工程中。

5. 串口软件模块添加

将前述 6.4 节中所创建的串口软件模块头文件“usart51.h”和源程序文件“usart51.c”复制到工程文件夹下，然后按照前述 6.6 节中的文件加入工程的操作步骤将其加入工程中。

6. BHZ-CC2530-PA ZigBee 软件模块新建与添加

将 BHZ-CC2530-PA Zigbee 软件模块头文件名称设置为“zigbee.h”，源程序文件名称设置为“zigbee.c”。头文件“zigbee.h”和源程序文件“zigbee.c”的新建方法有 3 种。

第一种方法是单击 Keil 开发平台上的“FILE”→“新建文件”或者工具栏上的新建文件图标，进行文本文件新建，然后单击工具栏上的文件保存图标，在弹出的文件保存的对话框中填写文件存储位置，将文件名更改为所需要的头文件名或源程序文件名，单击文件对话框总的“保存”按钮，完成空白头文件和空白源程序文件新建操作。

第二种方法是先打开工程文件夹，然后在文件夹空白处右击，在弹出的快捷菜单中选择“新建文本文件”命令新建两个文本文件，然后依次将这两个文件的主文件名都更改为“zigbee”，把其中一个文件扩展名由“.txt” 更改为“.c”，另外一个文件扩展名由“.txt”更改为“.h”，这样也能进行头文件和源程序文件新建操作。

第三种方法是直接复制其他模块的头文件和源程序文件，然后把主文件名更改为“zigbee”，将文件用记事本程序打开，将其内容全部删除后保存退出，完成头文件和源程序文件构建。

任选一种方法，完成“zigbee.h”和“zigbee.c”新建之后，将这两个文件加入工程中，完成以上操作后，工程文件夹中的所有文件如图 9-6 所示。

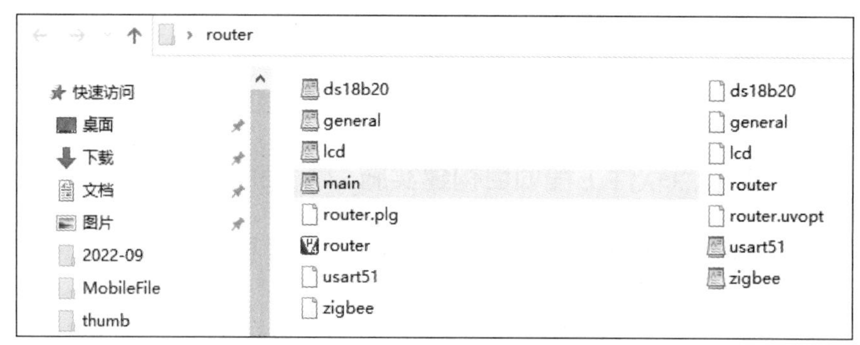

图 9-6　router 工程文件夹所包含文件

软件工程项目构建之后，就可以对新建的软件模块进行分别设计。由于主程序软件模块需要调用 ZigBee 软件模块，因此必须先编写好 ZigBee 软件模块程序才能编写主程序软件模块程序。

设计软件模块时首先要进行软件功能需求分析，依据功能需求确定模块结构、需要调用的其他模块，以及模块之间进行数据通信所需要声明的外部全局变量。根据这些信息进行软件模块的头文件设计。

9.5 任务 3 BHZ-CC2530-PA ZigBee 软件模块设计

BHZ-CC2530-PA ZigBee 软件模块设计包括头文件设计和源程序文件设计。其中头文件内容一般包含 3 个部分，第一个部分是头文件包含，用“include”语句将所调用的其他模块的头文件包含到本模块，第二个部分是外部全局变量声明（这个部分非必需），第三个部分是本模块各个功能子函数声明。设计重点是对本软件模块进行功能分析，确定本软件模块所应提供的功能函数，以便进行函数声明。

9.5.1 ZigBee 软件模块头文件设计

1. BHZ-CC2530-PA ZigBee 软件模块功能与配置需求分析

根据 9.2 节内容，BHZ-CC2530-PA ZigBee 软件模块需要对 BHZ-CC2530-PA ZigBee 应用模块进行设备类型、网络号配置、信道号和数据通信模式配置，并且配置方式是通过串口发送配置指令来完成的。配置完成后，BHZ-CC2530-PA ZigBee 应用模块将根据所配置的网络号加入指定的网络中，以指定的信道和其他 ZigBee 设备进行通信。BHZ-CC2530-PA ZigBee 应用模块入网之后，控制器向串口发送数据时，BHZ-CC2530-PA ZigBee 应用模块将接收到的数据以电磁波的方式辐射出去。当 BHZ-CC2530-PA ZigBee 应用模块从电磁波中接收到数据后，将通过串口发给控制器。可见，ZigBee 软件模块只需要调用串口软件模块中的字符发送函数对 BHZ-CC2530-PA ZigBee 应用模块进行设备类型、网络号、信道号和数据通信模式配置，不需要提供其他功能。

为此，BHZ-CC2530-PA ZigBee 软件模块只需要提供初始化函数，按照顾名思义的命名原则，将该函数命名为“init_ZigBee”。

函数 init_ZigBee()需要调用串口软件模块内的函数进行配置指令发送。配置指令发送后，需要等待指令执行完成，才能进行后续配置指令发送操作。因此配置指令发送后需要进行适当的延时，这就需要调用通用模块中的时延函数。可见，BHZ-CC2530-PA ZigBee 软件模块需要调用串口软件模块和通用软件模块中的时延函数。

根据以上分析，就可以进行 ZigBee 软件模块头文件的详细设计。

2. 头文件代码设计

头文件主要由文件包含、外部全局变量声明、函数声明 3 个部分组成。

按照上述构思，BHZ-CC2530-PA ZigBee 软件模块头文件“zigbee.h”代码设计如下所示，各行代码功能已经在注释中进行了说明。

```
//文件包含设计
#ifndef _ZigBee_H_//防止重复定义
#define _ZigBee_H_

#include “msart51.h” /////需要调用串口软件模块中的函数，因此要将该模块的头文件包含进来
#include “general.h” /////需要调用通用软件模块中的函数，因此要将该模块的头文件包含进来

/*
```

```
*********************************ZigBee 软件模块初始化函数***************************
//     函数名：init_ZigBee /////
//形  参：ZigBee_node。数据类型：无符号字符串型。作用：指定 ZigBee 设备类型，0 为协调器，其
//他值为路由器
//形  参：pan_id。数据类型：无符号整型。作用：指定 ZigBee 网络号。
//形  参：channel_id。数据类型：字符串型。作用：指定 ZigBee 信道号。
//形  参：com_mode。数据类型：无符号字符串型 作用：指定 ZigBee 应用模块数据通信模式
//返回值：无
*************************************************************************************
*/
void init_ZigBee（unsigned char ZigBee_node,unsigned int pan_id,unsigned char channel_id,
                        unsigned char com_mode）;

#endif
```

ZigBee 软件模块初始化函数 init_ZigBee()带有 4 个形式参数（简称形参），分别对应设备类型、网络号、信道号和通信模式。引入设备类型参数是因为 BHZ-CC2530-PA ZigBee 应用模块既可以配置为路由器，也可以配置为协调器，用户可以根据设备类型参数指定设备配置类型，方便 ZigBee 软件模块在协调器节点软件设计中的重用。

代码中要通过注释给出函数调用说明，以免因参数错误而出错。

头文件设计完成之后，接下来就要进行源程序文件代码设计，源程序文件代码设计就是对头文件中所声明的函数给出具体的实现代码。

9.5.2 ZigBee 软件模块源程序文件设计

源程序文件中一般也包括 3 个部分，第一个部分是本模块头文件包含，第二个部分为全局变量的定义（这个部分非必需），第三个部分是头文件中所有声明的函数的具体实现。

一般来说，函数代码编辑、设计都是按照函数处理流程进行的，因此在设计 ZigBee 软件模块初始化函数代码前，先要给出 ZigBee 软件模块初始化函数的处理流程。

BHZ-CC2530-PA ZigBee 软件模块初始化函数 init_ZigBee()的功能就是依据传入的设备类型参数 ZigBee_node 对 ZigBee 应用模块进行设备类型配置，如果 ZigBee_node 为 0，则配置为协调器，否则就配置为路由器；依据参数 pan_id 配置 ZigBee 应用模块的网络号；依据 channel_id 参数配置信道号；依据参数 com_mode 配置数据通信模式。

指令执行都需要一定的时间，并且 BHZ-CC2530-PA ZigBee 应用模块在指令执行期间，串口接收可能不及时，因此会导致后续指令接收不完整。为保证后续指令的正确接收和执行，两个指令之间要有一定的时间间隔。这个时间间隔可以以时延进行填充。时延参数需要结合 BHZ-CC2530-PA ZigBee 应用模块说明书的相关内容来确定，如果不能确定，则需要试凑，这里统一指定为 100ms。

另外根据指令手册，配置指令后需要重启模块，配置才会生效。重启未完成之前无法正常接收串口的指令和数据。为确保重启完成，在发送完重启指令后，延时 3s。实际的时延可能比 3s 少，有兴趣的读者可以在自己编写、调试时减少这个时延值，以便缩短组网时间。

由此可以得到图 9-7 所示的初始化函数处理流程图。

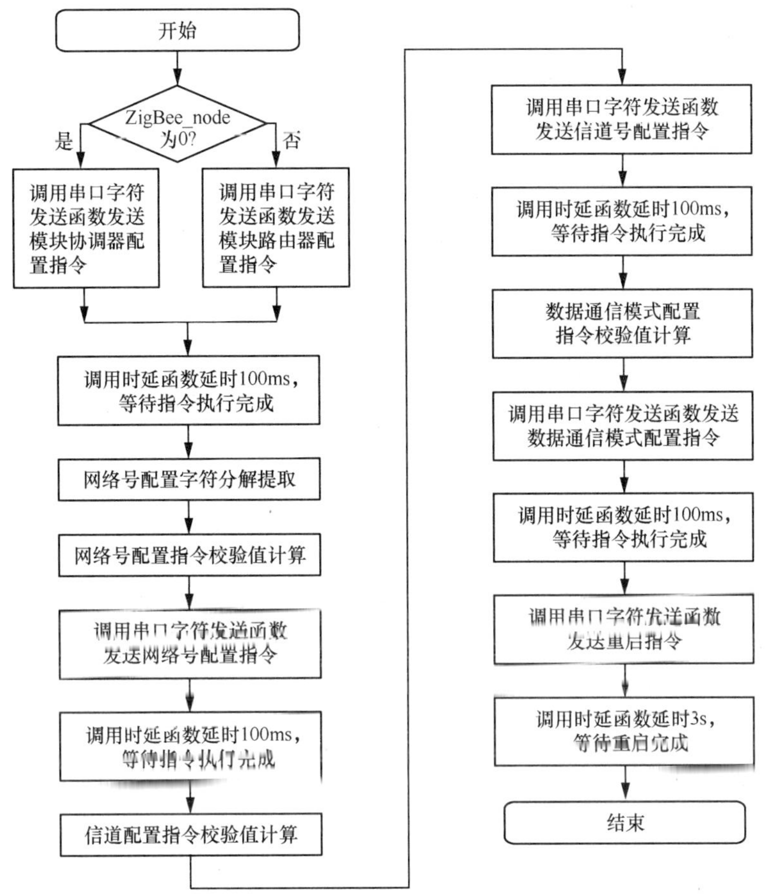

图 9-7　ZigBee 软件模块初始化函数处理流程图

注 意

（1）根据指令手册，进行设备类型配置后，BHZ-CC2530-PA ZigBee 应用模块会自动将网络号配置为 0x199B。

（2）BHZ-CC2530-PA ZigBee 软件模块初始化流程中，一般要先配置设备类型，再进行网络号配置。如果先配置网络号，再进行设备类型配置，则网络号被配置为 0x199B，原先配置的网络号将失效。

对照处理流程，按照 BHZ-CC2530-PA ZigBee 应用模块配置指令进行代码编辑。代码中涉及的配置指令可参见 3.7 节中的相关内容。

BHZ-CC2530-PA ZigBee 软件模块源程序文件“zigbee.c”中代码设计如下所示。

```
////////////////////////////路由器节点模块源程序文件 zigbee.c/////////////////
#include “zigbee.h”//头文件包含
void init_ZigBee ( unsigned char ZigBee_node,unsigned int pan_id,...,
          unsigned char channel_id,unsigned char com_mode )
{
     unsigned char x1,x2,xy;
     if ( ZigBee_node==0 )      //参数 ZigBee_node 为 0，表示节点配置为协调器，否则配置为路由器
     {
     ////ZigBee 应用模块配置为协调器指令:FC 00 91 09 A9 C9 08。返回:43 6F 6F 71 64 3B 00 19
```

```
        char_send_usart51（0xFC）;
        char_send_usart51（0x00）;
        char_send_usart51（0x91）;
        char_send_usart51（0x09）;
        char_send_usart51（0xA9）;
        char_send_usart51（0xC9）;
        char_send_usart51（0x08）;
        delay_ms（100）;//延时等待指令执行完成
    }
    else
    {
    /////// ZigBee 应用模块配置为路由器指令: FC 00 91 0A BA DA 2B//////
        char_send_usart51（0xFC）;
        char_send_usart51（0x00）;
        char_send_usart51（0x91）;
        char_send_usart51（0x0A）;
        char_send_usart51（0xBA）;
        char_send_usart51（0xDA）;
        char_send_usart51（0x2B）;
        delay_ms（100）;//延时等待指令执行完成
    }
    ///每条配置指令执行后，可以马上重启模块，使配置生效//
    /////// 模块重启指令: FC 00 91 87 6A 35 B3//////
    char_send_usart51（0xFC）;
    char_send_usart51（0x00）;
    char_send_usart51（0x91）;
    char_send_usart51（0x87）;
    char_send_usart51（0x6A）;
    char_send_usart51（0x35）;
    char_send_usart51（0xB3）;
    delay_ms（3000）;

    /////// 网络号配置指令: FC 02 91 01 X1 X2 XY//////
    x1= pan_id/256;//256 取模获得网络号的前两位数
    x2= pan_id%256;//256 取余获得网络号的后两位数
    //////////累加后 256 取余获得指令最后一个字节的校验码，下同//////////
    xy=（0xFC+0x02+0x91+0x01+x1+x2）%256;

    /////// 发送网络号配置指令: FC 02 91 01 X1 X2 XY//////
    char_send_usart51（0xFC）;
    char_send_usart51（0x02）;
    char_send_usart51（0x91）;
    char_send_usart51（0x01）;
    char_send_usart51（x1）;
    char_send_usart51（x2）;
    char_send_usart51（xy）;
    delay_ms（1000）;//延时等待指令执行完成

    /////// 模块重启指令: FC 00 91 87 6A 35 B3//////
    char_send_usart51（0xFC）;
    char_send_usart51（0x00）;
    char_send_usart51（0x91）;
```

```
    char_send_usart51 ( 0x87 ) ;
    char_send_usart51 ( 0x6A ) ;
    char_send_usart51 ( 0x35 ) ;
    char_send_usart51 ( 0xB3 ) ;
    delay_ms ( 3000 ) ;

    /////// 信道号配置指令: FC 01 91 0C XX 1A XY//////
    xy= ( 0xFC+0x01+0x91+0x0C+channel_id+0X1A ) %256;
    char_send_usart51 ( 0xFC ) ;
    char_send_usart51 ( 0x01 ) ;
    char_send_usart51 ( 0x91 ) ;
    char_send_usart51 ( 0x0C ) ;
    char_send_usart51 ( channel_id ) ;
    char_send_usart51 ( 0x1A ) ;
    char_send_usart51 ( xy ) ;
    delay_ms ( 1000 ) ;//延时等待指令执行完成

    /////// 模块重启指令: FC 00 91 87 6A 35 B3//////
    char_send_usart51 ( 0xFC ) ;
    char_send_usart51 ( 0x00 ) ;
    char_send_usart51 ( 0x91 ) ;
    char_send_usart51 ( 0x87 ) ;
    char_send_usart51 ( 0x6A ) ;
    char_send_usart51 ( 0x35 ) ;
    char_send_usart51 ( 0xB3 ) ;
    delay_ms ( 3000 ) ;

    /////// 数据通信模式配置指令: FC 01 91 64 58 XX XY//////
    xy= ( 0xFC+0x01+0x91+0x64+0x58+com_mode ) %256;
    char_send_usart51 ( 0xFC ) ;
    char_send_usart51 ( 0x01 ) ;
    char_send_usart51 ( 0x91 ) ;
    char_send_usart51 ( 0x0C ) ;
    char_send_usart51 ( channel_id ) ;
    char_send_usart51 ( 0x1A ) ;
    char_send_usart51 ( xy ) ;
    delay_ms ( 1000 ) ;//延时等待指令执行完成

    /////// 模块重启指令: FC 00 91 87 6A 35 B3//////
    char_send_usart51 ( 0xFC ) ;
    char_send_usart51 ( 0x00 ) ;
    char_send_usart51 ( 0x91 ) ;
    char_send_usart51 ( 0x87 ) ;
    char_send_usart51 ( 0x6A ) ;
    char_send_usart51 ( 0x35 ) ;
    char_send_usart51 ( 0xB3 ) ;

    delay_ms ( 3000 ) ;

}//--------------------------------------------
```

代码中，有些重启指令被注释，因为没有必要在每一个参数配置之后进行重启，在所有配置完成之后进行一次重启，可以缩短配置时间。另外，在网络号配置指令 x1 与 x2 的计算中，通过 256 取模，获得 4 位十六进制数的前两位，这样就计算出 x1，通过 256 取余就获得 4 位十六进制数的后两位。采用 256 取余，是因为对于 4 位十六进制数，取高两位数值就是除以 16 的 2 次方的整数部分，而取后两位也是除以 16 的 2 次方的余数部分。

9.6 任务 4　路由器节点主程序软件模块设计

本任务的主要目的是进行路由器节点主程序流程设计。

9.6.1 路由器节点主程序流程设计

主程序的主要作用是调用其他软件模块中的函数实现预定的软件功能。主程序先将所调用的相关软件模块头文件包含进来，完成变量声明和定义，接着调用 LCD1602 液晶显示软件模块初始化函数、DS18B20 测温软件模块初始化函数、串口软件模块初始化函数、ZigBee 软件模块初始化函数完成相应模块的初始化。之后循环调用 DS18B20 测温软件模块中的温度读取函数进行温度检测，再调用 LCD1602 液晶显示软件模块中的显示功能函数将温度数据显示在液晶显示器上，最后将温度数值发送到串口，由 ZigBee 应用模块自动转换为无线射频信号发送出去。

由此得到如图 9-8 所示的主程序流程图。

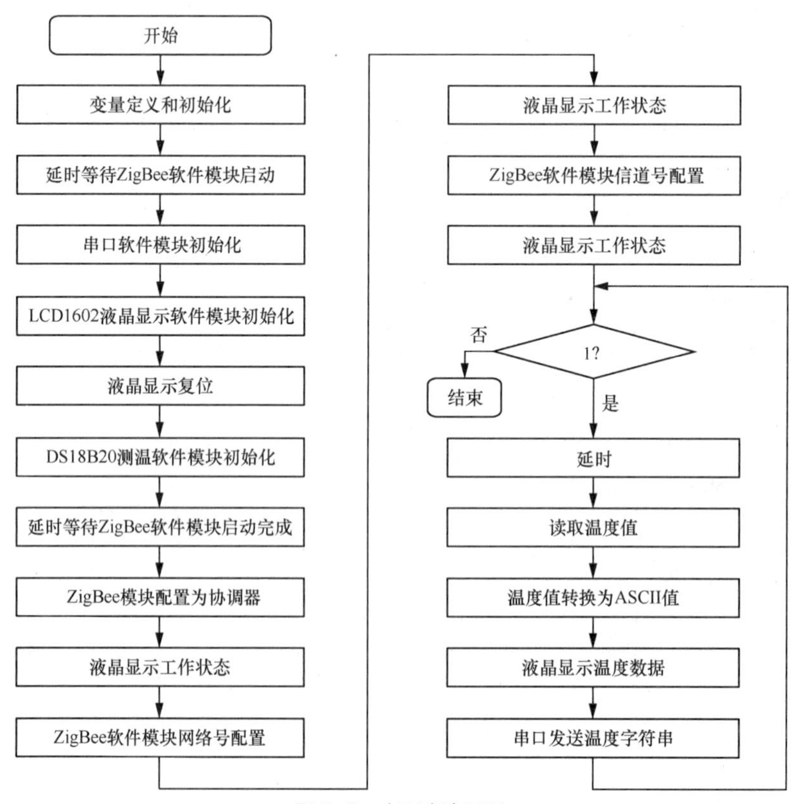

图 9-8　主程序流程图

控制器的启动速度比 BHZ-CC2530-PA ZigBee 应用模块的启动速度快，如果控制器启动之后马上向 BHZ-CC2530-PA ZigBee 应用模块发送配置指令，由于 BHZ-CC2530-PA ZigBee 应用模块没有启动好，因此无法接收和执行配置指令。这时需要通过延时等待来实现同步，也可以发送完配置指令后检测指令返回，通过与指令正确执行返回值进行比较，来判断指令是否得到正确执行。

9.6.2 主程序设计中的参数选择

进行主程序设计之前，先要确定相关初始化函数中配置参数的选择。在各个初始化函数中，需要确定初始化参数的有串口的波特率参数，ZigBee 组网的设备类型参数、网络号参数、信道号参数和数据通信模式参数。

1. 波特率参数选择

BHZ-CC2530-PA ZigBee 应用模块和控制器之间以串口进行通信，通信时要确保两者的波特率一致。BHZ-CC2530-PA ZigBee 应用模块默认波特率为 38 400baud，而所采用的单片机不支持该波特率。为保证通信稳定性，单片机和 BHZ-CC2530-PA ZigBee 应用模块的波特率都设置为 9 600baud。由于单片机不支持模块的默认出厂波特率，因此也无法进行程序设置。另外，如果所连接的模块曾经被设置以其他波特率，用程序配置就比较烦琐，因此要提前用配置软件或串口调试器将模块的波特率设置为与单片机一样的波特率，设置方法参见 3.8 节的内容。

2. 设备类型参数选择

显然，路由器节点中的 BHZ-CC2530-PA ZigBee 应用模块设备类型要配置为路由器。

3. 网络号参数选择

ZigBee 网络号参数为 4 位十六进制数，配置时，除特殊场合外一般要避开特殊值配置；同一个网络中的设备，网络号一定要相同。如果 ZigBee 设备所处环境中有多个 ZigBee 网络，则网络号一定不能和已有网络号相同。

本任务中，网络号配置为 0x1230。

4. 信道号参数选择

BHZ-CC2530-PA ZigBee 应用模块工作频段为 2.4GHz，工作信道号为 11~26；配置信道号时，具有相同网络号的设备，信道号配置要相同。如果两个 ZigBee 网络相距较远，各自网络覆盖范围不重叠，则信道号和网络号即使相同也不会相互干扰。网络号不同的设备可以选择相同的信道号，但为了减少信号冲突，提高通信效率，尽量选择不同的信道号。网络参数实际选择时除了要考虑参数设置的有效性，还要注意避开网络环境中 Wi-Fi 等设备的干扰。

本任务中，信道号配置为 20。

5. 数据通信模式参数选择

BHZ-CC2530-PA ZigBee 应用模块数据通信模式主要有透传模式和点对点模式。点对点通信需要接收方地址，这将给系统扩展带来不便，而采用透传模式就更为方便。虽然模块出厂默认的数据传输方式是透传模式，但是也有可能模块被使用过，并且被更改为点对点的数据传输模式。因此还是要通过程序将其配置为透传模式，以确保模块的数据传输模式为透传模式。

本任务中，数据传输模式选择“01”透传模式。

软件模块功能划分和相关参数选定以后，就可以开始进行软件的详细设计。

9.6.3 路由器节点主程序代码设计

依照主程序流程图，主程序具体代码设计如下。

```
//////////////////////////////////头文件包含部分//////////////////////////////
#include <REG52.H>
#include “msart51.h”
#include “general.h”
#include “lcd.h”
#include “zigbee.h”
#include “ds18b20.h”
//--------------------------------------------------------------------------------------

//////////////////////////////////局部变量定义或外部变量声明//////////////////////////

unsigned char ti_flag=0,rxd_flag=0,rxd_buffer[8]={0},i,rxd_n;
//extern unsigned char ti_flag,rxd_flag,rxd_buffer[8],i,rxd_n;
//--------------------------------------------------------------------------------------

//////////////////////////////////主函数////////////////////////////

void main（void）
{
    ////////////////////////////局部变量定义//////////////////////////
    //unsigned char *p_ch =“hello world!\r\n”;
    //unsigned char *p_command_coordnate=“FC 00 91 09 A9 C9 08”;

    unsigned char  k=0,ZigBee_node_type,ZigBee_channel,ZigBee_com_mode;
    unsigned int   ZigBee_pan_id;
    unsigned char   temp_chars[7]={0,0,0,0,'.',0,0};//保存温度 ASCII 值
    unsigned char   router_setting[14]={“router setting”};
    unsigned char   router_set[10]= {“router set”};
    int temp;
    rxd_flag=0; i=0;
    rxd_n=10;
    //--------------------------------------------------------------------------------
    ////////////////////////////硬件初始化//////////////////////////
    init_usart51();//串口初始化
    LcdInit();//LCD1602 液晶显示初始化
    delay_ms（1000）;//延时等待 ZigBee 应用模块上电复位完成

    ////////初始化执行状态显示////
    Lcd_reset();
```

```
for ( k=0;k<14;k++ )
{
    LcdWriteData ( router_setting[k] ) ;
}


//////////BHZ-CC2530-PA ZigBee 应用模块配置参数赋值///////////////
ZigBee_node_type=1;
ZigBee_pan_id=0x1230;
ZigBee_channel=20;
ZigBee_com_mode=1;

/////////BHZ-CC2530-PA ZigBee 应用模块初始化//////////////////
init_ZigBee ( ZigBee_node_type,ZigBee_pan_id, ZigBee_channel,ZigBee_com_mode ) ;

/////////ZigBee 应用模块初始化执行状态显示////////////
Lcd_reset();
for ( k=0;k<10;k++ )
{
    LcdWriteData ( router_set[k] ) ;
}
delay_ms ( 1000 ) ;//显示保持一段时间
//-----------------------------------------------------------------------------

while ( 1 )
{
    delay_ms ( 500 ) ;//大约间隔 500ms 检测一次温度
    temp=Ds18b20ReadTemp();//温度值读取
    ////////////////////////////////温度字符串正负号更新//////////////////////////
    if ( temp< 0 )                    //当温度值为负数
    {
        temp_chars[0] ='-';
    }
    else
    {
        temp_chars[0] ='+';
    }
//-----------------------------------------------------------------------------

    ////////////////////////////////温度字符串提取//////////////////////////
    temp_chars[1] = temp / 10000+'0';///更新温度百位字符串
    temp_chars[2] = temp % 10000 / 1000+'0'; ///更新温度十位字符串
    temp_chars[3] = temp % 1000 / 100+'0'; ///更新温度个位字符串
    // temp_chars[4] = '.';
    temp_chars[5] = temp % 100 / 10+'0'; ///更新温度小数点后第一位字符串
    temp_chars[6] = temp % 10+'0'; ///更新温度小数点后第二位字符串
//-----------------------------------------------------------------------------
```

```
        /////////////////////////液晶显示器上显示温度数据//////////////////////
        Lcd_reset();
        for ( k=0;k<7;k++ )
        {
            LcdWriteData ( temp_chars[k] ) ;
        }
    //-----------------------------------------------------------------------

        //////////////////温度字符串发送给 BHZ-CC2530-PA ZigBee 应用模块////////////////
        char_send_usart51 ( '#' ) ;//先发送'#'，便于接收方进行数据分割
        for ( k=0;k<7;k++ )
        {
            char_send_usart51 ( temp_chars[k] ) ;
        }
    }
}
```

9.7 任务 5 路由器节点运行测试

完成代码编辑后，接下来进行代码的编译调试和实际测试。

1. 代码编译

单击软件开发平台工具栏上的编译按钮，系统将开始对软件进行编译。查看编译信息，根据错误提示和警告信息进行代码修改。这个过程可能要经历多次，直至编译成功，警告信息不涉及程序运行有效性和安全性。最终编译输出如图 9-9 所示。

```
Build Output
compiling zigbee.c...
compiling ds18b20.c...
linking...
*** WARNING L16: UNCALLED SEGMENT, IGNORED FOR OVERLAY PROCESS
    SEGMENT: ?PR?_STRING_SEND_USART51?UART51
Program Size: data=50.0 xdata=0 code=2338
creating hex file from "router"...
"router" - 0 Error(s), 1 Warning(s).
Build Output | Find in Files
```

图 9-9 编译输出信息

图 9-9 中的编译信息显示 0 个编译错误和 1 个警告信息。查看该警告信息，发现警告信息指向串口模块代码，字符串发送函数没有被调用，属于未用程序段。这个警告可以忽略，不影响程序执行的安全性和有效性。编译产生的 HEX 文件就是我们所需要的，可下载到控制器芯片中的可执行代码中。

代码编译后，项目管理器显示内容会发生变化，每个模块中的源程序代码下有多个头文件，这些头文件就是源程序文件中所包含的其他模块头文件，反映了模块与其他模块之间的调用关系。

2．程序下载

由于控制器只有一个串口，程序下载和 BHZ-CC2530-PA ZigBee 应用模块连接都使用同一个串口。因此下载之前，先用跳线帽将控制器所在开发板上的 P5 接口的 1、2 脚和 3、4 脚分别短路。然后用 USB 数据线将开发板和计算机连接，打开开发板自带的下载软件，配置下载串口号和波特率等配置项后，选择好要下载的 HEX 文件，单击界面上的“下载”按钮进行程序下载。具体下载流程可参见 5.4 节相关内容。程序下载后，将 BHZ-CC2530-PA ZigBee 应用模块接入开发板中进行测试验证。

3．线路连接

程序下载完成后，接下来就要将 BHZ-CC2530-PA ZigBee 应用模块和单片机串口连接，还要给 BHZ-CC2530-PA ZigBee 应用模块做好电源连接。连接前先将电源断开，然后将跳线帽移除，根据 9.3 节中的图 9-3 和图 9-4 所示进行连线。连接后的实物图如图 9-10 所示。

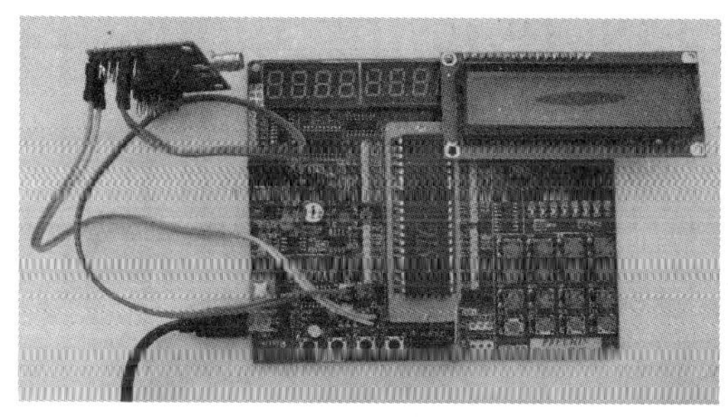

图 9-10　路由器节点实物连接

4．运行测试

线路连接完成后，经检查确认无误，接通电源，观察液晶显示器显示，液晶显示器上将依次显示的结果如下。

（1）显示“router setting”，表明控制器完成了液晶显示模块、温度检测模块、串口模块的初始化，开始进入 BHZ-CC2530-PA ZigBee 应用模块初始化阶段。

（2）显示“router set”，表明控制器完成了 BHZ-CC2530-PA ZigBee 应用模块的初始化，将 BHZ-CC2530-PA ZigBee 应用模块设备类型配置为路由器，并且进行了网络号、信道号、数据通信模式配置，开始进入循环测温、显示和温度数据发送状态。

（3）显示温度数据，温度数据大致间隔 500ms 进行一次更新。

注 意

用手捏住 DS18B20 或者用其他热源靠近，可以发现液晶显示器上的数据会出现变化，说明 DS18B20 温度检测模块测温功能正常，路由器节点已经具备测温和显示功能。

对于节点组网和无线数据通信功能则需要和协调器节点进行联调才能加以验证。

【实施记录】

对照任务实施，完成路由器节点软硬件集成设计，并将设计过程记录在表 9.1 中。

实施过程中，为确保各组的网络号不重复，建议网络号后两位配置为组中某个同学的学号后两位。

表 9.1　路由器节点软硬件设计和测试实施记录

实施项目	实施内容
实施步骤规划	
硬件集成设计	
软件模块组成结构	
参数配置要点	
测试过程记录	
心得体会	

【任务小结】

本阶段工作涉及路由器节点软硬件集成设计相关知识，主要包括硬件集成时需要考虑阻抗和电平匹配，在软件集成设计时需要理出各个模块之间的调用关系，以及硬件接口变化所导致的软件接口定义的修改。

在工作中要养成动手之前先动脑，先制定好设计方法，再进行实施的良好习惯。

工作中应该注意以下两点。

1. 软件总体设计需要考虑的问题

在进行软件设计之前，需要采用自顶向下逐步细化的方法，考虑好软件将划分为几个模块，各个模块应该具有什么功能；主程序流程如何设计；数据采集方式是主动查询还是中断方式。如果是用中断方式，中断程序流程如何设计；除此之外还要弄清楚哪些模块是曾经编写过或者可以从别处获得的，以便通过软件重用加快开发进度，避免重复劳动。有时候还要考虑模块是否需要全局变量来实现模块之间的通信，如果需要，还需要进行相关变量的定义或声明。

2. 新模块宜进行独立编写和测试

新模块要单独编写和测试，设计新模块头文件时需要考虑好模块要给调用者提供哪些功能，根据功能来设计相应的函数；需要考虑新模块是否还需要调用其他模块，以便在头文件中将其他模块头文件包含进来；要考虑模块中的每个子程序流程如何设计，模块如何测试；模块经测试无误后才能将其加入项目中进行重用，避免错误累积给调试排故带来不便。

【知识巩固】

一、填空题

1. ZigBee 网络的网络号取值范围为________________________。

2. ZigBee 网络 2.4GHz 工作频段的信道号范围为__________________。

3. 调用某个软件模块中的函数时，需要将被调用模块的__________________包含在主调模块的程序文件中。

4. 串口通信收发双方要进行交叉连接，即______________________________。

5. TTL 中，高电平范围是________，低电平范围是________。

6. 3.3V 的 LVTTL 中的输入高低电平范围分别是________、________。因此与 TTL 电平兼容。

7. 软件设计之前，要做好总体设计，即考虑________；软件重用时要了解所重用软件模块的__________。

8. 软件设计时，要考虑不同硬件模块之间的启动时间的________。

二、判断题

1. 在对 ZigBee 应用模块发送配置指令后，由于指令执行需要一定的时间，因此指令发送后应该要等待一段时间才能发送后续配置指令。(　　)

2. 在软硬件集成设计中，一般都需要一个初始化函数，通过该函数对相应的硬件模块进行相关配置。(　　)

3. 在软件设计时，最好一气呵成编写好全部代码，然后再进行调试。(　　)

4. 将整型数值转换为相应的字符数组，可以采用取余取模的方式进行逐位转换提取。(　　)

5. 数字值对应的 ASCII 值为数字所代表的值与字符“0”所对应的 ASCII 值之和。(　　)

6. 软件模块在进行重用时，要注意硬件接口的变化。(　　)

7. 为方便软件模块的重用，可以在头文件中使用宏定义接口，重用时只要更改宏定义接口即可。(　　)

8. 具有透传功能的 ZigBee 应用模块内置程序包含组网、入网、路由等功能。(　　)

【知识拓展】

其他常用的电平标准

电平标准除了 TTL、LVTTL 外，常见的还有 CMOS 电平标准、RS-232 电平标准等。

对于 CMOS 标准来说，输入门闩值一般为供电电源电压的 0.3 倍和 0.7 倍，如对于 5V 供电器件，分别为 1.5V 和 3.5V，输出高电平一般接近于电源电压，低电平接近于 0。RS-232，即通常所说的计算机上的串口，它的电平标准是：高电平范围是-5~-15V，低电平范围是+5～+15V。

在实际应用当中，同类电平的器件可以直接相连，但如果器件电平标准不同，就要考虑电平匹配的问题了。因为 CMOS 电平的范围是 TTL 输入电平范围的子集，因此 CMOS 器件可以直接输出到 TTL 器件，一般情况下 CMOS 器件与 TTL 器件输入可以直接连接。而由于 TTL 电平的输出范围要比 CMOS 电平的范围大，因此 TTL 器件无法直接输出到 CMOS 器件，否则有可能出现不确定的电平状态，引起电路出现不可预知的混乱。不同器件不同电平逻辑之间有时需要借助电平转换电路才能进行连接。如 MAX232、MAX3232、MAX3223 就可以进行 RS-232 和 TTL 电平之间的转换。

【技能拓展】

本任务设计时，没有考虑指令执行确认，如果要对指令的执行情况进行确认，那么可以对指令的执行返回值进行接收，并且和正确返回值进行比较，如果两者一致就说明指令执行正确，否则指令执行错误。当指令执行错误时，可以再次发送指令，如果执行再次错误，则应该在液晶显示器上给出提示说明，退出后续程序执行，提示用户进行检查。

请以本任务所设计软件为基础，按照以上思路进行技能拓展。

设计提示：指令发送后，有返回值的，将返回值保存在数值中，然后和正确返回值进行逐字节比较，以此判断指令是否执行成功。

工作进程10 协调器节点集成设计与系统统调

10

【任务概述】

小王在路由器节点软硬件设计完成之后，接下来进行协调器节点设计。设计思路依然是采用集成设计方法，完成协调器节点模块硬件集成设计之后，进行软件集成设计，实现协调器节点具备组建ZigBee网络、接收来自其他协调器节点所发送过来的温度数据和数据显示功能。

【学习目标】

价值目标	1. 通过硬件集成，树立劳动安全意识和规范意识 2. 通过系统调试，树立质量意识和服务意识
知识目标	1. 了解自顶向下逐步细化的设计方法 2. 熟悉 ZigBee 网络中协调器的功能 3. 熟悉 ZigBee 应用模块协调器配置参数 4. 熟悉软硬件集成设计方法
技能目标	1. 具备协调器节点硬件集成设计能力 2. 具备协调器节点软件集成设计能力 3. 具备无线测温系统统调能力

【知识准备】

协调器节点与路由器节点在硬件设计上没有多大区别，软件设计有较多相同的地方。不同的地方在于 ZigBee 应用模块的设备类型为协调器，没有温度检测模块。

10.1 ZigBee 应用模块协调器设备配置要求

在 ZigBee 网络中，协调器设备的主要功能包括以下几个方面。

（1）组建 ZigBee 网络。协调器设备根据指定的网络参数构建 ZigBee 网络。

（2）接收和处理通信范围内其他 ZigBee 设备的入网请求。协调器设备接收和处理通信范围内其他协调器设备或终端设备加入网络的请求，并与这些设备构成父子关系。

（3）数据转发。协调器设备根据自身所建立和维护的协调表，将自身产生的或从其他设备接收的数据传输到指定的下一跳节点或目标节点。

BHZ-CC2530-PA ZigBee 应用模块内置程序提供了 ZigBee 应用模块网络组建、数据转发、处理其他 ZigBee 设备入网请求和管理子节点服务，不需要用户另行开发。不过，要使用内置程序所提供的服务，需要先将 BHZ-CC2530-PA ZigBee 应用模块的设备类型配置为协调器，并且还要配置其他组网参数。具体来说，包括以下几个方面的参数配置。

（1）波特率配置。和路由器配置一样，BHZ-CC2530-PA ZigBee 应用模块与控制器的通信是通过串口进行的，要确保 BHZ-CC2530-PA ZigBee 应用模块与控制器串口波特率保持一致。

（2）协调器设备类型配置。将 BHZ-CC2530-PA ZigBee 应用模块配置为协调器，才能发挥该模块内置的协调器功能。

（3）网络号配置。网络号是区别不同 ZigBee 网络的标识，因此要指定协调器所构建的 ZigBee 网络的网络号。其他 ZigBee 设备根据自身配置的网络号加入相应的 ZigBee 网络。

（4）信道号配置。和路由器一样，BHZ-CC2530-PA ZigBee 应用模块配置为协调器后也需要进行信道号配置，使得协调器在指定的信道上与其他 ZigBee 设备进行通信。

（5）数据通信模式配置。和路由器一样，BHZ-CC2530-PA ZigBee 应用模块被配置为协调器后，也要设定数据通信模式，并且配置的通信模式与路由器相同。

注 意

（1）协调器在组建 ZigBee 网络之后，与路由器在功能上没有什么差别，其拥有和管理的子节点数量也是受限的。每个 BHZ-CC2530-PA ZigBee 应用模块配置最多可以管理 6 个子节点，因此协调器的周边最多只有 6 个子节点。

（2）和路由器配置一样，为避免干扰而引起的通信延迟，同一个环境中的不同 ZigBee 协调器信道号配置尽可能不要相同。

【任务实施】

10.2 任务 1 协调器节点硬件集成设计

协调器节点硬件组成如图 10-1 所示。协调器节点由控制器模块、LCD1602 液晶显示模块、BHZ-CC2530-PA ZigBee 应用模块 3 个模块构成。

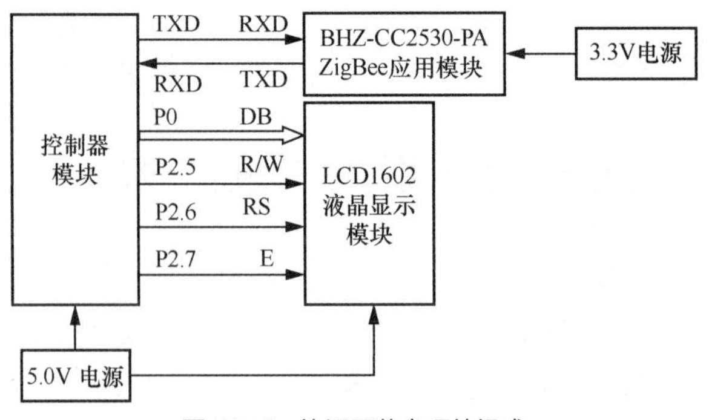

图 10-1 协调器节点硬件组成

由图 10-1 可见，协调器节点硬件结构与路由器节点结构大致相同，只是少了一个 DS18B20 温度检测模块。各个模块之间的连接可参照 9.3 节的内容。

10.3 任务 2　协调器节点软件工程项目构建

和路由器节点软件设计大致相同，协调器节点设计之初需要按照硬件结构和节点功能，先进行软件模块划分，确定各个软件子模块所具有的功能，完成软件的总体设计。

10.3.1 协调器节点软件总体设计

协调器节点的硬件组成可分为控制器模块、LCD1602 液晶显示硬件模块、ZigBee 应用模块 3 个部分，按照系统集成模块化设计方法，这 3 个硬件子模块都应该有相应的软件子模块。考虑到液晶显示子程序模块需要延时处理，因此还需要通用子程序子模块。主程序模块调用各个子程序模块实现预定的功能。因此协调器节点软件由以下几个软件子模块构成。

（1）串口软件模块。串口软件模块提供本模块的初始化功能与串口收发通信功能。

（2）LCD1602 液晶显示软件模块。LCD1602 液晶显示软件模块提供本模块初始化功能、检测温度和程序执行流程提示的显示功能。

（3）ZigBee 软件模块。该软件子模块调用串口软件模块中的通信功能进行 ZigBee 应用模块的组网参数配置。

（4）通用软件模块。该软件模块为相关子模块提供时延服务。

（5）主程序模块。主程序软件模块调用 LCD1602 液晶显示软件模块、串口软件模块、ZigBee 软件模块中的初始化功能进行设备初始化，然后进入死循环状态。

（6）中断处理软件模块。由于采用主动发送、中断接收方式进行数据收发，因此需要提供中断处理软件模块处理串口接收和温度数据显示。

根据以上分析，得到如图 10-2 所示的协调器节点软件总体设计，图中指明了软件模块组成及模块之间的调用关系。

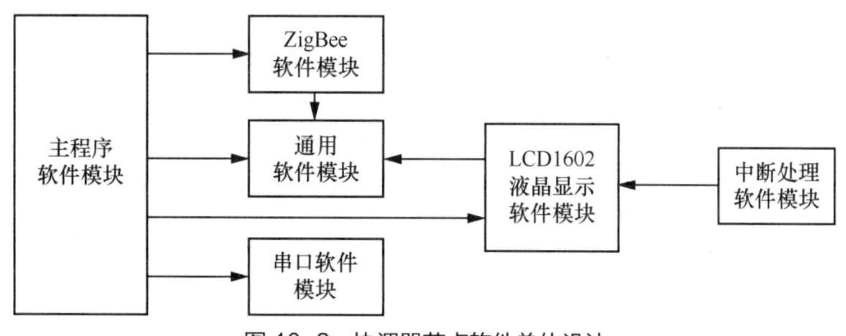

图 10-2　协调器节点软件总体设计

和路由器节点设计类似，串口软件模块、通用软件模块、LCD1602 液晶显示软件模块可重用工作进程 6、7、8 中的相关软件模块。主程序软件模块和中断处理软件模块需要新建，主程序对应的文件命名为“main.c”，中断处理软件模块头文件命名为“isr51.h”，源程序文件命名为“isr51.c”。

完成协调器节点软件总体设计之后，可进行软件工程项目构建，为代码设计做好准备。

10.3.2 协调器节点软件工程项目构建实施

协调器节点软件设计之前先进行协调器节点软件工程项目构建，构建流程如下所示。

1. 协调器节点软件工程项目初建

先按照前述 4.3 节相关操作步骤新建协调器节点软件工程项目，所不同的是先在桌面上新建名为“coor”的工程文件夹，用作工程的存储位置，工程名称为“coor”，其他配置和操作选项不变。

2. LCD1602 液晶显示软件模块添加

将前述 7.4 节中所创建的 LCD1602 液晶显示模块头文件“lcd.h”和源程序文件“lcd.c”复制到工程文件夹下，然后按照前述 6.6 节中的文件加入工程的操作步骤将其加入工程中。由于该模块硬件接口无变化，因此相应头文件接口定义不用修改。

3. 通用软件模块添加

将前述 7.3 节中所创建的通用模块头文件“general.h”和源程序文件“general.c”复制到工程文件夹下，然后按照 6.6 节中的文件加入工程的操作步骤将其加入工程中。

4. 串口软件模块添加

将前述 6.4 节中所创建的串口模块头文件“usart51.h”和源程序文件“usart51.c”复制到工程文件夹下，然后按照前述 6.6 节中的文件加入工程的操作步骤将其加入工程中。

5. 中断处理软件模块新建与添加

按照 9.4.2 小节中的文件新建方法（任选一种），新建“isr51.h”和“isr51.c”之后，按照 6.6 节中的文件加入工程的操作步骤将其加入工程中。

6. ZigBee 软件模块添加

将工作进程 9 中的“zigbee.h”和“zigbee.c”这两个文件复制到“coor”工程文件夹中，然后按照 6.6 节中的文件加入工程的操作步骤将其加入工程中。

7. 主程序软件模块新建与添加

仿照 ZigBee 应用模块源程序文件新建方法构建主程序源程序文件“main.c”，然后将其加入工程。

完成以上操作后，“coor”工程文件夹中所含文件如图 10-3 所示。

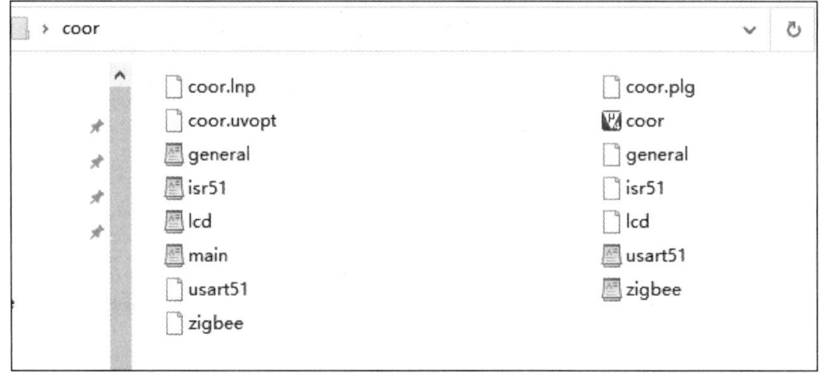

图 10-3 coor 工程文件夹所包含文件

至此，完成了协调器节点软件工程项目构建，进入软件代码设计阶段。软件工程项目中需要设计的是新建的中断处理模块和主程序模块，主程序模块和中断处理模块之间没有调用关系，但是中断的相关配置是在主程序中完成的，因此先进行主程序设计。

10.4 任务 3 协调器节点主程序软件模块设计

先根据协调器节点功能，结合串口软件模块、LCD1602 液晶显示软件模块和通用软件模块功能设计出主程序流程图，然后根据流程图进行具体代码设计。

10.4.1 协调器节点主程序流程设计

协调器节点主程序调用其他子模块中的函数实现预定的软件功能。主程序先调用 LCD1602 液晶显示软件模块初始化函数、串口软件模块初始化函数、ZigBee 软件模块初始化函数完成相应子模块的初始化，之后进入无限循环状态。根据以上分析，得到如图 10-4 所示的主程序流程图。

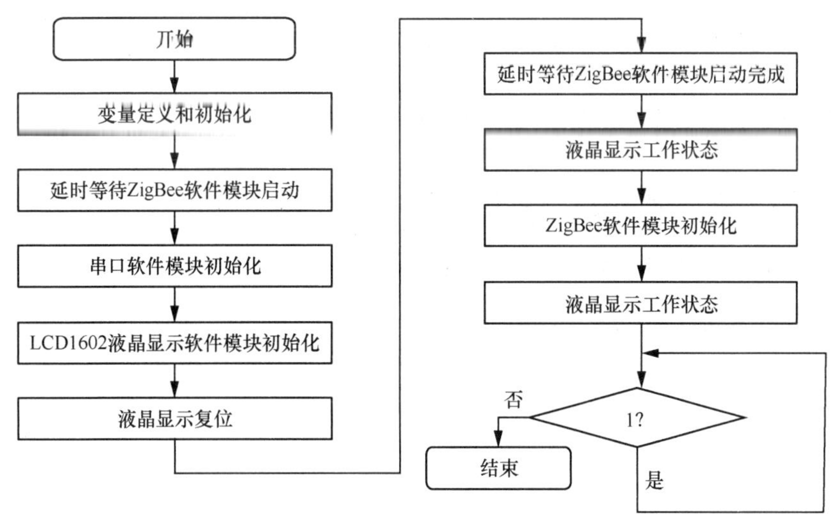

图 10-4 协调器节点主程序流程图

主程序流程图中“延时等待 ZigBee 软件模块启动”处理出于控制器模块与 ZigBee 应用模块的启动时间同步需要。节点控制器的启动速度比 ZigBee 应用模块的启动速度快，如果控制器启动之后马上向 ZigBee 应用模块发送配置指令，这个时候 ZigBee 应用模块还没有启动好，也就无法接收和执行配置指令。因此，要通过延时等待来实现两者之间的同步，以便后续配置指令能够得到有效接收和执行。

10.4.2 协调器节点主程序设计相关参数选择

程序设计之前，需要确定串口的波特率参数，ZigBee 组网的设备类型参数、网络号参数、信道号参数和数据通信模式参数。

1. 波特率参数选择

BHZ-CC2530-PA ZigBee应用模块和控制器之间以串口发送进行通信，通信时要确保两者的波特率一致。BHZ-CC2530-PA ZigBee应用模块默认波特率为38 400baud，而协调器节点上所采用的控制器不支持该波特率。和路由器节点配置类似，为保证通信稳定性，控制器和BHZ-CC2530-PA ZigBee应用模块的波特率都设置为9 600baud。同时提前用配置软件或串口调试器将BHZ-CC2530-PA ZigBee应用模块的波特率设置为与控制器一样的波特率，设置方法参见3.8节的内容。

2. 网络号参数选择

为了和路由器节点中的BHZ-CC2530-PA ZigBee应用模块所配置的网络号保持一致，使路由器加入协调器节点所构建的网络，协调器节点上的BHZ-CC2530-PA ZigBee应用模块网络号同样配置为0x1230。

3. 信道号参数选择

为保证协调器节点和路由器节点之间能够进行通信，协调器节点上的BHZ-CC2530-PA ZigBee应用模块信道号配置为20。

4. 数据通信模式选择

为保证协调器节点和路由器节点之间通信模式一致，协调器上的BHZ-CC2530-PA ZigBee应用模块配置为“01”透传模式。

初始化参数选定以后，接下来就进行节点主程序的详细设计。

10.4.3 协调器节点主程序代码设计

依照主程序流程图，主程序具体代码设计如下所示。

```
/////////////////////////////////////协调器节点主程序/////////////////////////
///////////////////////////////////////头文件包含部分/////////////////////////////////
#include “reg52.h”
#include “usart51.h”
#include “general.h”
#include “lcd.h”
#include “zigbee.h”
///////////////////////////////////////全局变量声明////////////////////////////////

unsigned char rxd_buffer[8] , i, rxd_n;
//------------------------------------------------
void main（void）
{
    unsigned char  k=0,ZigBee_node_type,ZigBee_channel,ZigBee_com_mode;
    unsigned int   ZigBee_pan_id;
    unsigned char   coord_setting[13]=“coord setting”;
    unsigned char   coord_set[9]=“coord set”;

    i=0;   rxd_n=8;
```

```
    init_usart51();
    LcdInit();

    ////////////显示 ZigBee 应用模块进入配置状态//////////
    Lcd_reset();
    for ( k=0;k<13;k++ )
    {
        LcdWriteData ( coord_setting[k] ) ;
    }
    delay_ms ( 1000 ) ;
    /////////////////////////////////ZigBee 应用模块配置参数赋值////////////////////////////////
    ZigBee_node_type=0; /////配置为协调器
    ZigBee_pan_id=0x1230; /////网络号参数
    ZigBee_channel=20; /////信道号参数
    ZigBee_com_mode=1; /////通信通信模式参数
    ////////////////////////////ZigBee 应用模块初始化//////////////////////
    init_ZigBee ( ZigBee_node_type,ZigBee_pan_id, ZigBee_channel,ZigBee_com_mode ) ;
    delay_ms ( 1000 ) ;
    ////////////显示模块配置完成//////////
    Lcd_reset();
    for ( k=0; k<9; k++ )
    {
        LcdWriteData ( coord_set[k] ) ;
    }
    while ( 1 )
    {
        ;
    }
}
```

10.5 任务 4　中断处理软件模块设计

中断处理软件模块和其他软件模块一样，也由头文件和源程序文件构成。中断处理软件模块也可以调用其他模块，因此其可以在头文件使用头文件包含语句“include”指示所调用的其他模块。如果中断处理函数中需要访问全局变量，则需要在头文件中用“extern”关键词进行声明。头文件中必不可少的部分是中断处理函数的声明。中断源程序文件主要对头文件中声明的中断处理函数给出具体实现代码。需要注意的是，中断处理函数没有返回值，也不能有形参，因此信息的输入输出只能借助全局变量。

10.5.1　中断处理软件模块头文件设计

1. 中断处理软件模块功能与配置需求分析

采用中断方式进行串口数据接收时，当串口中断发生后，控制器程序执行流程将跳转到中断处理流程。中断处理流程所做的处理包括两个方面，一个是串口数据接收，并且将数据按照接收顺序保存在字符数组中，该字符数组为一个全局变量；另外一个就是数据显示处理，当接收到一个完整的温度数据时，就将字符数组中的内容显示在液晶显示器中。此外还要对中断标志进行清零操作，因此需要访问控制器中的串口接收中断标志寄存器，其包含控制器对应的头文件。由此可见，中断处理软件模块需要调用LCD1602液晶显示软件模块，同时还需要访问用于保存温度字符串的字符数组全局变量（该全局变量在主程序文件中进行定义）。

2. 头文件代码设计

根据以上分析，中断处埋软件模块头文件中的文件包含部分需要包含LCD1602液晶显示软件模块头文件、控制器头文件，外部全局变量声明部分需要声明保存温度字符串的字符数组全局变量，函数声明部分对中断处理函数进行声明。按照上述构思，中断处理软件模块头文件代码设计如下所示。

```
/////////////////////////////////中断处理子程序头文件////////// ///////////////////////

//文件包含模块设计

#ifndef __ISR51_H_  //防止重复定义
#define __ISR51_H_

#include “reg52.h”////控制器头文件包含
#include “lcd.h”//////液晶显示软件模块包含

//////////////////////////////////外部全局变量声明//////////////////////////////////
////////rxd_buffer 用于保存温度字符串，i 为接收顺序变量，rxd_n 为温度字符串长度
extern unsigned char rxd_buffer[8],i,rxd_n;

///////////////////////////////////函数声明///////////////////////////////////
void usart51_int（void）; ////中断处理函数，无返回值，无形参

#endif
```

头文件设计完成之后，接下来就进行源程序文件代码设计，源程序文件代码设计对头文件中所声明的函数给出具体的实现代码。

10.5.2 中断处理软件模块源程序文件设计

中断处理软件模块源程序文件一般也包括两个方面，一个是本模块头文件包含部分，另一个是头文件中所有声明的函数的具体实现。

头文件包含部分要将中断处理软件模块头文件用“include”语句进行包含。然后进行中断处理程序设计，代码设计之前，先要确定中断处理程序处理流程。发生串口接收中断时，中断处理程序先判断是否为接收中断，如果不是则结束中断处理程序（发送中断不做处理），如果是接收中断，判断接收缓冲器SBUF中的数据是否为温度字符串起始字符“#”，如果是，表明后续将会收到有效的温度数据，将温度数据起始标志“flag”置位。然后判断温度数据起始标志“flag”是否为“1”，如果是“1”，则将SBUF数据保存到字符串数组中，然后更新字符串索引，为下一次数

据保存做好准备。再判断数组字符串索引变量值是否等于预定的温度字符串长度，如果相等，表明已经接收到完整的温度字符串，则调用液晶显示软件模块中的字符显示函数进行温度数据显示。最后将串口接收中断标志清零，结束中断处理。由此可以得到如图 10-5 所示的串口中断处理流程图。

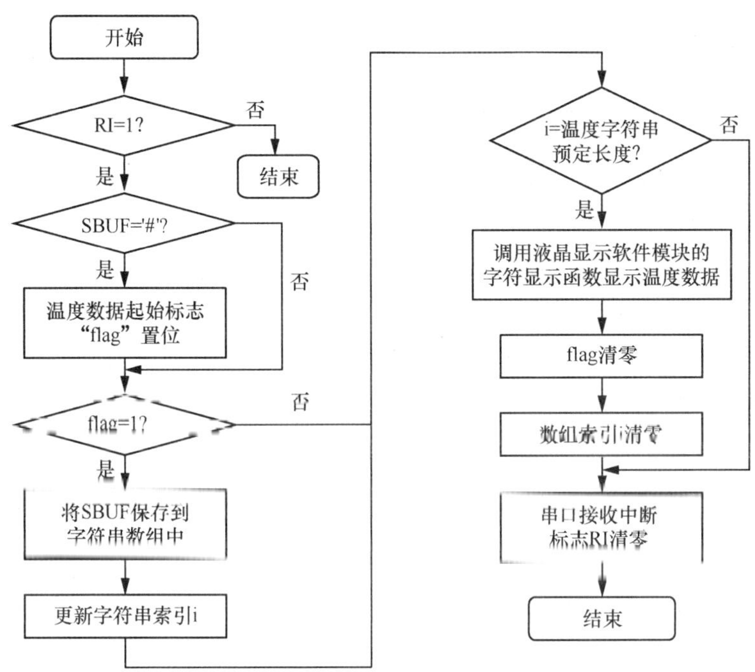

图 10-5　串口中断处理流程图

对照处理流程，中断处理函数实现代码如下所示。

```
////////////////////////中断处理函数源程序文件 isr51.c////////////////////////////////
#include "isr51.h"

//------------------------------ 串口中断处理函数----------------------------------

void usart51_int ( void ) interrupt 4
{
    unsigned char k=0;
    if ( RI == 1 ) //如果收到
    {

        if ( SBUF=='#' )
        {
            flag=1;        //接收标志，置位表示收到数据
        }

        if ( flag==1 )
        {
            rxd_buffer[i]=SBUF;
```

```
                i++;
            }

            if ( i==rxd_n )
            {
                Lcd_reset();
                for ( k=1; k<rxd_n; k++ )
                {
                    LcdWriteData ( rxd_buffer[k] ) ;
                }
                flag=0;
                i=0;
            }
            RI = 0;             //清除接收中断标志
        }
///////////////////////////发送中断暂不做处理/////////////////////////////
//      if ( TI==1 )            //如果送毕
//      {
//          TI = 0;             //清除发送完成中断标志
//      }
} //-----------------------------//------------------------------------
```

10.6 任务 5　协调器节点运行测试

完成代码编辑后，接下来进行代码的编译调试和实际测试。

1．代码编译

单击软件开发平台工具栏上的编译按钮，系统将开始对代码进行编译。如果编译窗口给出了错误提示，则根据错误提示对代码进行修改，然后再次编译。当编译窗口输出的最后几行信息如图 10-6 所示时，表明编译成功，并生成了 HEX 文件。

```
Build Output
compiling isr51.c...
compiling general.c...
linking...
*** WARNING L16: UNCALLED SEGMENT, IGNORED FOR OVERLAY PROCESS
    SEGMENT: ?PR?_STRING_SEND_USART51?UART51
Program Size: data=76.0 xdata=0 code=1291
creating hex file from "coor"...
"coor" - 0 Error(s), 1 Warning(s).
Build Output | Find in Files
```

图 10-6　编译输出信息

图 10-6 所示的警告信息告知用户在串口模块代码中，字符串发送函数没有被调用，对应程序段未用，这不影响程序执行的安全性和有效性，该警告可以忽略。

2．程序下载

和路由器节点设计类似，由于控制器只有一个串口，程序下载和 ZigBee 应用模块连接都是使用同一个串口。因此下载之前，先用跳线帽将控制器所在开发板上的 P5 接口的 1、2 脚和 3、4 脚分别短路。然后用 USB 数据线将开发板和计算机连接，打开开发板自带的下载软件，配置下载串口号和波特率等配置项后，选择好要下载的 HEX 文件后，单击界面上的“下载”按钮进行程序下载。具体下载流程可参见 5.4 节相关内容。程序下载后，将 ZigBee 应用模块接入开发板中进行测试验证。

3. 线路连接

线路连接大致和路由器节点连接相似，程序下载完成后，参考 9.3 节内容将 BHZ-CC2530-PA ZigBee 应用模块与控制器之间的串口进行交叉连接，并由控制器所在开发板上的 3.3V 电源给 BHZ-CC2530-PA ZigBee 应用模块供电。

4. 运行测试

线路连接完成后，经检查确认无误，接通电源，观察液晶显示器，液晶显示器上将依次显示的结果如下。

（1）显示“coord setting”。表明控制器完成了液晶显示模块、温度检测模块、串口模块的初始化，开始进入 ZigBee 应用模块初始化阶段。

（2）显示“coor set”。表明控制器完成了 ZigBee 应用模块的初始化，将 ZigBee 应用模块设备类型配置为协调器，并且进行了网络号、信道号、数据通信模式配置，开始进入循环测温、显示和温度数据发送状态。

液晶显示器上没有显示温度数据，这是因为没有路由器节点加入协调器节点所构建的网络中，也没有路由器节点向协调器节点发送温度数据。需要将路由器节点和协调器节点进行统调，进一步验证 ZigBee 网络无线数据传输功能。

10.7 任务 6 无线测温系统统调测试

在进行系统统调之前，先将路由器节点和协调器节点电源开关全部关闭，然后按照以下步骤进行联调。

（1）先打开协调器节点开关，上电后，开始进行设备初始化操作，当协调器节点上的液晶显示器上显示“coor set”时，表明协调器节点进入 ZigBee 网络的构建过程。

（2）打开路由器节点开关，上电后，节点开始执行设备初始化操作，当液晶显示器上显示“router set”字样时，表示节点开始执行加入路由器节点所构建的 ZigBee 网络过程。

（3）观察路由器节点和协调器节点上的液晶显示器，可以发现，在路由器节点上有温度数据显示时，协调器节点上也会显示相应的温度数据，并且两个液晶显示器上所显示的温度数据都在进行周期性的更新，更新间隔大约为 500ms。

【实施记录】

对照任务实施，完成协调器节点软硬件集成设计，并将设计过程记录在表 10.1 中。

实施过程中，要注意网络号后两位为组中某个同学的学号后两位，确保各组的网络号不重复，建议协调器节点网络号与组网的路由器节点的保持一致。

表 10.1　协调器节点软硬件设计和测试实施记录

实施项目	实施内容
实施步骤规划	
硬件组成框图	
软件结构设计	
参数配置	
协调器上电测试现象	
协调器节点、路由器节点联调步骤	
心得体会	

【任务小结】

通过本任务设计，工程师小王有以下几点体会。

（1）本任务中的协调器节点和路由器节点硬件结构差别不大，因此在协调器节点设计时，可以重用路由器节点设计中的多个软硬件模块。

（2）由于协调器功能和路由器功能有较多不同，因此主程序设计差别较大。在串口模块应用中，路由器只调用串口发送函数，采用的是主动查询发送方式，而在协调器中，只涉及串口接收，而接收处理是采用中断方式进行的，因此需要编写中断处理函数。

（3）中断处理函数和普通函数不同，它没有返回值也没有形参，并且函数名后要用“interrupt”关键字给出中断号。

（4）中断给外设提供了与控制器同步工作的机制，一般情况下，如果控制器掌握操作的主动权，则采用查询方式较为方便，如果处理时间不可预知，则建议采用中断方式进行处理。

（5）采用系统集成能更快、更方便地进行项目开发，集成开发只需要掌握软硬件模块的外部接口特性，无须投入大量精力进行全面深入学习，特别适合作为大专层次人员从事专业技术工作时首选的开发方法。同时集成开发也是社会为适应“知识爆炸”而采取的分工越来越精细化的应对之策。

【知识巩固】

一、填空题

1. 代码在编译时，编译窗口显示“LCD.C（27）: warning C206: 'delay_ms': missing function prototype”错误，原因在于：____________________。

2. 协调器节点和路由器节点在上电顺序上是____________________。

3. 在对 BHZ-CC2530-PA ZigBee 应用模块进行设备类型和网络号进行配置时，要按照先________后________的顺序进行配置。

4. BHZ-CC2530-PA ZigBee 应用模块网络组建、入网处理和路由管理由________提供，无须用户另行开发。

5. 模块之间的时间同步可以有两种方法，一种是________，另外一种是________。

6. BHZ-CC2530-PA ZigBee 应用模块多数配置指令只有在________才能生效。

二、判断题

1. 同一个 ZigBee 网络中的节点网络号可以取不同数值。（　　）

2. 中断处理函数可以有返回值。（　　）

3. 中断处理函数可以有形参。（　　）

4. 中断处理函数与普通函数没有形式上的差别。（　　）

5. ZigBee 网络组建以后，协调器节点也能承担路由器节点功能。（　　）

6. 控制器与 ZigBee 应用模块之间通过串口进行通信时，两者波特率可以不同。（　　）

三、简答题

协调器如果收不到来自路由器的信息，请列举出可能存在的问题。

【技能拓展】

协调器节点在显示温度数据时，没有考虑该温度数据属于哪一个路由器节点。为显示温度数据所属路由器节点，可以将路由器节点进行编号，然后依次显示温度数据。请以本任务所设计软件为基础，按照以上思路进行技能拓展。

提示：路由器节点发送温度数据时，发送自身编号；协调器在显示时，轮流显示各个路由器节点发送过来的编号和温度数据。

附录　常用ASCII表

ASCII 值	控制字符	ASCII 值	控制字符	ASCII 值	控制字符	ASCII 值	控制字符
0	NUT	32	（space）	64	@	96	`
1	SOH	33	!	65	A	97	a
2	STX	34	"	66	B	98	b
3	ETX	35	#	67	C	99	c
4	EOT	36	$	68	D	100	d
5	ENQ	37	%	69	E	101	e
6	ACK	38	&	70	F	102	f
7	BEL	39	'	71	G	103	g
8	BS	40	(	72	H	104	h
9	HT	41	)	73	I	105	i
10	LF	42	*	74	J	106	j
11	VT	43	+	75	K	107	k
12	FF	44	,	76	L	108	l
13	CR	45	-	77	M	109	m
14	SO	46	.	78	N	110	n
15	SI	47	/	79	O	111	o
16	DLE	48	0	80	P	112	p
17	DCI	49	1	81	Q	113	q
18	DC2	50	2	82	R	114	r
19	DC3	51	3	83	X	115	s
20	DC4	52	4	84	T	116	t
21	NAK	53	5	85	U	117	u
22	SYN	54	6	86	V	118	v
23	TB	55	7	87	W	119	w
24	CAN	56	8	88	X	120	x
25	EM	57	9	89	Y	121	y
26	SUB	58	:	90	Z	122	z
27	ESC	59	;	91	[	123	{
28	FS	60	<	92	\	124	|
29	GS	61	=	93	]	125	}
30	RS	62	>	94	^	126	~
31	US	63	?	95	_	127	DEL